디딤돌수학 개념연산 중학 3-1B

펴낸날 [초판 1쇄] 2024년 9월 2일 [초판 2쇄] 2025년 4월 14일
펴낸이 이기열
펴낸곳 (주)디딤돌 교육
주소 (03972) 서울특별시 마포구 월드컵북로 122 청원선와이즈타워
대표전화 02-3142-9000
구입문의 02-322-8451
내용문의 02-336-7918
팩시밀리 02-335-6038
홈페이지 www.didimdol.co.kr
등록번호 제10-718호

1 눈으로 이해되는 개념

디딤돌수학 개념연산은 보는 즐거움이 있습니다.
핵심 개념과 연산 속 개념, 수학적 개념이
이미지로 빠르고 쉽게 이해되고, 오래 기억됩니다.

● 핵심 개념의 이미지화

핵심 개념이 이미지로 빠르고 쉽게
이해됩니다.

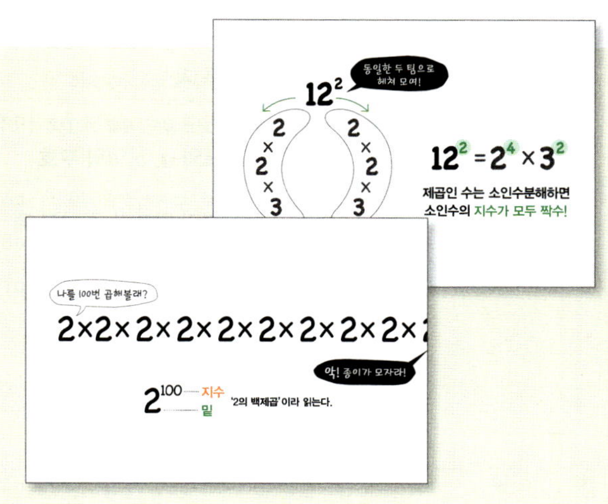

● 연산 개념의 이미지화

연산 속에 숨어있던 개념들을 이미지로
드러내 보여줍니다.

● 수학 개념의 이미지화

개념의 수학적 의미가 간단한 이미지로
쉽게 이해됩니다.

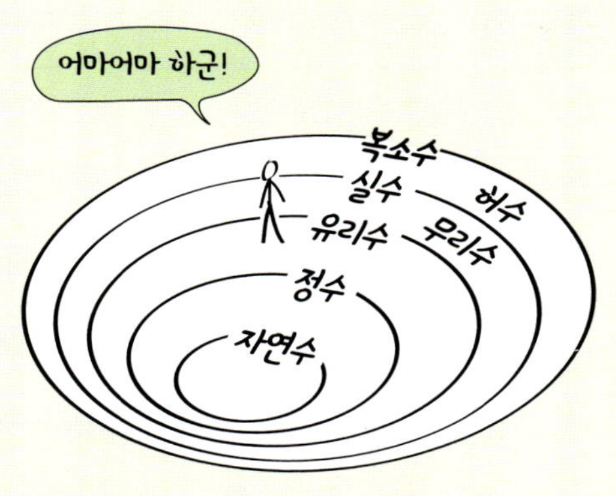

3 $\frac{1}{B}$ 학습 계획표

Ⅲ 이차방정식

디딤돌 수학

개념 연산

중 3 · 1 · B

- 👁 눈으로
- ✋ 손으로 개념이 발견되는 디딤돌 개념연산
- 🧠 머리로

이미지로 이해하고 문제를 풀다 보면
개념이 저절로 발견되는 디딤돌수학 개념연산

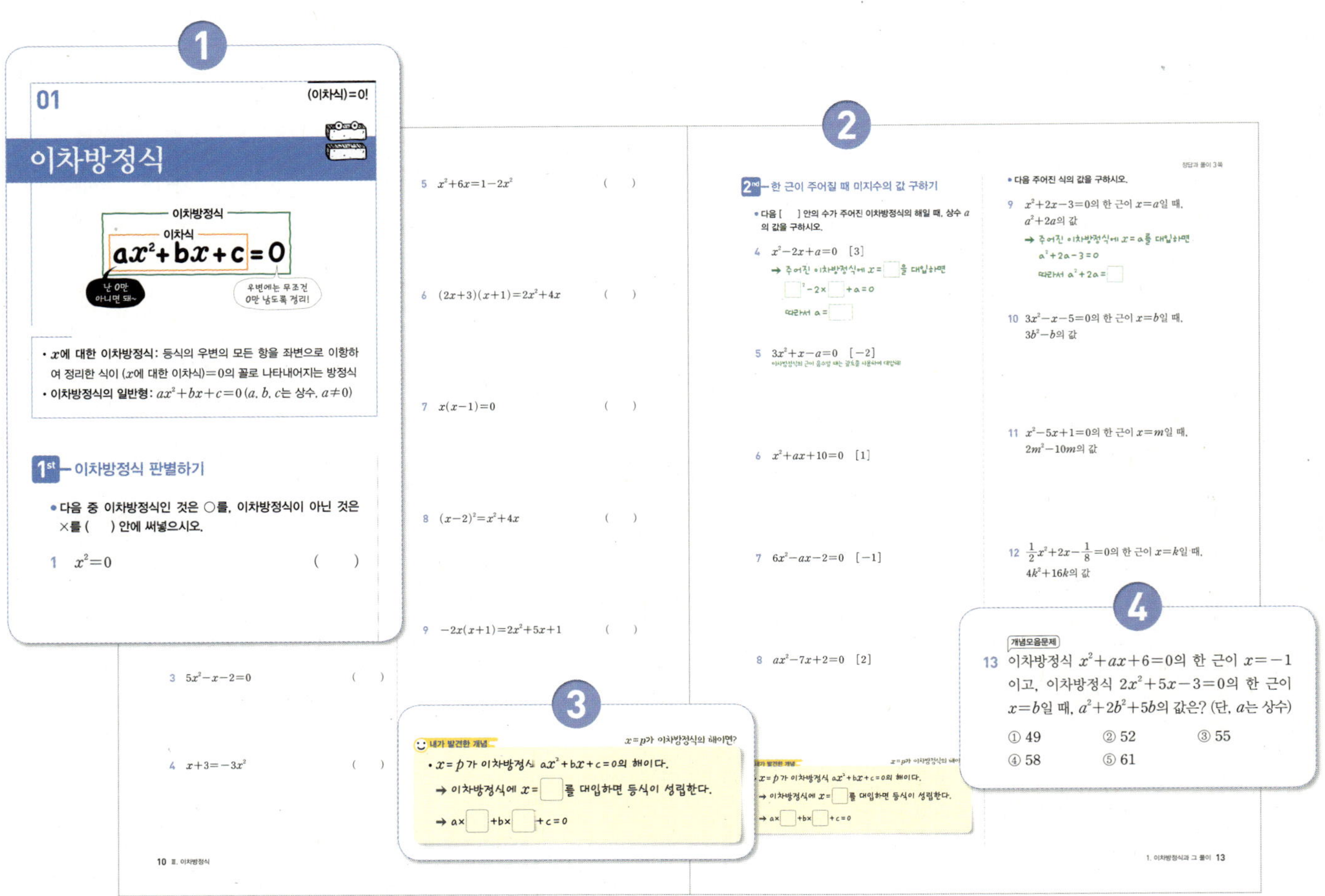

① 이미지로 개념 이해	② 단계별·충분한 문항	③ 내가 발견한 개념	④ 개념모음문제
핵심이 되는 개념을 이미지로 먼저 이해한 후 개념과 정의를 읽어보면 딱딱한 설명도 이해가 쏙! 원리확인 문제로 개념을 바로 적용하면 개념이 쏙!	문제를 풀기만 하면 저절로 실력이 높아지도록 구성된 단계별 문항! 문제를 풀기만 하면 개념이 자신의 것이 되도록 구성된 충분한 문항!	문제 속에 숨겨져 있는 실전 개념들을 발견해 보자! 숨겨진 보물을 찾듯이 실전 개념들을 내가 발견하면 흥미와 재미는 덤! 실력은 쏙!	문제를 통해 이해한 개념들은 개념모음문제로 한 번에 정리! 개념을 활용하는 응용력도 쏙!

발견된 개념들을 연결하여
통합적 사고를 할 수 있는 디딤돌수학 개념연산

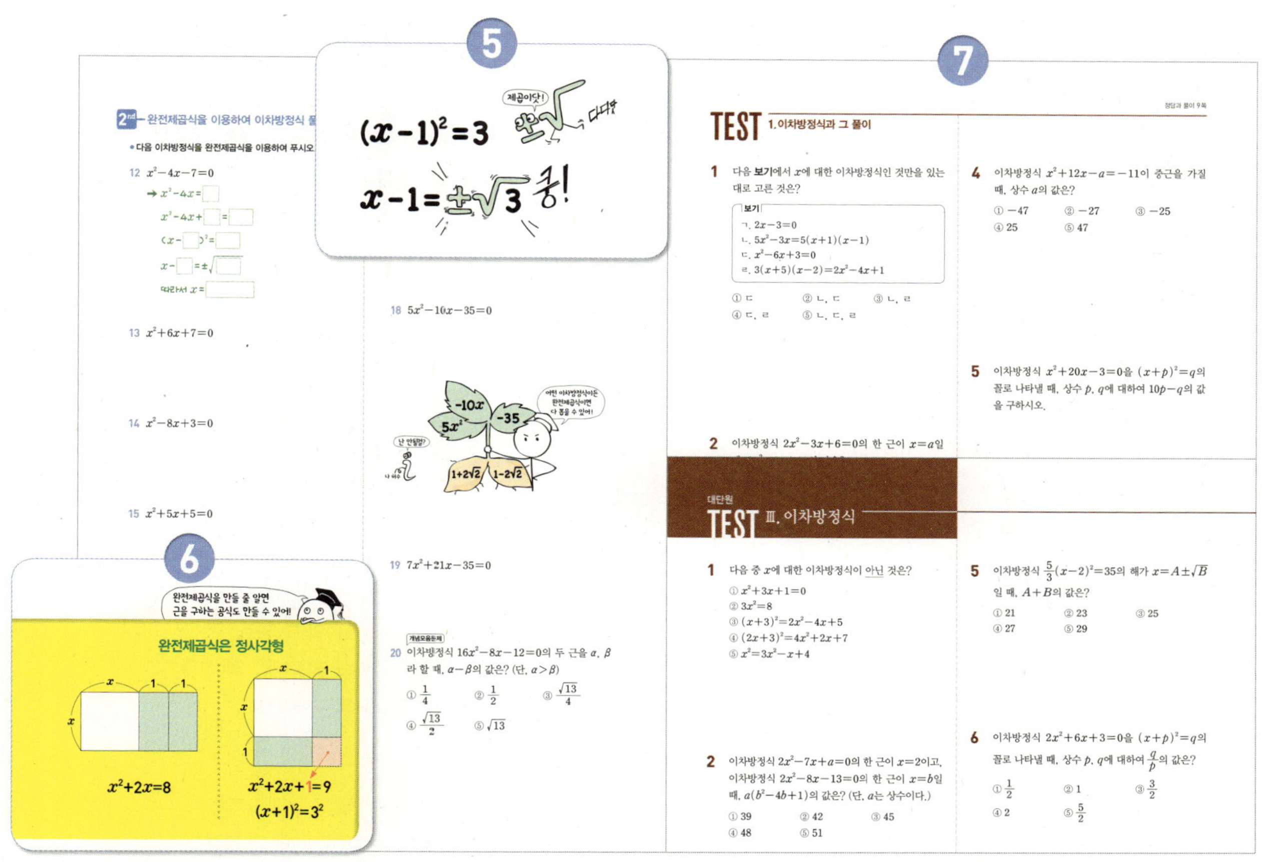

그림으로 보는 개념

연산 속에 숨어있던 개념을
이미지로 확인해 보자.
개념은 쉽게 확인되고
개념의 의미는 더 또렷이 저장!

개념 간의 연계

개념의 단원 안에서의 연계와
다른 단원과의 연계,
초·중·고 간의 연계를 통해
통합적 사고를 얻게 되면
공부하는 재미가 쫄깃!

개념을 확인하는 TEST

중단원별로 개념의 이해를
확인하는 TEST
대단원별로 개념과 실력을
확인하는 대단원 TEST

두근 두근 두근

대수의 계산!

이차방정식

1

이차식의 뿌리(근)!
이차방정식과 그 풀이

(이차식)=0!

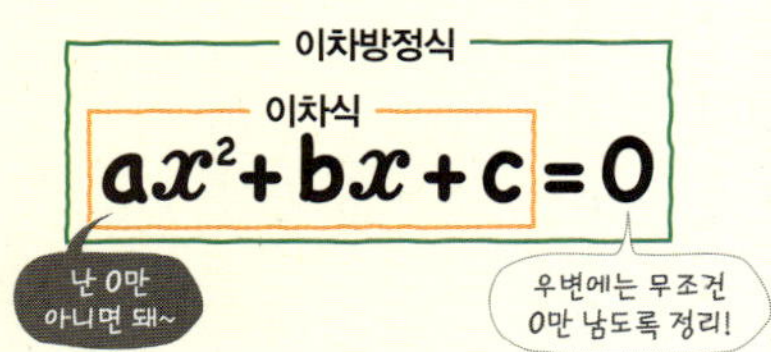

01 이차방정식

방정식의 모든 항을 좌변으로 이항하여 정리하였을 때, $(x$에 대한 이차식$)=0$의 꼴이 되는 방정식을 x에 대한 이차방정식이라 해!

참이 되게 하는 x의 값!

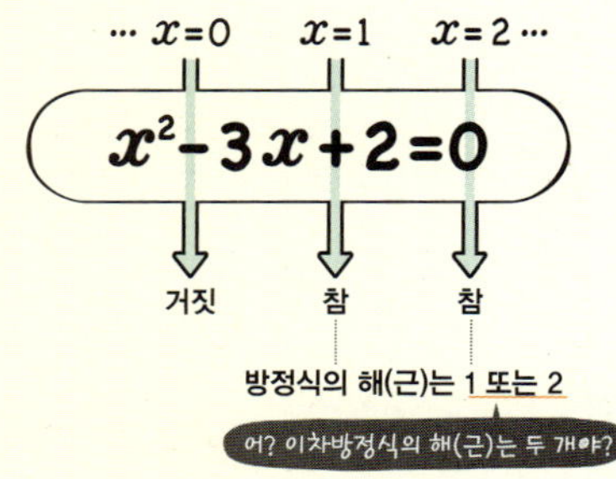

02 이차방정식의 해(근)

이차방정식을 참이 되게 하는 x의 값을 그 이차방정식의 해 또는 근이라 하고, 이차방정식의 해를 모두 구하는 것을 이차방정식을 푼다고 해!

---

x를 찾아라!

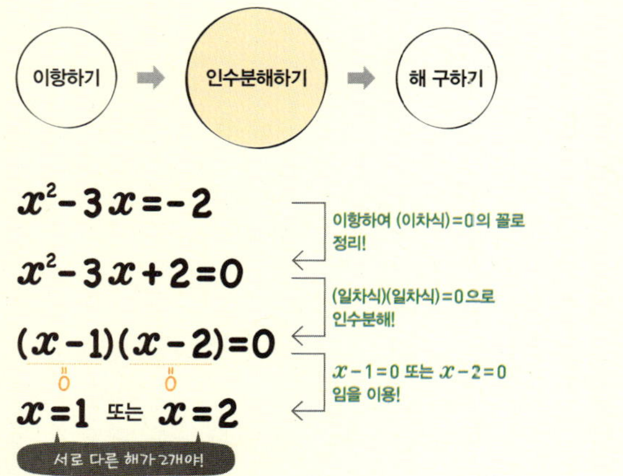

03 인수분해를 이용한 이차방정식의 풀이

두 수 또는 두 식 A, B에 대하여

$$AB=0$$이면 $A=0$ 또는 $B=0$

이 성질을 이용하여 (이차식)$=0$의 꼴의 좌변을 인수분해해서 (일차식)$\times$(일차식)$=0$의 꼴로 바꾸어 해를 구할 수 있어.

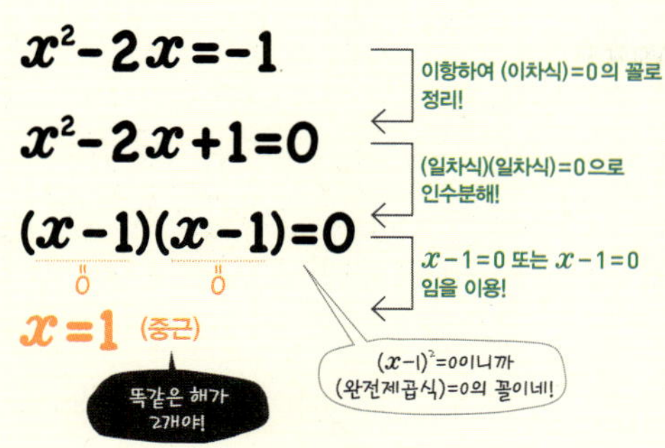

04 이차방정식의 중근

이차방정식의 두 해가 중복되어 서로 같을 때, 이 해를 주어진 이차방정식의 중근이라 해!
중근을 가지면 (완전제곱식)=0의 꼴이 되지!

05 제곱근을 이용한 이차방정식의 풀이

일차항이 없는 이차방정식의 경우
$x^2=k\,(k>0)$의 꼴로 바꿔 제곱근을 이용하여
$x=\pm\sqrt{k}$로 해를 구할 수 있어.
또한 $(x-p)^2=q\,(q>0)$의 꼴의 이차방정식도
$x-p$를 한 문자로 생각해서
$x-p=\pm\sqrt{q}$, 즉 $x=p\pm\sqrt{q}$로 풀 수 있어.

06 완전제곱식을 이용한 이차방정식의 풀이

이차방정식 $x^2+bx+c=0$의 좌변을 인수분해하기 어려울 때는 상수항을 우변으로 이항하여
(완전제곱식)=(상수)의 꼴로 나타낸 후 제곱근을 이용해서 이차방정식을 풀 수 있어. 이 방법을 이용하여 해를 구할 수 있으면 다음 단원에서 배우는 근의 공식을 더 잘 이해하게 될 거야!

이차방정식

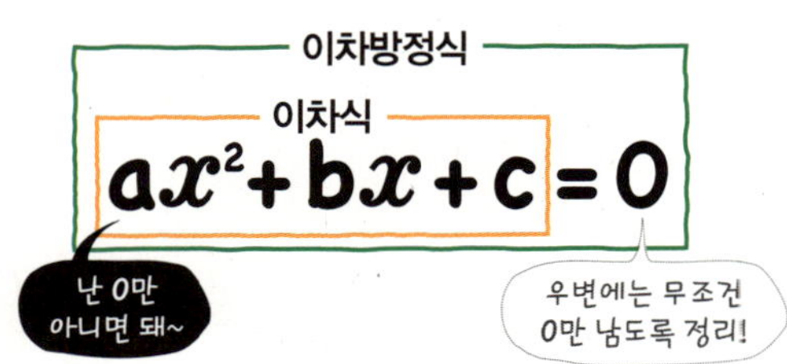

- x에 대한 **이차방정식**: 등식의 우변의 모든 항을 좌변으로 이항하여 정리한 식이 (x에 대한 이차식)=0의 꼴로 나타내어지는 방정식
- **이차방정식의 일반형**: $ax^2+bx+c=0$ (a, b, c는 상수, $a\neq 0$)

1st — 이차방정식 판별하기

● 다음 중 이차방정식인 것은 ○를, 이차방정식이 아닌 것은 ×를 ( ) 안에 써넣으시오.

1   $x^2=0$ (   )

2   x^2-4x+3 (   )

3   $5x^2-x-2=0$ (   )

4   $x+3=-3x^2$ (   )

5   $x^2+6x=1-2x^2$ (   )

6   $(2x+3)(x+1)=2x^2+4x$ (   )

7   $x(x-1)=0$ (   )

8   $(x-2)^2=x^2+4x$ (   )

9   $-2x(x+1)=2x^2+5x+1$ (   )

10   $x^3+x-5=x^3-2x^2+3x$ (   )

2nd — 이차방정식이 되도록 하는 미지수의 값 구하기

● 다음 등식이 x에 대한 이차방정식이 되도록 하는 상수 a의 조건을 구하시오.

11 $(a-3)x^2-5x-7=0$

➡ 이차방정식이 되려면 $(x^2$의 계수$)\neq0$

이어야 하므로 $a-3\neq\boxed{}$

따라서 $a\neq\boxed{}$

12 $(2a+5)x^2+x-14=0$

13 $ax^2-11x+1=7x+2$

14 $ax^2+5x-9=6x^2$

15 $ax^2+4x-17=-10x^2+x+2$

16 $2ax^2+3x+1=8x^2-4x-3$

3rd — 이차방정식의 일반형 구하기

● 다음 이차방정식을 $ax^2+bx+c=0$의 꼴로 나타낼 때, 상수 a, b, c의 값을 구하시오.
(단, a는 가장 작은 자연수이고, b, c는 정수이다.)

17 $-2x^2+x=3(x-1)$

➡ $-2x^2+x=3x-3$에서

$\boxed{}x^2+\boxed{}x-3=0$이므로

$a=\boxed{}$, $b=\boxed{}$, $c=\boxed{}$

18 $5(x^2+2)=6x^2-5x+7$

19 $(x+3)(3x-1)=2x-13$

20 $(x+4)(x-5)=-3x^2+10$

개념모음문제

21 $(2x-3)(x+8)=ax^2+5x-1$이 이차방정식이 되도록 하는 상수 a의 값이 <u>아닌</u> 것은?

① -3　　② -2　　③ 2
④ 3　　⑤ 4

02

이차방정식의 해(근)

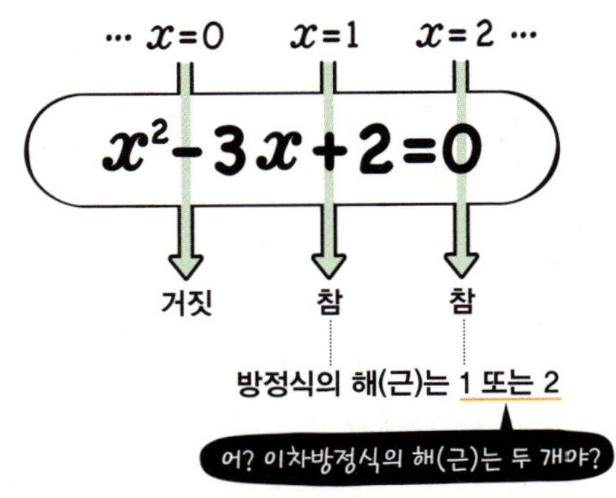

- **이차방정식의 해(근):** 이차방정식 $ax^2+bx+c=0\,(a\neq0)$을 참이 되게 하는 미지수 x의 값
- **이차방정식을 푼다:** 이차방정식의 해(근)를 모두 구하는 것

원리확인 다음은 [　] 안의 수가 주어진 이차방정식의 해인지 구하는 과정이다. 빈칸에 알맞은 것을 써넣고 [　] 안의 수가 주어진 이차방정식의 해인 것은 ○를, 해가 아닌 것은 × 를 (　) 안에 써넣으시오.

❶ $x^2+8x=0$　[0]　　　　　　　(　　)

→ 주어진 이차방정식에 $x=\boxed{}$을 대입하면

$\boxed{}^2+8\times\boxed{}\ \bigcirc\ 0$

❷ $x^2-5x+6=0$　[2]　　　　　　(　　)

→ 주어진 이차방정식에 $x=\boxed{}$를 대입하면

$\boxed{}^2-5\times\boxed{}+6\ \bigcirc\ 0$

❸ $2x^2-x-1=0$　[−1]　　　　　(　　)

→ 주어진 이차방정식에 $x=\boxed{}$을 대입하면

$2\times(\boxed{})^2-(\boxed{})-1\ \bigcirc\ 0$

❹ $(x-3)^2-4=0$　[1]　　　　　(　　)

→ 주어진 이차방정식에 $x=\boxed{}$을 대입하면

$(\boxed{}-3)^2-4\ \bigcirc\ 0$

1st ─ 이차방정식의 해 구하기

- x의 값이 -2, -1, 0, 1일 때, 다음 표를 완성하고, □ 안에 알맞은 수를 써넣으시오.

1 $x^2+x=0$

x의 값	좌변	우변	참, 거짓
-2	$(-2)^2+(-2)=2$	0	거짓
-1			
0			
1			

→ 해: $x=\boxed{}$ 또는 $x=\boxed{}$

2 $x^2+x-2=0$

x의 값	좌변	우변	참, 거짓
-2			
-1			
0			
1			

→ 해: $x=\boxed{}$ 또는 $x=\boxed{}$

3 $\dfrac{1}{4}x^2+x=-1$

x의 값	좌변	우변	참, 거짓
-2			
-1			
0			
1			

→ 해: $x=\boxed{}$

2nd — 한 근이 주어질 때 미지수의 값 구하기

● 다음 [ ] 안의 수가 주어진 이차방정식의 해일 때, 상수 a 의 값을 구하시오.

4 $x^2-2x+a=0$ [3]

→ 주어진 이차방정식에 $x=\boxed{}$을 대입하면

$\boxed{}^2-2\times\boxed{}+a=0$

따라서 $a=\boxed{}$

5 $3x^2+x-a=0$ [−2]

이차방정식의 근이 음수일 때는 괄호를 사용하여 대입해!

6 $x^2+ax+10=0$ [1]

7 $6x^2-ax-2=0$ [−1]

8 $ax^2-7x+2=0$ [2]

● 다음 주어진 식의 값을 구하시오.

9 $x^2+2x-3=0$의 한 근이 $x=a$일 때, a^2+2a의 값

→ 주어진 이차방정식에 $x=a$를 대입하면

$a^2+2a-3=0$

따라서 $a^2+2a=\boxed{}$

10 $3x^2-x-5=0$의 한 근이 $x=b$일 때, $3b^2-b$의 값

11 $x^2-5x+1=0$의 한 근이 $x=m$일 때, $2m^2-10m$의 값

12 $\dfrac{1}{2}x^2+2x-\dfrac{1}{8}=0$의 한 근이 $x=k$일 때, $4k^2+16k$의 값

개념모음문제

13 이차방정식 $x^2+ax+6=0$의 한 근이 $x=-1$ 이고, 이차방정식 $2x^2+5x-3=0$의 한 근이 $x=b$일 때, a^2+2b^2+5b의 값은? (단, a는 상수)

① 49　　② 52　　③ 55

④ 58　　⑤ 61

☺ 내가 발견한 개념　　　　　　$x=p$가 이차방정식의 해이면?

● $x=p$가 이차방정식 $ax^2+bx+c=0$의 해이다.

→ 이차방정식에 $x=\boxed{}$를 대입하면 등식이 성립한다.

→ $a\times\boxed{}+b\times\boxed{}+c=0$

인수분해를 이용한 이차방정식의 풀이

이항하기 ➡ 인수분해하기 ➡ 해 구하기

$$x^2-3x=-2$$
$$x^2-3x+2=0$$
$$(x-1)(x-2)=0$$
$$x=1 \text{ 또는 } x=2$$

이항하여 (이차식)=0의 꼴로 정리!

(일차식)(일차식)=0으로 인수분해!

$x-1=0$ 또는 $x-2=0$ 임을 이용!

서로 다른 해가 2개야!

• $AB=0$의 성질: 두 수 또는 두 식 A, B에 대하여 $AB=0$이면 $A=0$ 또는 $B=0$

참고 $AB=0$이면 $A=0$, $B=0$ 또는 $A=0$, $B\neq0$ 또는 $A\neq0$, $B=0$이므로 이 세 가지 경우를 통틀어 $A=0$ 또는 $B=0$

• **인수분해를 이용한 이차방정식의 풀이**

(i) 주어진 방정식을 (이차식)=0의 꼴로 정리한다.

(ii) 좌변을 인수분해한다.

(iii) $AB=0$이면 $A=0$ 또는 $B=0$임을 이용한다.

(iv) 이차방정식의 해를 구한다.

원리확인 다음은 $AB=0$의 성질을 이용하여 이차방정식을 푸는 과정이다. □ 안에 알맞은 수를 써넣으시오.

❶ $(x+1)(x-4)=0$에서

$x+1=$ □ 또는 $x-4=$ □

따라서 $x=$ □ 또는 $x=$ □

❷ $(2x-1)(3x+2)=0$에서

$2x-1=$ □ 또는 $3x+2=$ □

따라서 $x=$ □ 또는 $x=$ □

• 다음 이차방정식을 인수분해를 이용하여 푸시오.

1 $(x-3)(x+7)=0$

2 $x(x-11)=0$

3 $(x+8)(2x-1)=0$

4 $(2x+3)(3x-5)=0$

5 $x^2+5x=0$

➡ $x^2+5x=0$에서 $x($ □ $)=0$

$x=$ □ 또는 □ $=0$

따라서 $x=$ □ 또는 $x=$ □

6 $x^2-6x=0$

$$(x-1)(x-2)=0$$

7 $15x^2-10x=0$

8 $6x^2=8x$

9 $7x^2=-21x$

10 $-2x=-x^2$

11 $x^2-4=0$

➡ $x^2-4=0$에서 $(x+2)(\boxed{})=0$

$x+2=\boxed{}$ 또는 $\boxed{}=0$

따라서 $x=\boxed{}$ 또는 $x=\boxed{}$

12 $x^2-49=0$

13 $9x^2-64=0$

14 $81-4x^2=0$

15 $16x^2=25$

16 $9(x^2+1)=10$

17 $x^2-3x-4=0$

➡ $x^2-3x-4=0$에서 $(x+1)(\boxed{})=0$

$x+1=\boxed{}$ 또는 $\boxed{}=0$

따라서 $x=\boxed{}$ 또는 $x=\boxed{}$

18 $x^2+12x+35=0$

19 $x^2-9x+18=0$

20 $x^2-7x-18=0$

21 $x^2-10x=-16$

22 $x^2=9x+36$

23 $(x+4)(x-4)=-2x-8$

24 $3x^2+x-2=0$

   ➡ $3x^2+x-2=0$에서 $(x+1)(\boxed{})=0$

   $x+1=\boxed{}$ 또는 $\boxed{}=0$

   따라서 $x=\boxed{}$ 또는 $x=\boxed{}$

25 $8x^2-10x-3=0$

26 $2x^2+11x-6=0$

27 $6x^2+7x+2=0$

28 $2x^2+35=19x$

29 $3x^2=20x+7$

30 $2x(x-6)=-15x+54$

이차방정식의 해를 찾아봐!

- $(x-a)(x+a)=0$의 해 ➡ $x=\boxed{}$ 또는 $x=\boxed{}$

- $(x-a)(x-b)=0$의 해 ➡ $x=\boxed{}$ 또는 $x=\boxed{}$

- $(ax-b)(cx-d)=0$의 해 ➡ $x=\boxed{}$ 또는 $x=\boxed{}$

2nd — 이차방정식의 공통근 구하기

● 다음 두 이차방정식의 공통근을 구하시오.

31 $x^2+2x-3=0,\ x^2+x-6=0$

→ $x^2+2x-3=0$에서 $(x+3)(x-1)=0$
이므로 $x=\boxed{}$ 또는 $x=\boxed{}$
$x^2+x-6=0$에서 $(x+3)(x-2)=0$
이므로 $x=\boxed{}$ 또는 $x=\boxed{}$
따라서 두 이차방정식의 공통근은 $x=\boxed{}$

32 $x^2-2x-8=0,\ x^2-7x+12=0$

33 $x^2-8x-9=0,\ x^2-6x-27=0$

34 $x^2+4x-5=0,\ 2x^2+9x-5=0$

35 $x^2-8x+12=0,\ 3x^2-x-10=0$

3rd — 한 근이 주어질 때 다른 한 근 구하기

● 다음 이차방정식의 한 근이 [ ] 안의 수일 때, 다른 한 근을 구하시오. (단, a는 상수이다.)

36 $x^2+ax+5=0$ $[-1]$

→ $x^2+ax+5=0$에 $x=-1$을 대입하면 $a=\boxed{}$
주어진 이차방정식은 $x^2+\boxed{}x+5=0$이므로
인수분해하면 $(x+1)(x+\boxed{})=0$에서
$x=-1$ 또는 $x=\boxed{}$
따라서 다른 한 근은 $x=\boxed{}$

37 $x^2-5x+a=0$ $[3]$

38 $x^2+2x+a=0$ $[-5]$

개념모음문제
39 이차방정식 $x^2+ax+3=0$의 한 근이 $x=1$이고 다른 한 근이 $2x^2-5x+b=0$의 한 근일 때, 상수 a, b에 대하여 $a+b$의 값은?

① -7 ② -1 ③ 0
④ 1 ⑤ 7

똑같은 x를 찾아라!

이차방정식의 중근

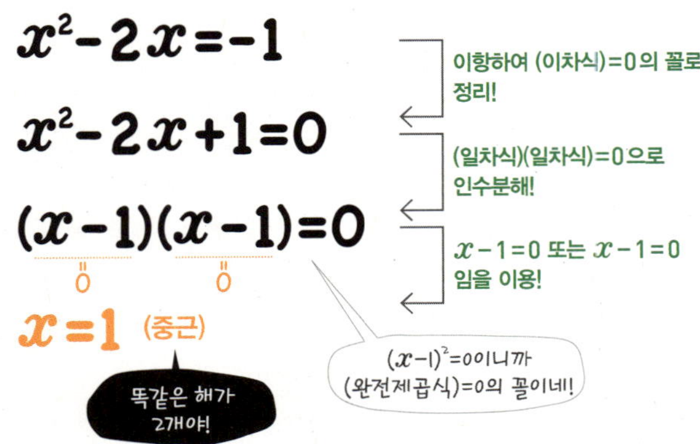

- **이차방정식의 중근**: 이차방정식의 두 근이 중복되어 서로 같을 때, 이 근을 중근이라 한다.
- **이차방정식이 중근을 가질 조건**: 이차방정식이 (완전제곱식)＝0의 꼴로 인수분해가 되면 중근을 갖는다. 즉 이차방정식 $x^2+ax+b=0$이 다음 조건을 만족하면 중근을 갖는다.

$$(\text{상수항})=\left(\frac{x\text{의 계수}}{2}\right)^2 \rightarrow b=\left(\frac{a}{2}\right)^2$$

원리확인 다음 이차방정식이 중근을 가지는 것은 ○를, 중근을 갖지 않는 것은 ×를 (   ) 안에 써넣으시오.

❶ $2(x-1)^2=0$ (   )

❷ $(x-2)^2=4$ (   )

❸ $x^2+10x+25=0$ (   )

❹ $x^2+6x-8=1$ (   )

● 다음 이차방정식을 푸시오.

1 $(x+3)^2=0$

2 $(5x-1)^2=0$

3 $x^2-16x+64=0$

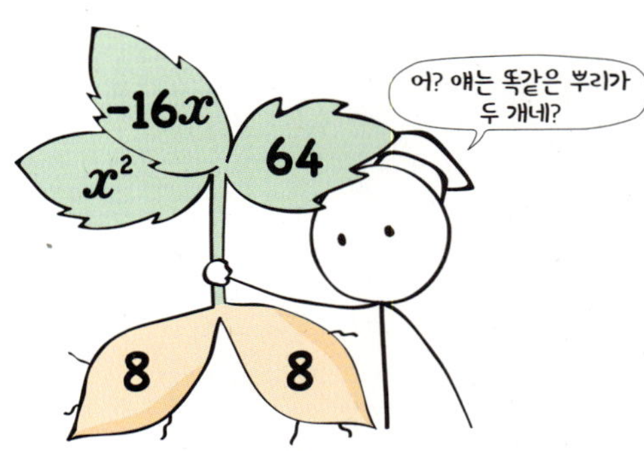

4 $9x^2-6x+1=0$

5 $36x^2-60x=-25$

2nd 중근을 가질 때 미지수의 값 구하기

● 다음 이차방정식이 중근을 가질 때, 상수 a의 값을 모두 구하시오.

6 $x^2-4x+a=0$

→ $x^2-4x+a=0$에서

$a=\left(\dfrac{\boxed{}}{2}\right)^2=\boxed{}$

> 이차방정식 $x^2+ax+b=0$이 중근을 가진다.
> → (상수항)$=\left(\dfrac{x\text{의 계수}}{2}\right)^2$
> → $b=\left(\dfrac{a}{2}\right)^2$

7 $x^2+12x+a=0$

8 $x^2+3x+a=0$

9 $x^2-16x+2a=0$

10 $x^2=10x-2a-1$

● x^2의 계수가 1인 이차방정식이 중근 p를 가진다.

→ $(x-p)^{\boxed{}}=0$

→ $(x-p)(x-p)=x^2-\boxed{}\,x+\boxed{}=0$

→ $p^2=\left(\dfrac{\boxed{}}{2}\right)^2$

11 $x^2+ax+1=0$

→ $\left(\dfrac{a}{2}\right)^2=1$이므로 $a^2=\boxed{}$

따라서 $a=\pm\boxed{}$

12 $x^2-ax+9=0$

13 $x^2+ax=-4$

14 $x^2+ax=-\dfrac{1}{36}$

15 $x^2+25=ax$

개념모음문제

16 이차방정식 $x^2-10x+2a-3=0$이 중근을 가질 때, 상수 a의 값은?

① -14 ② -12 ③ 10

④ 12 ⑤ 14

05

제곱근을 이용한 이차방정식의 풀이

$$x^2 = 4$$
$$x = \pm\sqrt{4} = \pm 2$$

제곱근을 이용!

$x = -2$ 또는 $x = 2$

$$(x-1)^2 = 3$$
$$x - 1 = \pm\sqrt{3}$$
$$x = 1 \pm \sqrt{3}$$

제곱근을 이용!

좌변에 x만 남겨!

$x = 1-\sqrt{3}$ 또는 $x = 1+\sqrt{3}$

- 이차방정식 $x^2 = k\,(k>0)$의 해: $x^2 = k \rightarrow x = \pm\sqrt{k}$
- 이차방정식 $(x+p)^2 = k\,(k>0)$의 해:
$$(x+p)^2 = k \rightarrow x+p = \pm\sqrt{k} \rightarrow x = -p \pm\sqrt{k}$$

참고 이차방정식 $x^2 = k$에서
① $k>0$이면 $x = \pm\sqrt{k}$
② $k=0$이면 $x^2 = 0$에서 $x = 0$(중근)
③ $k<0$이면 제곱해서 음수가 되는 수는 없으므로 해가 없다.
→ $x^2 = k$가 해를 가질 조건은 $k \geq 0$

원리확인 다음은 제곱근을 이용하여 이차방정식을 푸는 과정이다. □ 안에 알맞은 수를 써넣으시오.

❶ $x^2 - 5 = 0 \rightarrow x^2 = \boxed{} \rightarrow x = \pm\boxed{}$

❷ $(x-1)^2 = 7 \rightarrow x-1 = \boxed{} \rightarrow x = \boxed{}$

❸ $(2x+1)^2 = 9 \rightarrow 2x+1 = \pm\boxed{}$

$\qquad\qquad\qquad 2x = -1 \pm \boxed{}$

$\qquad\qquad\qquad 2x = 2$ 또는 $2x = \boxed{}$

$\qquad\qquad\qquad x = 1$ 또는 $x = \boxed{}$

● 다음 이차방정식을 제곱근을 이용하여 푸시오.

1 $x^2 = 8$

2 $x^2 - 49 = 0$

3 $x^2 - 13 = 0$

4 $x^2 - 100 = 0$

5 $4x^2 = 28$

6 $5x^2 = 60$

7 $6x^2 - 150 = 0$

8 $(x-2)^2=8$

9 $(x+10)^2=10$

10 $(x-8)^2=16$

11 $(x+3)^2-27=0$

12 $(x-6)^2-15=0$

$(x-1)^2=3$

$x-1=\pm\sqrt{3}$ 쿵!

13 $5(x-4)^2=30$
우선 양변을 5로 나눠!

14 $3(x+2)^2=15$

15 $2(x+2)^2-36=0$

16 $4(x-1)^2-32=0$

:) **내가 발견한 개념** 제곱근을 이용해서 해를 구해 봐!

- $x^2=q\ (q>0)\ \Rightarrow\ x=\pm\ \boxed{}$
- $(x+p)^2=q\ (q>0)\ \Rightarrow\ x=-\ \boxed{}\ \pm\ \boxed{}$

개념모음문제

17 이차방정식 $7(x-4)^2-56=0$의 두 근의 합은?

① -8 ② $-4\sqrt{2}$ ③ 4

④ $4\sqrt{2}$ ⑤ 8

x를 찾아라!

완전제곱식을 이용한 이차방정식의 풀이

$$x^2-2x-4=0$$
$$x^2-2x=4$$
$$x^2-2x+1=4+1$$
$$(x-1)^2=5$$
$$x=1\pm\sqrt{5}$$

상수항을 우변으로 이항!

양변에 $\left(\dfrac{x\text{의 계수}}{2}\right)^2=\left(\dfrac{-2}{2}\right)^2=1$을 더해!

(완전제곱식)＝(상수)의 꼴로 정리!

제곱근을 이용!

- 이차방정식 $ax^2+bx+c=0$의 좌변이 인수분해되지 않을 때는 좌변을 완전제곱식이 되도록 고친 다음 제곱근을 이용하여 해를 구한다.

  (i) 양변을 x^2의 계수로 나눈다.

  (ii) 상수항을 우변으로 이항한다.

  (iii) 양변에 $\left(\dfrac{x\text{의 계수}}{2}\right)^2$을 더한다.

  (iv) 좌변을 완전제곱식으로 고친다.

  (v) 제곱근을 이용하여 해를 구한다.

원리확인 다음은 완전제곱식을 이용하여 이차방정식을 푸는 과정이다. □ 안에 알맞은 수를 써넣으시오.

❶ $x^2-8x+1=0$

$\rightarrow x^2-8x=-1$

$x^2-8x+\boxed{}=\boxed{}$

$(x-\boxed{})^2=\boxed{}$

$x-\boxed{}=\pm\boxed{}$

따라서 $x=\boxed{}$

❷ $2x^2-12x-7=0$

$\rightarrow x^2-6x-\dfrac{7}{2}=0$

$x^2-6x=\boxed{}$

$x^2-6x+\boxed{}=\boxed{}$

$(x-\boxed{})^2=\boxed{}$

$x-\boxed{}=\pm\dfrac{\boxed{}}{2}$

따라서 $x=\boxed{}$

❸ $2x^2-x-2=0$

$\rightarrow x^2-\dfrac{1}{2}x-1=0$

$x^2-\dfrac{1}{2}x=\boxed{}$

$x^2-\dfrac{1}{2}x+\boxed{}=\boxed{}$

$\left(x-\boxed{}\right)^2=\boxed{}$

$x-\boxed{}=\pm\boxed{}$

따라서 $x=\dfrac{\boxed{}}{4}$

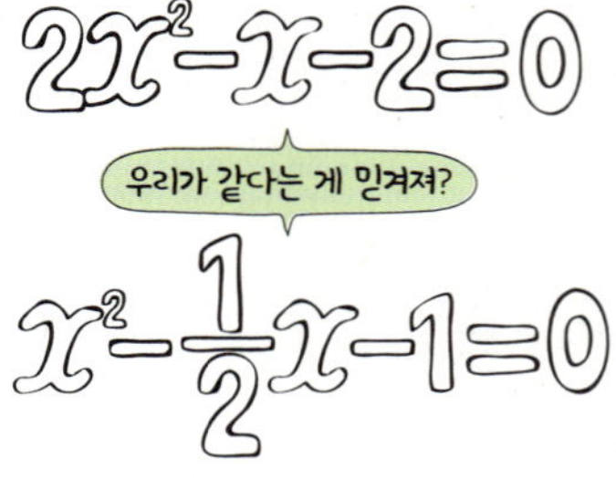

1st — 완전제곱식의 꼴로 나타내기

● 다음 이차방정식을 $(x+p)^2=q$의 꼴로 나타낼 때, 상수 p, q의 값을 구하시오.

1 $x^2+10x+22=0$

➜ $x^2+10x=\boxed{}$

$x^2+10x+\boxed{}=\boxed{}$

$(x+\boxed{})^2=\boxed{}$

따라서 $p=\boxed{}$, $q=\boxed{}$

2 $x^2+4x-6=0$

3 $x^2-2x-9=0$

4 $x^2-x-3=0$

5 $x^2-6x-2=0$

6 $3x^2-6x-15=0$
양변을 3으로 나눠서 x^2의 계수를 1로 만들면 더 쉬워!

7 $2x^2+8x-6=0$

8 $5x^2+30x+5=0$

9 $4x^2+12x+6=0$

10 $16x^2-8x-4=0$

개념모음문제

11 이차방정식 $3x^2-12x+1=0$을 $(x+p)^2=q$의 꼴로 나타낼 때, 상수 p, q에 대하여 $3pq$의 값은?

① -30 ② -22 ③ $-\dfrac{11}{2}$

④ 22 ⑤ 30

● 다음 이차방정식을 완전제곱식을 이용하여 푸시오.

12 $x^2 - 4x - 7 = 0$

➡ $x^2 - 4x = \boxed{}$

$x^2 - 4x + \boxed{} = \boxed{}$

$(x - \boxed{})^2 = \boxed{}$

$x - \boxed{} = \pm\sqrt{\boxed{}}$

따라서 $x = \boxed{}$

13 $x^2 + 6x + 7 = 0$

14 $x^2 - 8x + 3 = 0$

15 $x^2 + 5x + 5 = 0$

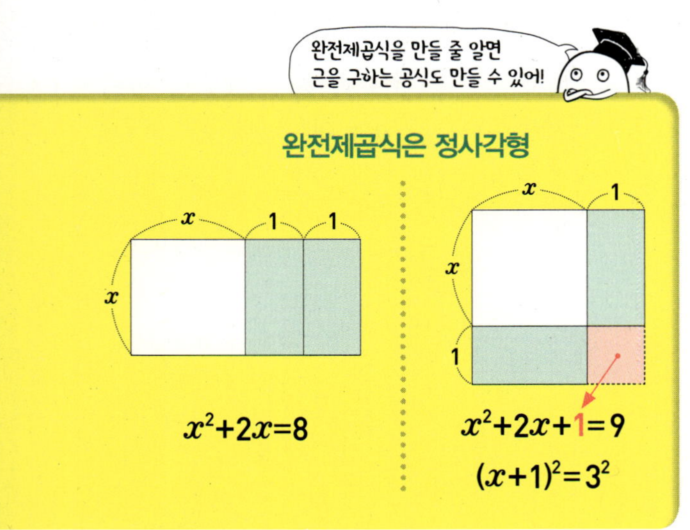

16 $3x^2 - 18x + 6 = 0$

➡ $x^2 - 6x + 2 = 0,\ x^2 - 6x = \boxed{}$

$x^2 - 6x + \boxed{} = \boxed{},\ (x - \boxed{})^2 = \boxed{}$

$x - \boxed{} = \pm\sqrt{\boxed{}}$

따라서 $x = \boxed{}$

17 $2x^2 + 8x - 12 = 0$

18 $5x^2 - 10x - 35 = 0$

19 $7x^2 + 21x - 35 = 0$

개념모음문제

20 이차방정식 $16x^2 - 8x - 12 = 0$의 두 근을 α, β 라 할 때, $\alpha - \beta$의 값은? (단, $\alpha > \beta$)

① $\dfrac{1}{4}$ ② $\dfrac{1}{2}$ ③ $\dfrac{\sqrt{13}}{4}$

④ $\dfrac{\sqrt{13}}{2}$ ⑤ $\sqrt{13}$

TEST 1. 이차방정식과 그 풀이

1 다음 **보기**에서 x에 대한 이차방정식인 것만을 있는 대로 고른 것은?

> **보기**
> ㄱ. $2x-3=0$
> ㄴ. $5x^2-3x=5(x+1)(x-1)$
> ㄷ. $x^2-6x+3=0$
> ㄹ. $3(x+5)(x-2)=2x^2-4x+1$

① ㄷ 　② ㄴ, ㄷ 　③ ㄴ, ㄹ
④ ㄷ, ㄹ 　⑤ ㄴ, ㄷ, ㄹ

2 이차방정식 $2x^2-3x+6=0$의 한 근이 $x=a$일 때, $2a^2-3a+11$의 값은?

① -17 　② -7 　③ -5
④ 5 　⑤ 17

3 다음 이차방정식의 두 근을 α, β라 할 때, $\alpha-2\beta$의 값을 구하시오. (단, $\alpha>\beta$)

$$(x+4)(x-2)=7$$

4 이차방정식 $x^2+12x-a=-11$이 중근을 가질 때, 상수 a의 값은?

① -47 　② -27 　③ -25
④ 25 　⑤ 47

5 이차방정식 $x^2+20x-3=0$을 $(x+p)^2=q$의 꼴로 나타낼 때, 상수 p, q에 대하여 $10p-q$의 값을 구하시오.

6 다음 중 이차방정식과 그 해가 잘못 짝지어진 것은?

① $(x+8)^2=19 \rightarrow x=-8\pm\sqrt{19}$
② $4(x-3)^2=20 \rightarrow x=3\pm2\sqrt{5}$
③ $7(x-11)^2=49 \rightarrow x=11\pm\sqrt{7}$
④ $x^2+14x+7=0 \rightarrow x=-7\pm\sqrt{42}$
⑤ $3x^2+3x-1=0 \rightarrow x=-\dfrac{1}{2}\pm\dfrac{\sqrt{21}}{6}$

이차방정식의 풀이와 근의 공식

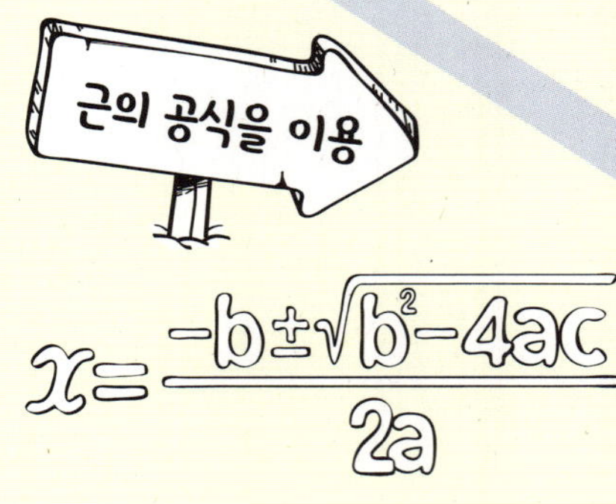

$$x = \frac{-b \pm \sqrt{b^2 - 4ac}}{2a}$$

$$2x^2 + 3x - 1 = 0$$

$$x^2 + \frac{3}{2}x - \frac{1}{2} = 0$$

$$x^2 + \frac{3}{2}x = \frac{1}{2}$$

$$x^2 + \frac{3}{2}x + \left(\frac{3}{4}\right)^2 = \frac{1}{2} + \left(\frac{3}{4}\right)^2$$

$$\left(x + \frac{3}{4}\right)^2 = \frac{17}{16}$$

$$x + \frac{3}{4} = \pm\frac{\sqrt{17}}{4}$$

$$x = \frac{-3 \pm \sqrt{17}}{4}$$

2

이차식의 뿌리(근)!
이차방정식의 근의 공식

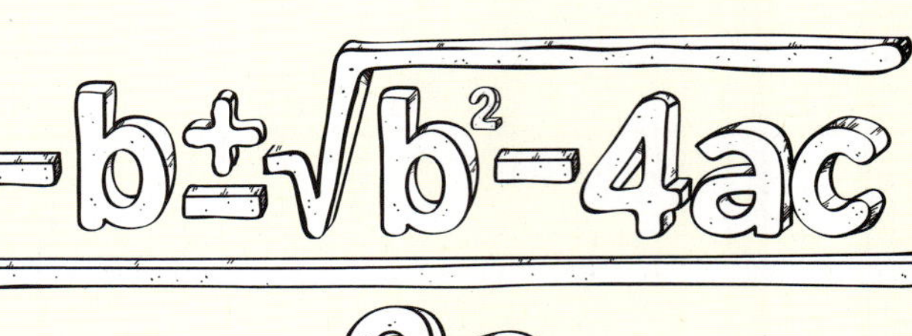

근의 공식으로 x를 찾아라!

이차방정식 $ax^2 + bx + c = 0\,(a \neq 0)$ 에서

$$x = \frac{-b \pm \sqrt{b^2 - 4ac}}{2a}$$

이제 이차방정식의 해는
근의 공식으로!

근의 공식으로 x를 찾아라!

이차방정식 $ax^2 + 2b'x + c = 0\,(a \neq 0)$ 에서

$$x = \frac{-b' \pm \sqrt{b'^2 - ac}}{a}$$

x의 계수가 짝수이면
이 공식으로
좀 더 간단히!

01~02 이차방정식의 근의 공식

완전제곱식을 이용하여 이차방정식의 근을 구하는 과정을 이용하면 이차방정식
$ax^2 + bx + c = 0 \ (a \neq 0)$의 근은

$$x = \frac{-b \pm \sqrt{b^2 - 4ac}}{2a} \ (\text{단}, \ b^2 - 4ac \geq 0)$$

이고 이 식을 이차방정식의 근의 공식이라 하지!
이때 이차방정식의 일차항의 계수가 짝수인 경우는 근의 공식이 조금 더 간단해! 근의 공식을 알면 이차방정식의 근을 빠르게 구할 수 있어!

계수를 정수로, x를 찾아라!

① 괄호가 있는 경우

$$(x+1)^2 = x + 2$$
$$x^2 + x - 1 = 0$$

괄호를 풀어
우변을 모두
좌변으로 이항!

② 계수가 분수인 경우

$$\frac{1}{4}x^2 - \frac{1}{2}x - 2 = 0$$

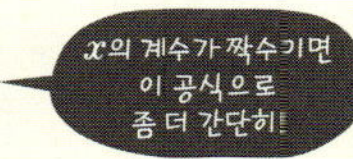

$$x^2 - 2x - 8 = 0$$

양변에 분모의
최소공배수를 곱해!

③ 계수가 소수인 경우

$$0.2x^2 + 0.3x - 0.1 = 0$$

$$2x^2 + 3x - 1 = 0$$

양변에 10의
거듭제곱을 곱해!

---

03 복잡한 이차방정식의 풀이

복잡해 보이는 이차방정식은 $ax^2 + bx + c = 0$의 꼴로 정리해서 해를 구하면 돼!
이차방정식에 괄호가 있으면 괄호를 풀고, 계수가 분수인 경우는 분모의 최소공배수를 이용하고, 계수가 소수인 경우는 10의 거듭제곱을 이용하여 모든 항의 계수를 정수로 바꿔 식을 정리하자! 그리고 나서 인수분해가 되는지 먼저 확인하고, 안될 때는 근의 공식을 이용해!

$(x-1)^2+4(x-1)-12=0$

$A^2+4A-12=0$ 치환 $x-1=A$

$(A+6)(A-2)=0$ 인수분해하여 A의 값 구하기

$A=-6$ 또는 $A=2$

$x-1=-6$ 또는 $x-1=2$ 대입 $A=x-1$

따라서 $x=-5$ 또는 $x=3$

---

04 공통인 식이 있는 이차방정식의 풀이

공통인 식이 있는 이차방정식은 치환과 대입을 이용해서 해를 구할 수 있어!

공통부분을 A로 치환한 후 식을 $aA^2+bA+c=0$의 꼴로 고쳐 A의 값을 구한 다음 A의 값을 치환한 식에 대입하여 해를 구하면 돼!

$ax^2+bx+c=0$

$\Rightarrow x=\dfrac{-b\pm\sqrt{b^2-4ac}}{2a}$ $\sqrt{\ }$ 안의 부호에 따라 근의 개수가 달라져!

① $b^2-4ac>0 \Rightarrow$ **2**개   서로 다른 두 근!

② $b^2-4ac=0 \Rightarrow$ **1**개   한 개의 근 (중근)

③ $b^2-4ac<0 \Rightarrow$ **0**개   근이 없다!

---

05 이차방정식의 근의 개수

이차방정식 $ax^2+bx+c=0$의 근의 개수는 근의 공식

$$x=\dfrac{-b\pm\sqrt{b^2-4ac}}{2a}$$

에서 근호 안의 값인 b^2-4ac의 부호로 알 수 있어!

근호 안의 값 b^2-4ac가 0보다 크면 서로 다른 두 근, 0이면 한 개의 근을 가지고, 0보다 작으면 근은 없어!

---

① x의 계수가 2, 두 근이 1, 2인 이차방정식

$\Rightarrow 2(x-1)(x-2)=0$

② x의 계수가 2, 중근이 2인 이차방정식

$\Rightarrow 2(x-2)^2=0$

③ x의 계수가 2, 두 근의 합이 3, 두 근의 곱이 2인 이차방정식

$\Rightarrow 2(x^2-3x+2)=0$

---

06 이차방정식 구하기

이차방정식의 근을 구하는 연습을 했으면 반대로 근을 이용해서 이차방정식을 구해보자!

두 근이 주어지고 x^2의 계수만 알면 이차방정식을 구할 수 있어. 또한 두 근의 합과 곱을 알고 x^2의 계수를 알 때에도 이차방정식을 구할 수 있지!

$x^2-6x+1=0$의 근은

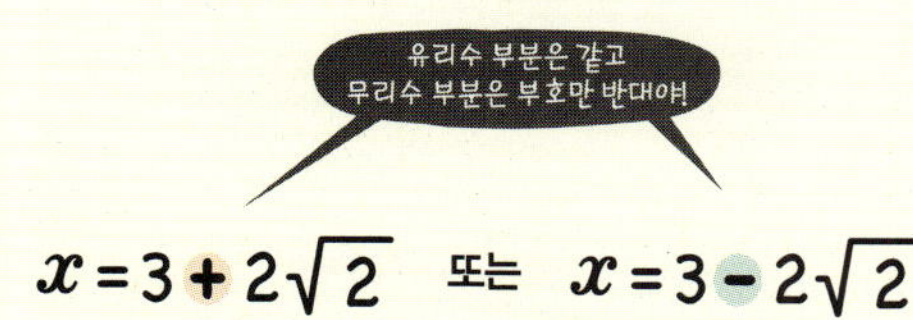

$x=3+2\sqrt{2}$ 또는 $x=3-2\sqrt{2}$

---

07 계수가 유리수인 이차방정식의 해(근)

이차방정식 $ax^2+bx+c=0$ (단, a, b, c는 유리수)

의 근 $x=\dfrac{-b+\sqrt{b^2-4ac}}{2a}$ 또는

$$x=\dfrac{-b-\sqrt{b^2-4ac}}{2a}$$

에서 두 근은 유리수 부분은 같고 무리수 부분은 부호가 반대야! 따라서 계수가 유리수인 이차방정식의 한 근을 알면 다른 한 근을 구할 수 있어! 예를 들면 이차방정식의 한 근이 $3+2\sqrt{2}$이면 다른 한 근은 $3-2\sqrt{2}$이지!

근의 공식으로 x를 찾아라!

이차방정식의 근의 공식(1)

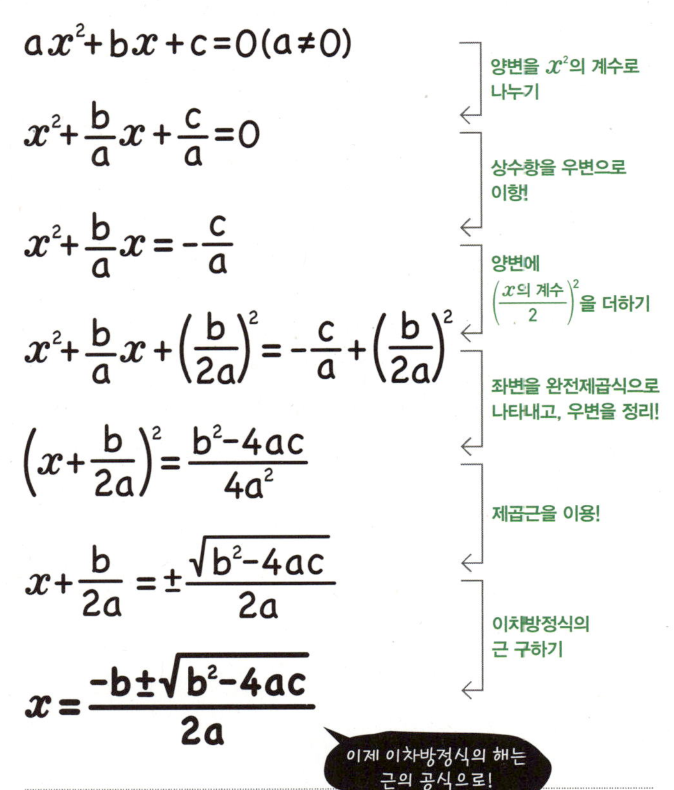

$$ax^2+bx+c=0\,(a\neq 0)$$

양변을 x^2의 계수로 나누기

$$x^2+\frac{b}{a}x+\frac{c}{a}=0$$

상수항을 우변으로 이항!

$$x^2+\frac{b}{a}x=-\frac{c}{a}$$

양변에 $\left(\dfrac{x의\ 계수}{2}\right)^2$을 더하기

$$x^2+\frac{b}{a}x+\left(\frac{b}{2a}\right)^2=-\frac{c}{a}+\left(\frac{b}{2a}\right)^2$$

좌변을 완전제곱식으로 나타내고, 우변을 정리!

$$\left(x+\frac{b}{2a}\right)^2=\frac{b^2-4ac}{4a^2}$$

제곱근을 이용!

$$x+\frac{b}{2a}=\pm\frac{\sqrt{b^2-4ac}}{2a}$$

이차방정식의 근 구하기

$$x=\frac{-b\pm\sqrt{b^2-4ac}}{2a}$$

$x^2+3x+1=0$의 해는

$a=1,\ b=3,\ c=1$이므로

$$x=\frac{-3\pm\sqrt{3^2-4\times 1\times 1}}{2\times 1}=\frac{-3\pm\sqrt{5}}{2}$$

• 근의 공식

이차방정식 $ax^2+bx+c=0\,(a\neq 0)$의 근은

$$x=\frac{-b\pm\sqrt{b^2-4ac}}{2a}\ (단,\ b^2-4ac\geq 0)$$

근의 공식, 계수로 근을 표현한다!

$$ax^2+bx+c=0\ \Rightarrow\ x=\frac{-b\pm\sqrt{b^2-4ac}}{2a}$$

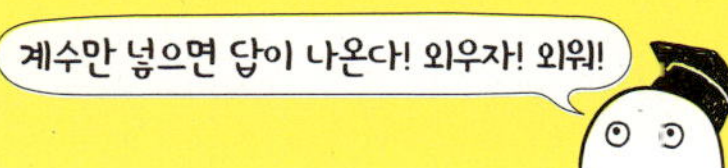

1st ― 이차방정식 $x^2+bx+c=0$의 해 구하기

● 다음은 근의 공식을 이용하여 이차방정식의 해를 구하는 과정이다. □ 안에 알맞은 수를 써넣으시오.

1 $x^2+7x+2=0$

→ 근의 공식에 $a=1,\ b=\square,\ c=2$를 대입하면

$$x=\frac{-\square\pm\sqrt{\square^2-4\times\square\times\square}}{2\times\square}$$

$$=\frac{\square\pm\sqrt{\square}}{\square}$$

2 $x^2-3x+1=0$

→ 근의 공식에 $a=1,\ b=\square,\ c=1$을 대입하면

$$x=\frac{-(\square)\pm\sqrt{(\square)^2-4\times 1\times\square}}{2\times\square}$$

$$=\frac{\square\pm\sqrt{\square}}{\square}$$

3 $x^2+5x-2=0$

→ 근의 공식에 $a=1,\ b=\square,\ c=\square$를 대입하면

$$x=\frac{-\square\pm\sqrt{\square^2-4\times\square\times(\square)}}{2\times\square}$$

$$=\frac{\square\pm\sqrt{\square}}{\square}$$

● 다음 이차방정식을 근의 공식을 이용하여 푸시오.

4 $x^2+x-3=0$

5 $x^2+11x+5=0$

6 $x^2+3x-2=0$

7 $x^2-9x+11=0$

8 $x^2-x-8=0$

9 $x^2-5x-1=0$

10 $x^2-7x-5=0$

11 $x^2-15x+30=0$

12 $x^2+9x+2=0$

13 $x^2-2x-1=0$

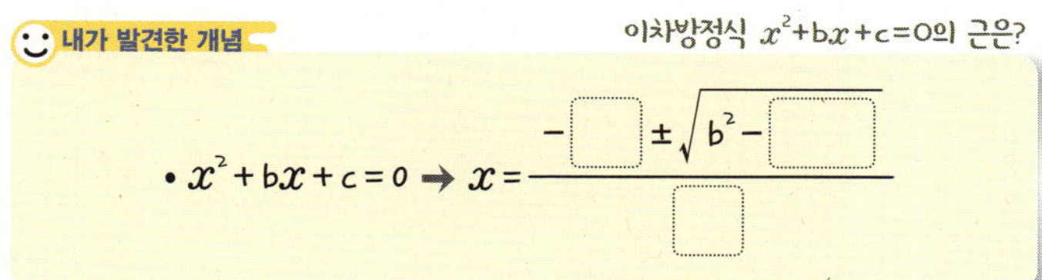

개념모음문제

14 이차방정식 $x^2+x-10=0$의 근이 $x=\dfrac{-1\pm\sqrt{A}}{B}$일 때, 유리수 A, B에 대하여 $A-10B$의 값은?

① 19   ② 20   ③ 21
④ 22   ⑤ 23

● 다음은 근의 공식을 이용하여 이차방정식의 해를 구하는 과정이다. □ 안에 알맞은 수를 써넣으시오.

15 $6x^2+9x+1=0$

→ 근의 공식에 $a=6$, $b=\boxed{\ }$, $c=\boxed{\ }$을 대입하면

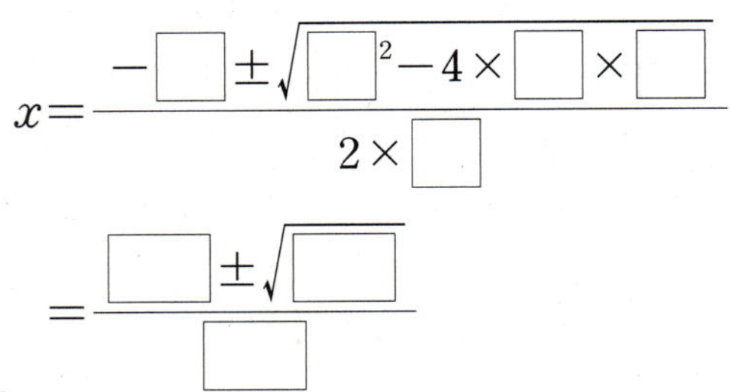

16 $3x^2+x-5=0$

→ 근의 공식에 $a=3$, $b=\boxed{\ }$, $c=\boxed{\ }$를 대입하면

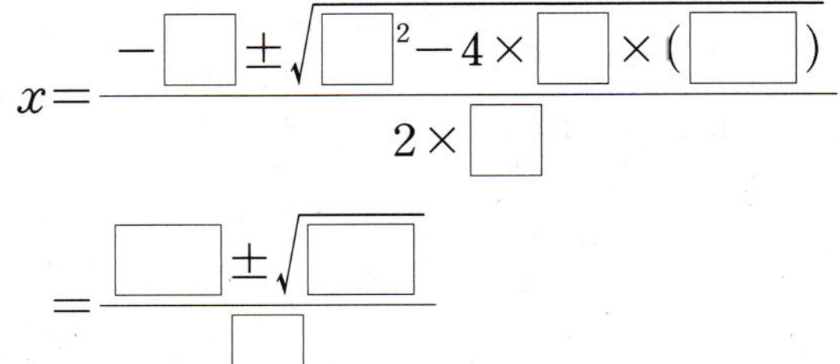

17 $2x^2-7x+4=0$

→ 근의 공식에 $a=2$, $b=\boxed{\ }$, $c=\boxed{\ }$를 대입하면

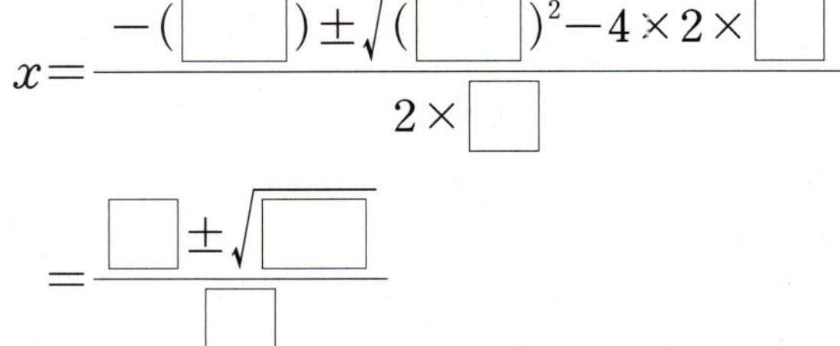

18 $4x^2-x-2=0$

→ 근의 공식에 $a=4$, $b=\boxed{\ }$, $c=\boxed{\ }$를 대입하면

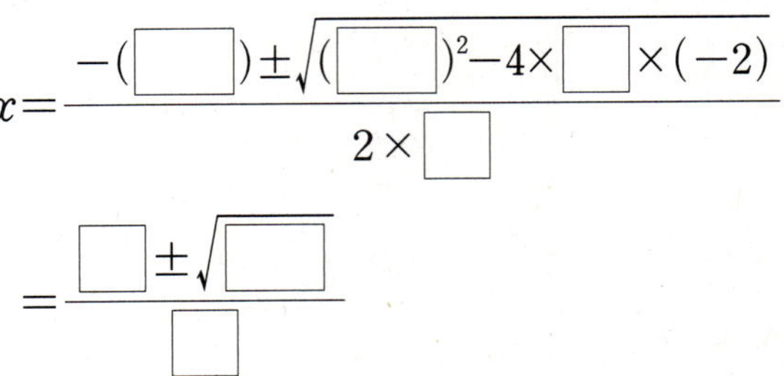

19 $5x^2+3x-5=0$

→ 근의 공식에 $a=5$, $b=\boxed{\ }$, $c=\boxed{\ }$를 대입하면

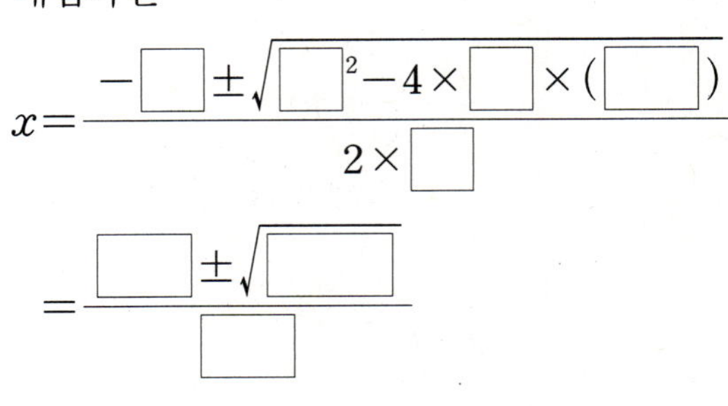

20 $8x^2-13x+3=0$

→ 근의 공식에 $a=8$, $b=\boxed{\ }$, $c=\boxed{\ }$을 대입하면

$$x=\frac{-(\boxed{\ })\pm\sqrt{(\boxed{\ })^2-4\times 8\times\boxed{\ }}}{2\times\boxed{\ }}$$

$$=\frac{\boxed{\ }\pm\sqrt{\boxed{\ }}}{\boxed{\ }}$$

● 다음 이차방정식을 근의 공식을 이용하여 푸시오.

21 $2x^2+9x+5=0$

22 $2x^2-7x-6=0$

23 $4x^2-7x+2=0$

24 $3x^2-x-5=0$

25 $7x^2-11x+1=0$

26 $2x^2+5x+1=0$

27 $6x^2-5x-3=0$

28 $3x^2+4x-1=0$

29 $5x^2-6x-3=0$

30 $3x^2-2x-3=0$

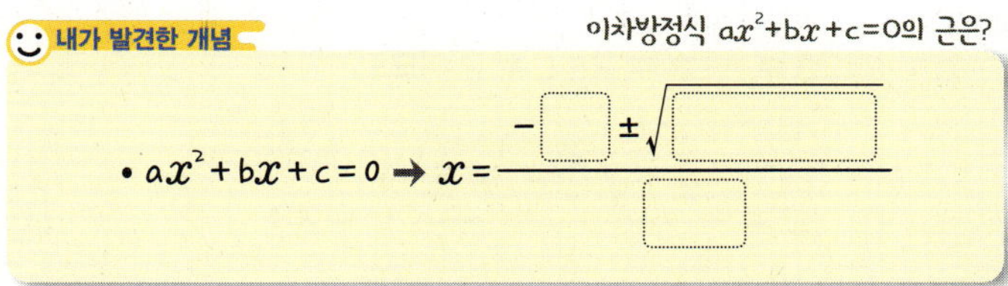

개념모음문제
31 이차방정식 $4x^2=3x+2$의 근이 $x=\dfrac{A\pm\sqrt{B}}{8}$

일 때, 유리수 A, B에 대하여 $A+B$의 값은?

① 34　　　② 40　　　③ 44

④ 50　　　⑤ 54

근의 공식으로 x를 찾아라!

이차방정식의 근의 공식(2)

x의 계수가 짝수인
이차방정식 $ax^2 + 2b'x + c = 0$의 해를
근의 공식으로 구하면

$$x = \frac{-2b' \pm \sqrt{(2b')^2 - 4ac}}{2a}$$

$$= \frac{-2b' \pm \sqrt{4b'^2 - 4ac}}{2a}$$

$$= \frac{-2b' \pm 2\sqrt{b'^2 - ac}}{2a}$$

$$= \frac{-b' \pm \sqrt{b'^2 - ac}}{a}$$

x의 계수가 짝수이면 이 공식으로 좀 더 간단히!

$x^2 + 4x + 2 = 0$의 해는
2×2

$a = 1$, $b' = 2$, $c = 2$이므로

$$x = \frac{-2 \pm \sqrt{2^2 - 1 \times 2}}{1} = -2 \pm \sqrt{2}$$

- 이차방정식의 x의 계수가 짝수일 때의 근의 공식

이차방정식 $ax^2 + 2b'x + c = 0\ (a \neq 0)$의 근은

$$x = \frac{-b' \pm \sqrt{b'^2 - ac}}{a} \ (\text{단, } b'^2 - ac \geq 0)$$

1st — x의 계수가 짝수일 때 근의 공식 이용하기

● 다음은 근의 공식을 이용하여 이차방정식의 해를 구하는 과정이다. □ 안에 알맞은 수를 써넣으시오.

1 $x^2 + 6x - 2 = 0$

→ x의 계수가 짝수일 때의 근의 공식에

$a = 1$, $b' = \boxed{}$, $c = -2$를 대입하면

$$x = \frac{\boxed{} \pm \sqrt{\boxed{}^2 - 1 \times (\boxed{})}}{1}$$

$$= \boxed{} \pm \sqrt{\boxed{}}$$

2 $x^2 - 8x + 2 = 0$

→ x의 계수가 짝수일 때의 근의 공식에

$a = 1$, $b' = \boxed{}$, $c = \boxed{}$를 대입하면

$$x = \frac{\boxed{} \pm \sqrt{(\boxed{})^2 - 1 \times \boxed{}}}{1}$$

$$= \boxed{} \pm \sqrt{\boxed{}}$$

3 $x^2 + 18x + 5 = 0$

→ x의 계수가 짝수일 때의 근의 공식에

$a = 1$, $b' = \boxed{}$, $c = \boxed{}$를 대입하면

$$x = \frac{\boxed{} \pm \sqrt{\boxed{}^2 - 1 \times \boxed{}}}{1}$$

$$= \boxed{} \pm \sqrt{\boxed{}}$$

$$= \boxed{} \pm 2\sqrt{\boxed{}}$$

4 $2x^2 - 2x - 5 = 0$

→ x의 계수가 짝수일 때의 근의 공식에

$a = 2$, $b' = \boxed{}$, $c = \boxed{}$를 대입하면

$$x = \frac{\boxed{} \pm \sqrt{(\boxed{})^2 - 2 \times (\boxed{})}}{2}$$

$$= \frac{\boxed{} \pm \sqrt{\boxed{}}}{2}$$

● 다음 이차방정식을 x의 계수가 짝수일 때의 근의 공식을 이용하여 푸시오.

5 $x^2-2x-5=0$

6 $x^2-12x+3=0$

7 $x^2+14x-3=0$

8 $x^2+4x+1=0$

9 $5x^2+4x-3=0$

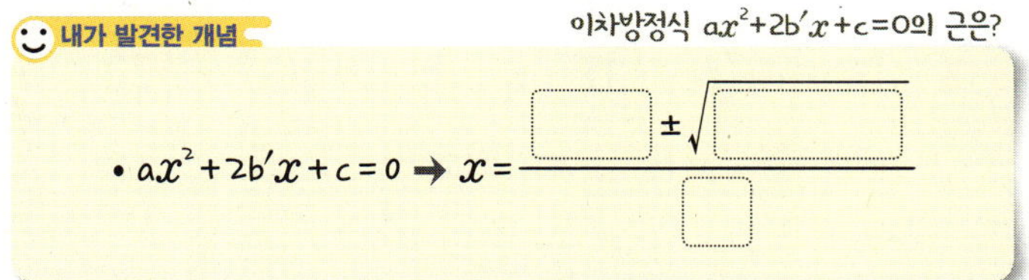

10 $5x^2+16x+1=0$

11 $3x^2+2x-3=0$

12 $6x^2-8x-7=0$

13 $2x^2-4x+1=0$

14 $7x^2-20x+8=0$

개념모음문제
15 이차방정식 $4x^2+4x=5$의 근이

$x=\dfrac{-1\pm\sqrt{B}}{A}$ 일 때, 유리수 A, B에 대하여

$A+B$의 값은?

① 5   ② 8   ③ 10

④ 14   ⑤ 28

복잡한 이차방정식의 풀이

① 괄호가 있는 경우

$$(x+1)^2=x+2$$

$$x^2+2x+1=x+2$$ ← 괄호를 풀어!

$$x^2+x-1=0$$ ← 우변을 모두 좌변으로 이항!

② 계수가 분수인 경우

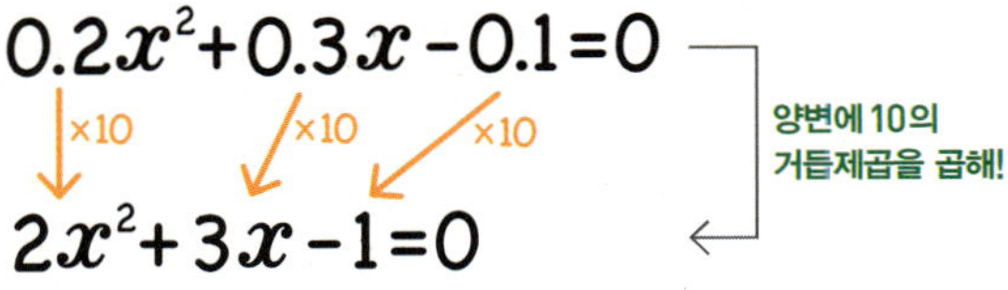

$$\frac{1}{4}x^2-\frac{1}{2}x-2=0$$

$$x^2-2x-8=0$$

양변에 분모의 최소공배수를 곱해!

③ 계수가 소수인 경우

$$0.2x^2+0.3x-0.1=0$$

$$2x^2+3x-1=0$$

양변에 10의 거듭제곱을 곱해!

• 복잡한 이차방정식은 다음과 같은 방법으로 $ax^2+bx+c=0$의 꼴로 정리한 후 해를 구한다.

(1) 괄호가 있는 경우: 분배법칙, 곱셈 공식 등을 이용하여 괄호를 푼다.

(2) 계수가 분수나 소수인 경우

　① 계수가 분수일 때: 양변에 분모의 최소공배수를 곱하여 계수를 정수로 고친다.

　② 계수가 소수일 때: 양변에 10, 100, …을 곱하여 계수를 정수로 고친다.

1st — 괄호가 있는 이차방정식의 해 구하기

● 다음은 이차방정식의 해를 구하는 과정이다. □ 안에 알맞은 것을 써넣으시오.

1　$x(x-2)=15$

$$\rightarrow \boxed{}=15$$ 괄호 풀기

$$\boxed{}=0$$ 좌변으로 이항하기

$$(x+\boxed{})(x-\boxed{})=0$$ 인수분해하기

따라서 $x=\boxed{}$ 또는 $x=\boxed{}$ 해 구하기

2　$(x+3)^2=-(2x+3)$

$$\rightarrow \boxed{}=-2x-3$$

$$\boxed{}=0$$

$$(x+\boxed{})(x+2)=0$$

따라서 $x=\boxed{}$ 또는 $x=-2$

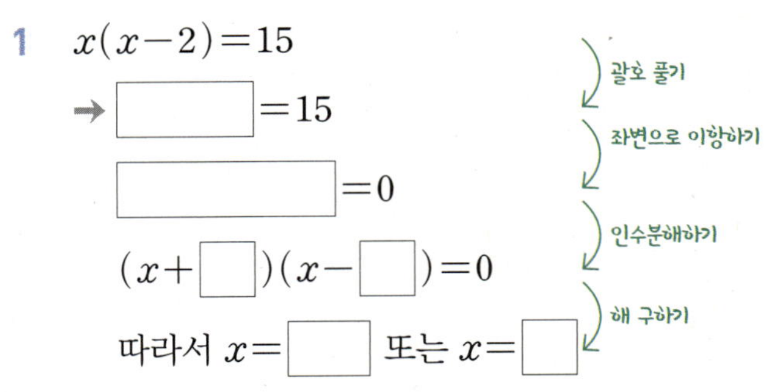

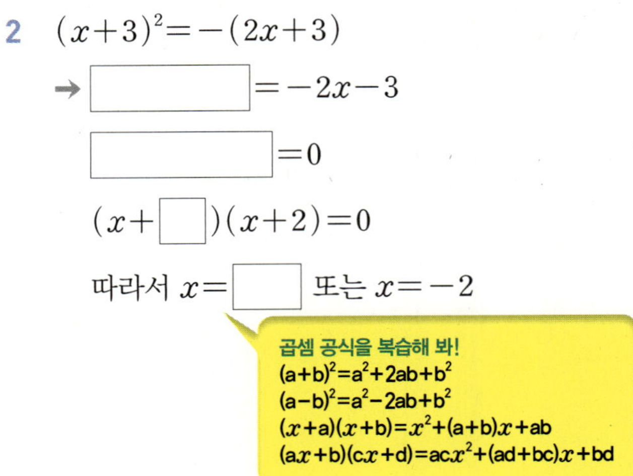

3　$(x+2)(x-5)=3x$

$$\rightarrow \boxed{}=3x$$

$$\boxed{}=0$$

따라서 $x=\boxed{}\pm\sqrt{\boxed{}}$

인수분해가 안될 때는 근의 공식을 이용해서 해를 구해!

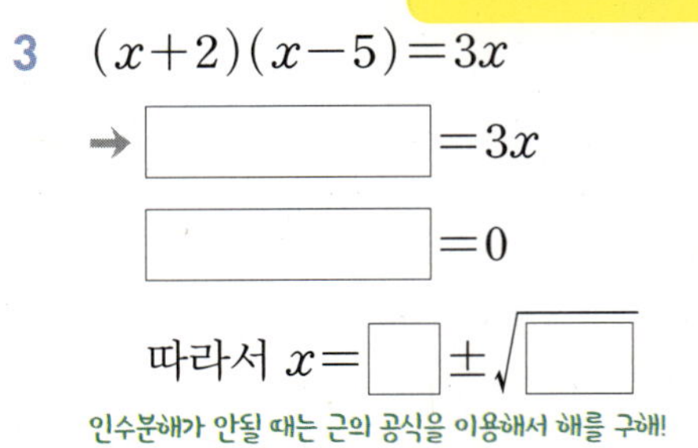

4　$(x-4)^2=4(3x+5)-5$

$$\rightarrow \boxed{}=12x+\boxed{}$$

$$\boxed{}=0$$

따라서 $x=\boxed{}$

● 다음 이차방정식을 푸시오.

5 $(x+2)(x-7)=-2(x+5)$

6 $(2x+1)(x-3)=x^2+8x-45$

7 $(x+5)^2=x+7$

8 $2x^2-3x=(x+1)(x+4)$

9 $x(x+5)=(2x-1)(x+2)$

10 $4(x+1)^2=(2x-3)(3x+2)$

2nd 분수가 있는 이차방정식의 해 구하기

● 다음은 이차방정식의 해를 구하는 과정이다. □ 안에 알맞은 것을 써넣으시오.

11 $\dfrac{1}{3}x^2-\dfrac{1}{4}x-\dfrac{1}{12}=0$

→ 양변에 분모의 최소공배수인 $\boxed{}$ 를 곱하면

$$\boxed{}=0$$

$(\boxed{}x+1)(x-\boxed{})=0$이므로

$x=\boxed{}$ 또는 $x=\boxed{}$

12 $\dfrac{1}{5}x^2+\dfrac{2}{3}x-\dfrac{1}{5}=0$

→ 양변에 분모의 최소공배수인 $\boxed{}$ 를 곱하면

$$\boxed{}=0$$

근의 공식에 의하여

$$x=\frac{\boxed{}\pm\sqrt{\boxed{}}}{3}$$

13 $\dfrac{1}{2}x^2-x+\dfrac{1}{6}=0$

→ 양변에 분모의 최소공배수인 $\boxed{}$ 을 곱하면

$$\boxed{}=0$$

근의 공식에 의하여

$$x=\frac{\boxed{}\pm\sqrt{\boxed{}}}{3}$$

● 다음 이차방정식을 푸시오.

14 $\dfrac{1}{5}x^2+\dfrac{1}{2}x-\dfrac{3}{10}=0$

15 $\dfrac{1}{6}x^2+x+\dfrac{1}{2}=0$

16 $\dfrac{1}{7}x^2-\dfrac{2}{3}x=\dfrac{4}{21}$

17 $\dfrac{1}{3}x^2-\dfrac{2}{3}x=\dfrac{1}{5}$

18 $\dfrac{x^2-4x}{6}=\dfrac{5x-4}{3}$

19 $\dfrac{x^2-2x-3}{3}=\dfrac{x^2+2x}{2}$

3rd — 소수가 있는 이차방정식의 해 구하기

● 다음은 이차방정식의 해를 구하는 과정이다. □ 안에 알맞은 것을 써넣으시오.

20 $0.1x^2-0.2x-0.3=0$

→ 양변에 □ 을 곱하면

□ $=0$

$(x+□)(x-□)=0$이므로

$x=□$ 또는 $x=□$

21 $0.01x^2-0.07x-0.18=0$

→ 양변에 □ 을 곱하면

□ $=0$

$(x+□)(x-□)=0$이므로

$x=□$ 또는 $x=□$

22 $0.5x^2-0.6x-0.7=0$

→ 양변에 □ 을 곱하면

□ $=0$

근의 공식에 의하여

$x=\dfrac{□\pm2\sqrt{\boxed{}}}{5}$

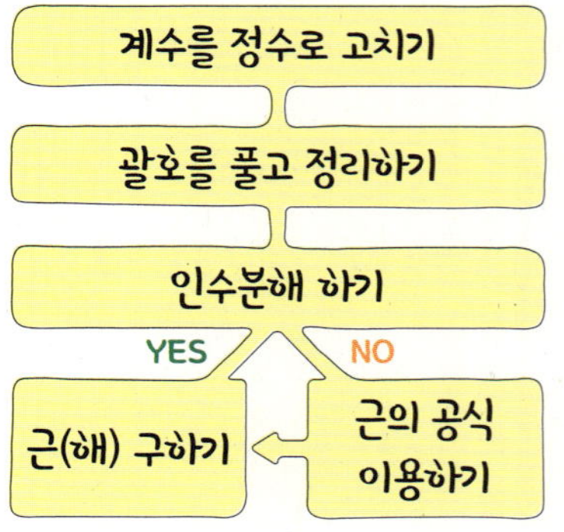

● 다음 이차방정식을 푸시오.

23 $0.1x^2+0.6x+0.8=0$

24 $0.01x^2-0.12x+0.35=0$

25 $0.2x^2+x+0.3=0$

26 $x^2-0.5x-0.4=0$

27 $0.3x^2+0.8x=0.4x+0.1$

28 $1.4x^2-0.9x=-0.2x+0.14$

4th — 복잡한 이차방정식의 해 구하기

● 다음 이차방정식을 푸시오.

29 $\dfrac{1}{2}x^2+0.3x-\dfrac{1}{5}=0$

분수와 소수를 모두 정수로 만들 수 있는 수를 찾아서 양변에 곱해!

30 $0.2x^2-\dfrac{1}{5}x-\dfrac{1}{15}=0$

31 $\dfrac{1}{3}x^2-0.5=x$

32 $0.6x^2-2\left(3x-\dfrac{5}{4}\right)=0.1$

개념모음문제
33 두 이차방정식 $\dfrac{1}{5}x^2-\dfrac{1}{2}x=0.3$, $0.3x^2-1.1x+0.6=0$을 동시에 만족시키는 x의 값은?

① -3 ② $-\dfrac{1}{2}$ ③ $\dfrac{1}{2}$

④ $\dfrac{2}{3}$ ⑤ 3

공통부분을 치환! x를 찾아라!

공통인 식이 있는 이차방정식의 풀이

$(x-1)^2+4(x-1)-12=0$

$A^2+4A-12=0$

$(A+6)(A-2)=0$

$A=-6$ 또는 $A=2$

$x-1=-6$ 또는 $x-1=2$

따라서 $x=-5$ 또는 $x=3$

- 치환 : $x-1=A$
- 인수분해하여 A의 값 구하기
- 대입 : $A=x-1$

- **공통인 식이 있는 이차방정식의 풀이 순서**
  - (i) (공통인 식)$=A$로 치환한 후, $aA^2+bA+c=0$의 꼴로 고친다.
  - (ii) A에 대한 이차방정식을 풀어 A의 값을 구한다.
  - (iii) A의 값을 치환한 식에 대입하여 x의 값을 구한다.

원리확인 다음은 공통인 식이 있는 이차방정식의 해를 구하는 과정이다. □ 안에 알맞은 것을 써넣으시오.

❶ $(x+7)^2-4(x+7)-5=0$

➡ $x+7=A$로 치환하면

$$\boxed{}=0$$

좌변을 인수분해하면

$(A+\boxed{})(A-\boxed{})=0$에서

$A=\boxed{}$ 또는 $A=\boxed{}$

$A=x+7$을 대입하면

$x+7=\boxed{}$ 또는 $x+7=\boxed{}$

따라서 $x=\boxed{}$ 또는 $x=\boxed{}$

❷ $(x+3)^2-2(x+3)+1=0$

➡ $x+3=A$로 치환하면

$$\boxed{}=0$$

좌변을 인수분해하면

$(A-\boxed{})^2=0$에서

$A=\boxed{}$

$A=x+3$을 대입하면

$x+3=\boxed{}$

따라서 $x=\boxed{}$ (중근)

❸ $6(x-5)^2-5(x-5)+1=0$

➡ $x-5=A$로 치환하면

$$\boxed{}=0$$

좌변을 인수분해하면

$(3A-\boxed{})(2A-\boxed{})=0$에서

$A=\boxed{}$ 또는 $A=\boxed{}$

$A=x-5$를 대입하면

$x-5=\boxed{}$ 또는 $x-5=\boxed{}$

따라서 $x=\boxed{}$ 또는 $x=\boxed{}$

❹ $(2x-1)^2-(2x-1)-12=0$

➡ $2x-1=A$로 치환하면

$$\boxed{}=0$$

좌변을 인수분해하면

$(A+\boxed{})(A-\boxed{})=0$에서

$A=\boxed{}$ 또는 $A=\boxed{}$

$A=2x-1$을 대입하면

$2x-1=\boxed{}$ 또는 $2x-1=\boxed{}$

$2x=\boxed{}$ 또는 $2x=\boxed{}$

따라서 $x=\boxed{}$ 또는 $x=\boxed{}$

1st 공통부분이 있는 이차방정식의 해 구하기

● 다음 이차방정식을 푸시오.

1 $(x+2)^2-5(x+2)+4=0$

2 $(3-x)^2-6(3-x)+8=0$

3 $(3x+2)^2+5(3x+2)-14=0$

4 $(2x-1)^2+18(2x-1)+81=0$

5 $9(x-6)^2+6(x-6)+1=0$

6 $3(x-1)^2-16(x-1)+5=0$

7 $4\left(x+\dfrac{1}{2}\right)^2+4\left(x+\dfrac{1}{2}\right)-3=0$

8 $2(4x-3)^2-3(4x-3)-5=0$

9 $2(x-1)^2-9(x-1)=-10$

개념모음문제
10 두 양수 a, b에 대하여 $(a+b)(a+b-3)=40$
일 때, $a+b$의 값은?

① 5   ② 6   ③ 7
④ 8   ⑤ 9

$\sqrt{}$ 안의 부호가 근의 개수를 결정해!

이차방정식의 근의 개수

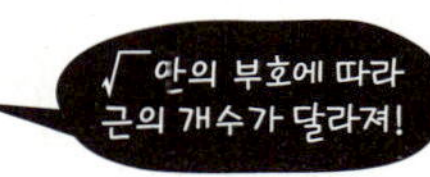

$$ax^2+bx+c=0$$

$$\Rightarrow x=\frac{-b\pm\sqrt{b^2-4ac}}{2a}$$

① $b^2-4ac > 0$

$$x=\frac{-b+\sqrt{b^2-4ac}}{2a}$$

$$x=\frac{-b-\sqrt{b^2-4ac}}{2a}$$

➡ **2**개

② $b^2-4ac = 0$

$$x=-\frac{b}{2a}$$

➡ **1**개

③ $b^2-4ac < 0$

$\sqrt{}$ 안에 음수가 올 수 없다.

➡ **0**개

- 이차방정식 $ax^2+bx+c=0\,(a\neq0)$의 근의 개수는 근의 공식 $x=\dfrac{-b\pm\sqrt{b^2-4ac}}{2a}$에서 b^2-4ac의 부호로 알 수 있다.

① $b^2-4ac > 0$이면 서로 다른 두 근을 갖는다.
② $b^2-4ac = 0$이면 한 개의 근(중근)을 갖는다.
③ $b^2-4ac < 0$이면 근이 없다.

참고 x항의 계수가 짝수, 즉 $ax^2+2b'x+c=0$일 때는 $x=\dfrac{-b'\pm\sqrt{b'^2-ac}}{a}$이므로 b'^2-ac의 부호를 이용하면 편리하다.

1st — 이차방정식의 근의 개수 구하기

- 다음 이차방정식 $ax^2+bx+c=0$에 대하여 ○ 안에 $>$, $=$, $<$ 중 알맞은 것을 써넣고, 근의 개수를 구하시오.

1 $x^2+3x+1=0$

➡ $b^2-4ac=\boxed{}^2-4\times1\times\boxed{}=\boxed{}$ 에서

$b^2-4ac\;\bigcirc\;0$이므로 근의 개수는 $\boxed{}$ 이다.

2 $x^2-x+5=0$

➡ $b^2-4ac\;\bigcirc\;0$ ➡ ....

3 $9x^2+12x+4=0$

➡ $b^2-4ac\;\bigcirc\;0$ ➡ ....

4 $2x^2-7x-3=0$

➡ $b^2-4ac\;\bigcirc\;0$ ➡ ....

5 $x^2+\dfrac{2}{3}x+\dfrac{1}{9}=0$

➡ $b^2-4ac\;\bigcirc\;0$ ➡ ....

6 $5x^2-8x+7=0$

➡ $b^2-4ac\;\bigcirc\;0$ ➡ ....

😊 **내가 발견한 개념**　　　　　　　이차방정식의 근의 개수는?

이차방정식 $ax^2+bx+c=0$에서

- $b^2-4ac > 0$ ➡ 근이 $\boxed{}$ 개

- $b^2-4ac = 0$ ➡ 근이 $\boxed{}$ 개

- $b^2-4ac < 0$ ➡ 근이 $\boxed{}$ 개

2nd — 근의 개수에 따른 미지수의 값 또는 범위 구하기

● 주어진 이차방정식의 근이 다음과 같을 때, 상수 k의 값 또는 범위를 구하시오.

7 $x^2+3x+k=0$

(1) 서로 다른 두 근

(2) 중근

(3) 근이 없다.

8 $x^2-5x+k=0$

(1) 서로 다른 두 근

(2) 중근

(3) 근이 없다.

9 $3x^2+x+k=0$

(1) 서로 다른 두 근

(2) 중근

(3) 근이 없다.

10 $kx^2+5x-1=0$

(1) 서로 다른 두 근

이차방정식이니깐 $k\neq0$임에 주의해!

(2) 중근

(3) 근이 없다.

11 $kx^2-3x+4=0$

(1) 서로 다른 두 근

(2) 중근

(3) 근이 없다.

12 $2kx^2+4x-1=0$

(1) 서로 다른 두 근

(2) 중근

(3) 근이 없다.

• 다음 이차방정식이 서로 다른 두 근을 가질 때, 상수 k의 값의 범위를 구하시오.

13 $x^2+2x+k=0$

→ $b^2-4ac=\boxed{}^2-4\times1\times k>0$

따라서 $k<\boxed{}$

14 $x^2+5x-k=0$

15 $x^2-6x+2k=0$

16 $x^2-3x+2k-1=0$

17 $2x^2+3x-k=0$

18 $(k+1)x^2+4x-1=0$

이차방정식이니깐 $k\neq-1$임에 주의해!

• 다음 이차방정식이 중근을 가질 때, 상수 k의 값을 구하시오.

19 $x^2-3x+k=0$

→ $b^2-4ac=(\boxed{})^2-4\times1\times k=0$

따라서 $k=\boxed{}$

20 $x^2+2x+1-k=0$

21 $3x^2-8x+k=0$

22 $2x^2-6x+k+3=0$

23 $kx^2+7x+3=0$

● 다음 이차방정식이 근을 가질 때, 상수 k의 값의 범위를 구하시오.

24 $x^2 - x + k = 0$

→ $b^2 - 4ac = ($ ⬚ $)^2 - 4 \times 1 \times k \geq 0$

따라서 $k \leq$ ⬚

25 $x^2 + 8x + k - 1 = 0$

26 $3x^2 + x - 2k = 0$

27 $3kx^2 + 6x + 1 = 0$

28 $(3k+5)x^2 + 4x + 2 = 0$

[개념모음문제]

29 이차방정식 $x^2 + ax + 7 = 0$이 서로 다른 두 근을 가질 때, 다음 중 상수 a의 값으로 적당하지 <u>않은</u> 것은?

① 5   ② 6   ③ 7
④ 8   ⑤ 9

● 다음 이차방정식이 근을 갖지 않을 때, 상수 k의 값의 범위를 구하시오.

30 $x^2 + x - k = 0$

→ $b^2 - 4ac =$ ⬚ $^2 - 4 \times 1 \times (-k) < 0$

따라서 $k <$ ⬚

31 $x^2 - 5x + k + 1 = 0$

32 $5x^2 + 4x + 2k = 0$

33 $2x^2 - 4x + k - 1 = 0$

34 $(2k-3)x^2 + 2x - 1 = 0$

이차방정식 구하기

① 두 근이 **1, 2**인 이차방정식

　x^2의 계수가 1　$\Rightarrow$　$(x-1)(x-2)=0$

　x^2의 계수가 2　$\Rightarrow$　$2(x-1)(x-2)=0$

② 중근이 **2**인 이차방정식

　x^2의 계수가 1　$\Rightarrow$　$(x-2)^2=0$

　x^2의 계수가 2　$\Rightarrow$　$2(x-2)^2=0$

③ 두 근의 합이 **3**, 두 근의 곱이 **2**인 이차방정식

　x^2의 계수가 1　$\Rightarrow$　$x^2-3x+2=0$

　x^2의 계수가 2　$\Rightarrow$　$2(x^2-3x+2)=0$

- 이차방정식 구하기
  ① 두 근이 α, β이고 x^2의 계수가 a인 이차방정식
    $\rightarrow$ $a(x-\alpha)(x-\beta)=0$
  ② 중근이 γ이고 x^2의 계수가 a인 이차방정식
    $\rightarrow$ $a(x-\gamma)^2=0$
  ③ 두 근의 합이 m, 두 근의 곱이 n이고 x^2의 계수가 a인 이차방정식
    $\rightarrow$ $a(x^2-mx+n)=0$
  참고 두 근이 α, β이고 x^2의 계수가 a인 이차방정식은
  $a(x-\alpha)(x-\beta)=0$, 즉 $a\{x^2-(\alpha+\beta)x+\alpha\beta\}=0$
  이므로 두 근의 합과 곱을 각각 m, n이라 하면 위의 이차방정식은
  $a(x^2-mx+n)=0$으로 나타낼 수 있다.

1st — **주어진 조건으로 이차방정식 구하기**

- 다음과 같은 이차방정식을 $ax^2+bx+c=0$의 꼴로 나타내시오.

1 두 근이 3, -4이고 x^2의 계수가 1인 이차방정식
두 근이 α, β이고 x^2의 계수가 a인 이차방정식은 $a(x-\alpha)(x-\beta)=0$

　$\rightarrow$　$(x-\boxed{})(x+\boxed{})=0$에서

　　$\boxed{}=0$

2 두 근이 -5, -2이고 x^2의 계수가 4인 이차방정식

3 두 근이 5, 8이고 x^2의 계수가 -1인 이차방정식

4 두 근이 $\dfrac{1}{2}$, $\dfrac{1}{3}$이고 x^2의 계수가 6인 이차방정식

5 두 근이 -2, $\dfrac{5}{2}$이고 x^2의 계수가 2인 이차방정식

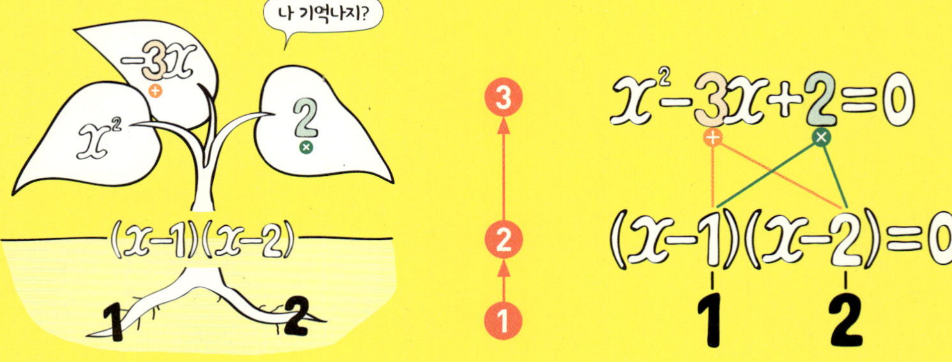

6 $x=2$를 중근으로 하고 x^2의 계수가 3인 이차방정식

$x=\alpha$를 중근으로 하고 x^2의 계수가 a인 이차방정식은 $a(x-\alpha)^2=0$

➡ $3\left(x-\boxed{}\right)^2=0$에서

$\boxed{}=0$

7 $x=-3$을 중근으로 하고 x^2의 계수가 5인 이차방정식

8 $x=5$를 중근으로 하고 x^2의 계수가 -3인 이차방정식

9 $x=-8$을 중근으로 하고 x^2의 계수가 -2인 이차방정식

10 $x=4$를 중근으로 하고 x^2의 계수가 3인 이차방정식

11 $x=-\dfrac{1}{5}$을 중근으로 하고 x^2의 계수가 25인 이차방정식

12 두 근의 합이 5, 두 근의 곱이 -4이고 x^2의 계수가 1인 이차방정식

두 근의 합이 m, 두 근의 곱이 n이고 x^2의 계수가 a인 이차방정식은 $a(x^2-mx+n)=0$

➡ $x^2-\boxed{}x+\left(\boxed{}\right)=0$에서

$\boxed{}=0$

13 두 근의 합이 -6, 두 근의 곱이 8이고 x^2의 계수가 2인 이차방정식

14 두 근의 합이 13, 두 근의 곱이 11이고 x^2의 계수가 3인 이차방정식

15 두 근의 합이 -7, 두 근의 곱이 -1이고 x^2의 계수가 -1인 이차방정식

개념모음문제

16 이차방정식 $x^2-9x-12=0$의 두 근의 합을 m, 두 근의 곱을 n이라 할 때, m, n을 두 근으로 하고 x^2의 계수가 1인 이차방정식은?

① $x^2-21x+36=0$ ② $x^2-9x+12=0$
③ $x^2-3x+36=0$ ④ $x^2+3x-108=0$
⑤ $x^2+21x+108=0$

07

계수가 유리수인 이차방정식의 해(근)

$$x^2 - 6x + 1 = 0 \text{의 근은}$$

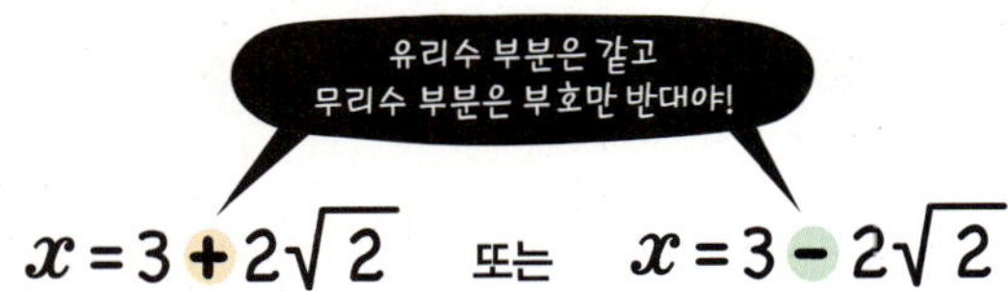

$$x = 3 + 2\sqrt{2} \quad \text{또는} \quad x = 3 - 2\sqrt{2}$$

- **계수가 유리수인 이차방정식의 해(근)**
  계수가 유리수인 이차방정식에서 한 근이 $p + q\sqrt{m}$이면 다른 한 근은 $p - q\sqrt{m}$이다. (단, p, q는 유리수, $\sqrt{m}$은 무리수)

원리확인 이차방정식 $ax^2 + bx + c = 0$의 한 근이 다음과 같을 때, 다른 한 근을 구하시오. (단, $a \neq 0$, a, b, c는 유리수)

❶ $2 + \sqrt{3}$

❷ $-5 + 2\sqrt{5}$

❸ $11 - 3\sqrt{7}$

❹ $-1 - \sqrt{15}$

계수가 유리수인 이차방정식의 두 근의 관계

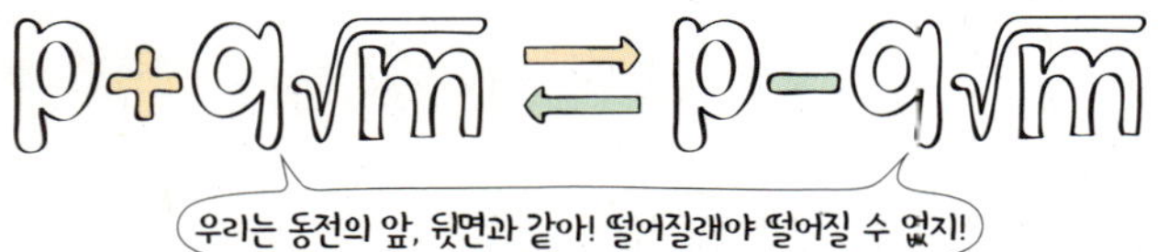

---

1 모든 계수가 유리수인 이차방정식의 한 근이 $2 - 3\sqrt{5}$일 때, 다음을 구하시오.

(1) 다른 한 근

(2) 두 근의 합

(3) 두 근의 곱

2 모든 계수가 유리수인 이차방정식의 한 근이 $-6 + 2\sqrt{2}$일 때, 다음을 구하시오.

(1) 다른 한 근

(2) 두 근의 합

(3) 두 근의 곱

3 모든 계수가 유리수인 이차방정식의 한 근이 $-1 - \sqrt{13}$일 때, 다음을 구하시오.

(1) 다른 한 근

(2) 두 근의 합

(3) 두 근의 곱

개념모음문제

4 이차방정식 $x^2 + ax + b = 0$의 한 근이 $7 + 5\sqrt{2}$일 때, 유리수 a, b의 값을 각각 구하면?

① $a = -14$, $b = -41$
② $a = -14$, $b = -1$
③ $a = 7$, $b = -1$
④ $a = 14$, $b = 24$
⑤ $a = 14$, $b = 99$

TEST   2. 이차방정식의 근의 공식

1 이차방정식 $3x^2-7x+1=0$의 근이 $x=\dfrac{a\pm\sqrt{b}}{6}$일 때, 유리수 a, b에 대하여 $a+b$의 값은?

① 30   ② 42   ③ 44
④ 52   ⑤ 54

2 이차방정식 $4x(x-2)=(x-3)^2$의 두 근을 α, β라 할 때, $6\alpha-3\beta$의 값을 구하시오. (단, $\alpha>\beta$)

3 다음은 이차방정식 $(x+3)^2-8(x+3)+15=0$을 푸는 과정이다. 처음으로 잘못 푼 곳의 기호를 찾고, 이차방정식의 해를 바르게 구하시오.

$(x+3)^2-8(x+3)+15=0$에서
$x+3=A$로 치환하면
$A^2-8A+15=0$ ······ ㉠
$(A-3)(A-5)=0$ ······ ㉡
$(x-3)(x-5)=0$ ······ ㉢
따라서 $x=3$ 또는 $x=5$ ······ ㉣

4 이차방정식 $x^2-mx+m+8=0$이 중근을 갖도록 하는 상수 m의 값을 모두 구하시오.

5 다음 중 두 근이 -3, 5이고 x^2의 계수가 2인 이차방정식은?

① $2(x-3)(x+5)=0$
② $(2x+3)(x-5)=0$
③ $2x^2-16x+30=0$
④ $2x^2-4x-30=0$
⑤ $2x^2+3x+5=0$

6 이차방정식 $2x^2+ax+b=0$의 한 근이 $5+2\sqrt{7}$일 때, 유리수 a, b에 대하여 ab의 값을 구하시오.

3

생활 속으로!
이차방정식의 활용

구하려는 것을 x로 두고 등식을 만들어!

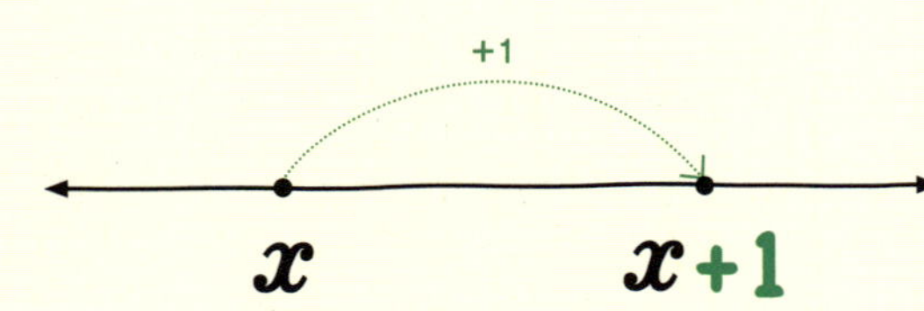

연속하는 두 자연수의 곱이 30이다.
➡ $x(x+1)=30$

01 이차방정식의 활용

이차방정식은 실생활에서 많은 도움이 되는 식이야!
이차방정식의 역사는 매우 오래됐지.

고대에는 홍수로 인한 범람으로 농경지의 경계가 없어지면 농민들의 분쟁이 많아졌기 때문에 범람 후 농경지를 원래대로 나누는 것이 국가적으로 중요한 일이 되었어. 땅의 넓이를 측량하고 계산해서 농민에게 땅을 나눠주고 정확하게 세금을 걷기 위해서 이차방정식이 탄생하게 된 거야.

이제 우리 생활과 밀접하게 관련이 있는 이차방정식을 실생활 문제로 풀어보자!

우선 문제의 뜻을 파악하고 구하고자 하는 것을 x로 두고, 수량 사이의 관계를 이차방정식으로 나타낸 후 인수분해나 근의 공식을 활용해서 이차방정식을 풀어. 그리고 구한 해가 문제의 뜻에 맞는지 확인하면 돼!

지면에서 초속 35m로 똑바로 쏘아 올린 공의 x초 후의 높이가 $(-5x^2+35x)$ m일 때

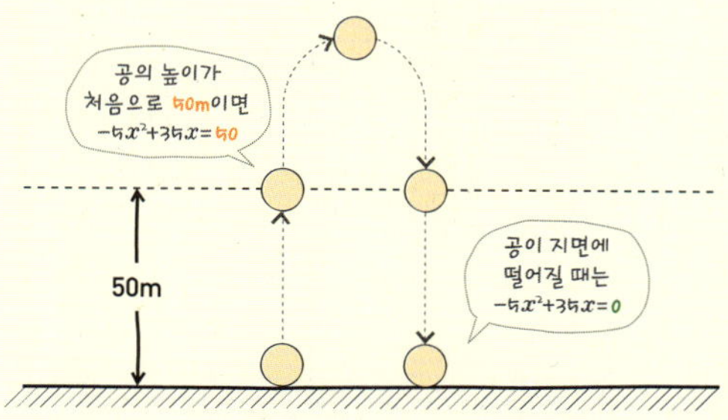

가로의 길이가 세로의 길이보다 3m만큼 더 긴 직사각형 모양의 텃밭의 넓이가 70m²이면

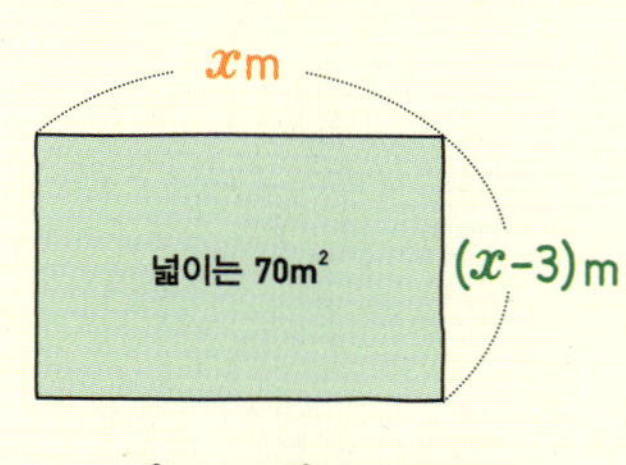

➡ $x(x-3)=70$

---

02 쏘아 올린 물체에 대한 활용

t초 후의 높이를 구하는 식을 이용하여 정해진 높이일 때의 시간을 구하는 연습을 하게 될 거야. 시간을 구하니깐 기본적으로 구하려는 것은 양수이겠지.
공을 위로 쏘아 올리면 어느 지점을 지나서 다시 땅으로 떨어지니깐 공이 올라가면서 정해진 높이에 도달할 때와 떨어지면서 도달할 때의 두 가지 경우가 있다는 걸 주의해!

03 도형에 활용

도형에 활용 부분은 대부분 넓이에 관한 문제야. 도형에서의 변의 길이를 x에 대한 식으로 나타낸 후 넓이를 이용하면 이차방정식이 돼! 이때 x는 변의 길이니깐 양수임을 기억해!

구하려는 것을 x로 두고 등식을 만들어!

이차방정식의 활용

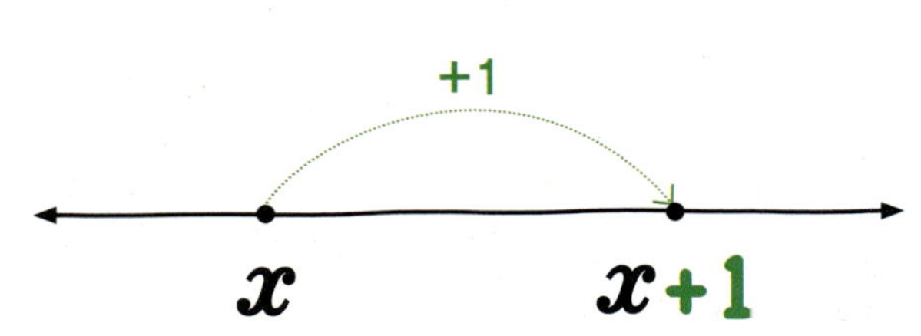

- **이차방정식의 활용 문제를 푸는 순서**
  (ⅰ) 미지수 정하기: 문제의 뜻을 파악하고, 구하려는 값을 미지수 x 로 놓는다.
  (ⅱ) 방정식 세우기: 문제의 뜻에 따라 x에 대한 이차방정식을 세운다.
  (ⅲ) 방정식 풀기: 이차방정식을 풀어 해를 구한다.
  (ⅳ) 답 구하기: 구한 해 중에서 문제의 뜻에 맞는 것을 답으로 택한다.
  주의 길이, 넓이, 높이 등을 구하는 문제에서 음수는 답이 될 수 없다. 즉 이차방정식을 풀어서 구한 해가 모두 답이 되는 것은 아니므로 구한 해가 문제의 뜻에 맞는지 반드시 확인한다.

1st — 주어진 공식을 이용하여 문제 해결하기

1 1부터 n까지의 모든 자연수의 합은 $\dfrac{n(n+1)}{2}$ 이다. 1부터 n까지의 모든 자연수의 합이 210일 때, 다음 물음에 답하시오.

(1) 이차방정식을 세우시오.

➡ 1부터 n까지의 모든 자연수의 합이 210이므로 $\dfrac{n(n+1)}{2} = \boxed{}$

(2) (1)에서 세운 이차방정식을 푸시오.

(3) n의 값을 구하시오.

2 n각형의 대각선의 총 개수는 $\dfrac{n(n-3)}{2}$ 이다. 대각선의 총 개수가 90인 다각형은 몇 각형인지 구하려 할 때, 다음 물음에 답하시오.

(1) 구하려는 다각형을 n각형이라 하고 이차방정식을 세우시오.

(2) (1)에서 세운 이차방정식을 푸시오.

(3) n의 값을 구하고, 몇 각형인지 구하시오.

3 n명 중 2명을 뽑는 경우의 수는 $\dfrac{n(n-1)}{2}$ 이다. 어느 반 학생 중에서 2명의 대표를 뽑는 경우의 수가 120일 때, 이 반 학생 수를 구하시오.

2nd 연속하는 수에 대한 문제 해결하기

4 연속하는 두 자연수의 곱은 132이다. 이 두 자연수를 구하려 할 때, 다음 물음에 답하시오.

(1) 두 자연수 중 작은 수를 x라 할 때, 다음 □ 안에 알맞은 식을 써넣으시오.

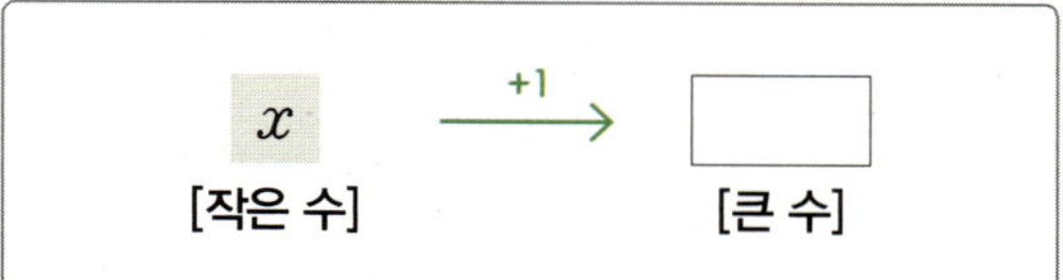

(2) (1)을 이용하여 이차방정식을 세우시오.

(3) (2)에서 세운 이차방정식을 푸시오.

(4) 연속하는 두 자연수를 구하시오.

5 연속하는 두 자연수의 제곱의 합이 221일 때, 이 두 자연수를 구하시오.

6 연속하는 세 자연수 중 가장 작은 수의 제곱과 가운데 수의 제곱의 합이 가장 큰 수의 10배보다 23만큼 더 크다 한다. 이 세 자연수를 구하려 할 때, 다음 물음에 답하시오.

(1) 가운데 자연수를 x라 할 때, 다음 □ 안에 알맞은 식을 써넣으시오.

(2) (1)을 이용하여 이차방정식을 세우시오.

(3) (2)에서 세운 이차방정식을 푸시오.

(4) 연속하는 세 자연수를 구하시오.

7 연속하는 세 자연수 중 가장 큰 수의 제곱과 가장 작은 수의 합이 가운데 수의 12배와 같을 때, 세 자연수를 구하시오.

8 하연이는 동생보다 4살이 더 많다. 두 사람의 나이의 곱이 252일 때, 하연이의 나이를 구하려 한다. 다음 물음에 답하시오.

(1) 하연이의 나이를 x세라 할 때, 다음 □ 안에 알맞은 수를 써넣으시오.

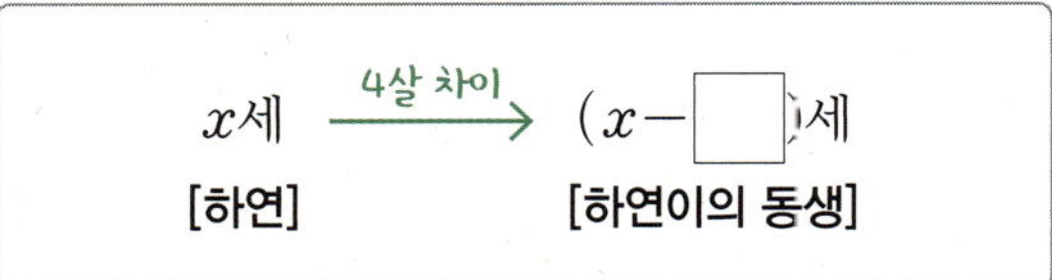

(2) (1)을 이용하여 이차방정식을 세우시오.

(3) (2)에서 세운 이차방정식을 푸시오.

(4) 하연이의 나이를 구하시오.

9 수빈이는 오빠보다 2살이 더 적다. 두 사람의 나이의 곱이 48일 때, 수빈이의 나이를 구하시오.

10 민규와 누나의 나이의 차는 5살이다. 민규와 누나의 나이의 제곱의 합이 493일 때, 민규의 나이를 구하려 한다. 다음 물음에 답하시오.

(1) 민규의 나이를 x세라 할 때, 다음 □ 안에 알맞은 수를 써넣으시오.

(2) (1)을 이용하여 이차방정식을 세우시오.

(3) (2)에서 세운 이차방정식을 푸시오.

(4) 민규의 나이를 구하시오.

11 현재 아버지의 나이는 41세, 딸의 나이는 10세이다. 몇 년 후에 딸의 나이의 제곱이 아버지의 나이의 4배보다 7세 적어지는지 구하시오.

12 사탕 180개를 남는 것이 없이 학생들에게 똑같이 나누어 주었더니 한 학생이 받는 사탕의 개수는 학생 수보다 3만큼 적었다. 학생 수를 구하려 할 때, 다음 물음에 답하시오.

(1) 학생 수를 x명이라 할 때, 한 학생이 받는 사탕의 개수를 x에 대한 식으로 나타내시오.

(2) 이차방정식을 세우시오.
[학생 수]×[한 학생이 받은 사탕의 개수]=180

(3) (2)에서 세운 이차방정식을 푸시오.

(4) 학생 수를 구하시오.

13 사과 198개를 남는 것이 없이 학생들에게 똑같이 나누어 주었더니 한 학생이 받는 사과의 개수는 학생 수보다 7만큼 적었다. 학생 수를 구하시오.

14 바나나 126개를 접시에 똑같이 나누어 담았더니 접시의 개수는 한 접시에 담긴 바나나의 개수보다 5만큼 많았다. 한 접시에 담긴 바나나의 개수를 구하려 할 때, 다음 물음에 답하시오.

(1) 한 접시에 담긴 바나나의 개수를 x라 할 때, 접시의 개수를 x에 대한 식으로 나타내시오.

(2) 이차방정식을 세우시오.

(3) (2)에서 세운 이차방정식을 푸시오.

(4) 한 접시에 담긴 바나나의 개수를 구하시오.

15 63명의 학생들을 각 모둠의 학생 수가 같도록 여러 개의 모둠으로 나누었다. 각 모둠의 학생 수는 모둠의 수보다 2만큼 많았을 때, 모둠의 수를 구하시오.

02

쏘아 올린 물체에 대한 활용

지면에서 초속 35m로 똑바로 쏘아 올린 공의
x초 후의 높이가 $(-5x^2+35x)$ m일 때

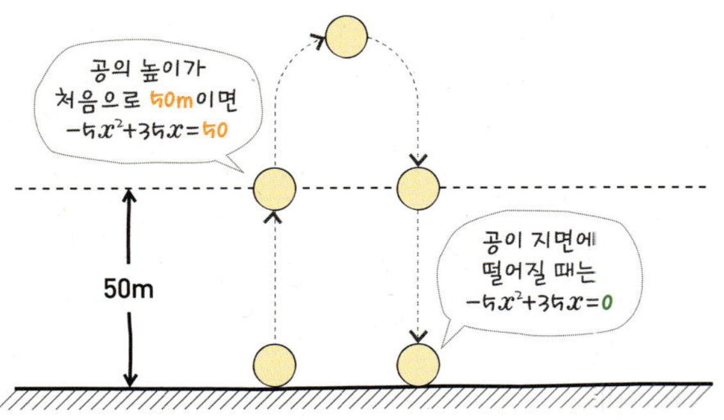

• **지면에서 쏘아 올린 물체의 x초$(x \geq 0)$ 후의 높이가 (ax^2-bx) m 일 때**

① 물체가 지면에 떨어질 때의 시각을 구하려면
$$ax^2-bx=0$$

② 물체의 높이가 h m가 될 때의 시각을 구하려면
$$ax^2-bx=h$$

참고 쏘아 올린 물체의 높이가 h m인 경우는 물체가 올라갈 때와 내려올 때 두 번 생긴다. (단, 최고 높이는 제외)

원리확인 지면에서 쏘아 올린 물체의 x초 후의 높이가
$(-5x^2+35x)$ m일 때, □ 안에 알맞은 수를 써넣으시오.

❶ 물체가 지면에 떨어질 때의 시각을 구하는 식

→ $-5x^2+35x=\boxed{}$

❷ 물체의 높이가 50 m가 될 때의 시각을 구하는 식

→ $-5x^2+35x=\boxed{}$

---

1 지면에서 던져 올린 공의 x초 후의 지면으로부터의 높이가 $(-5x^2+40x)$ m일 때, 이 공이 지면에 떨어지는 것은 공을 던져 올린 지 몇 초 후인지 구하려 한다. 다음 물음에 답하시오.

지면에 떨어진다. → (높이)=0

(1) x에 대한 이차방정식을 세우시오.

(2) (1)에서 세운 이차방정식을 푸시오.

(3) 던진 공이 지면에 떨어지는 것은 공을 던져 올린 지 몇 초 후인지 구하시오.

2 지면에서 던져 올린 공의 x초 후의 지면으로부터의 높이가 $(-5x^2+50x)$ m일 때, 이 공이 지면에 떨어지는 것은 공을 던져 올린 지 몇 초 후인지 구하시오.

3 지면으로부터 20 m 높이의 건물 옥상에서 초속 15 m로 던져 올린 공의 x초 후의 지면으로부터의 높이가 $(-5x^2+15x+20)$ m일 때, 이 공이 지면에 떨어지는 것은 공을 던져 올린 지 몇 초 후인지 구하려 한다. 다음 물음에 답하시오.

(1) x에 대한 이차방정식을 세우시오.

(2) (1)에서 세운 이차방정식을 푸시오.

(3) 던진 공이 지면에 떨어지는 것은 공을 던져 올린 지 몇 초 후인지 구하시오.

4 지면으로부터 10 m 높이의 건물 옥상에서 초속 5 m로 던져 올린 공의 x초 후의 지면으로부터의 높이가 $(-5x^2+5x+10)$ m일 때, 이 공이 지면에 떨어지는 것은 공을 던져 올린 지 몇 초 후인지 구하시오.

5 지면에서 던져 올린 공의 x초 후의 지면으로부터의 높이가 $(-5x^2+45x)$ m일 때, 이 공의 지면으로부터의 높이가 처음으로 90 m가 되는 것은 공을 던져 올린 지 몇 초 후인지 구하려 한다. 다음 물음에 답하시오.

(1) x에 대한 이차방정식을 세우시오.

(2) (1)에서 세운 이차방정식을 푸시오.

(3) 공의 지면으로부터의 높이가 처음으로 90 m가 되는 것은 공을 던져 올린 지 몇 초 후인지 구하시오.

6 지면으로부터 100 m 높이에서 쏘아 올린 물체의 x초 후의 지면으로부터의 높이가 $(-5x^2+10x+100)$ m일 때, 이 물체의 지면으로부터의 높이가 25 m가 되는 것은 물체를 쏘아 올린 지 몇 초 후인지 구하시오.

도형에 활용

가로의 길이가 세로의 길이보다 3m만큼 더 긴
직사각형 모양의 텃밭의 넓이가 70m²이면

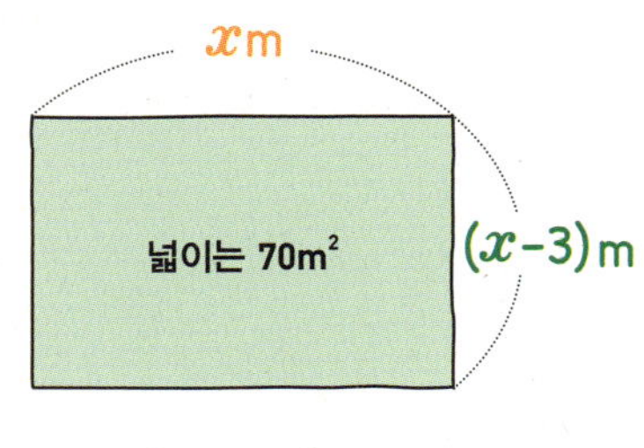

➡ $x(x-3)=70$

- 도형의 넓이가 주어진 문제는 평면도형의 넓이 구하는 공식을 이용하여 방정식을 세운다.

① (삼각형의 넓이)$=\dfrac{1}{2}\times$(밑변의 길이)$\times$(높이)

② (직사각형의 넓이)$=$(가로의 길이)$\times$(세로의 길이)

③ (원의 넓이)$=\pi\times$(반지름의 길이)^2

참고 변의 길이는 항상 양수이다.

원리확인 다음 □ 안에 알맞은 것을 써넣으시오.

한 변의 길이가 x cm인 정사각형에서 가로의 길이를 2 cm만큼 늘이고, 세로의 길이를 4 cm만큼 줄여서 직사각형을 만들 때,

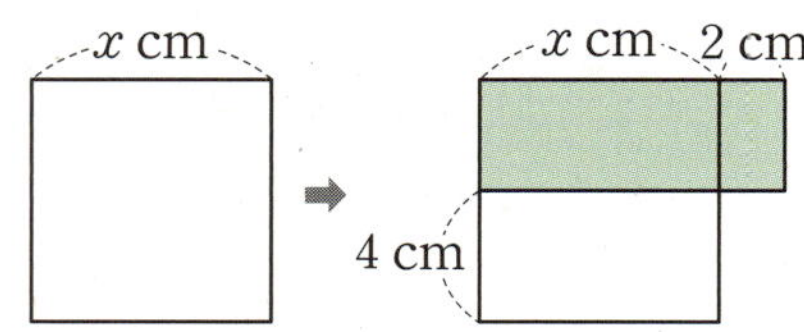

❶ 가로의 길이: ( ) cm

❷ 세로의 길이: ( ) cm

---

1 높이가 밑변의 길이보다 3 cm만큼 긴 삼각형의 넓이가 35 cm²일 때, 다음 물음에 답하시오.

(1) 높이를 x cm라 할 때, 밑변의 길이를 x에 대한 식으로 나타내시오.

(2) x에 대한 이차방정식을 세우시오.

(3) (2)에서 세운 이차방정식을 푸시오.

(4) 이 삼각형의 높이를 구하시오.

2 높이가 밑변의 길이보다 6 cm만큼 짧은 삼각형의 넓이가 56 cm²일 때, 이 삼각형의 높이를 구하시오.

3 오른쪽 그림과 같이 가로, 세로의 길이가 각각 12 m, 7 m인 직사각형 모양의 화단이 있다. 가로, 세로의 길이를 똑같은 길이만큼 늘였더니 그 넓이가 처음 화단의 넓이보다 66 m²만큼 넓어졌다 할 때, 다음 물음에 답하시오.

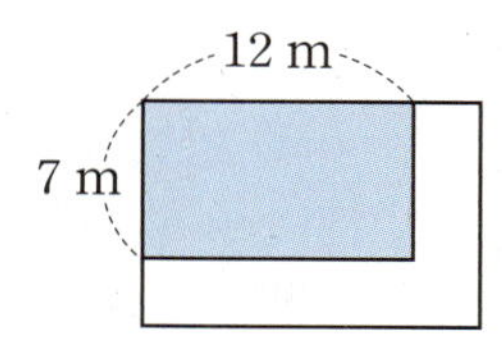

(1) 늘인 길이를 x m라 할 때, 늘인 화단의 가로의 길이와 세로의 길이를 각각 x에 대한 식으로 나타내시오.

(2) x에 대한 이차방정식을 세우시오.

(3) (2)에서 세운 이차방정식을 푸시오.

(4) 가로, 세로의 길이를 각각 몇 m씩 늘였는지 구하시오.

4 오른쪽 그림과 같이 가로, 세로의 길이가 각각 15 cm, 8 cm인 직사각형에서 가로, 세로의 길이를 똑같은 길이만큼 줄였더니 그 넓이가 78 cm²가 되었다 할 때, 새롭게 만든 직사각형의 가로의 길이를 구하시오.

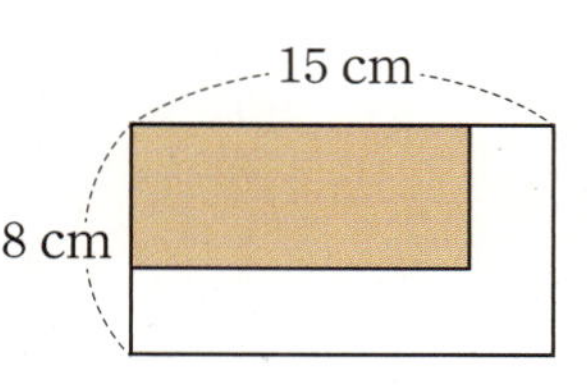

5 오른쪽 그림과 같은 정사각형에서 가로의 길이를 3 cm만큼 늘이고, 세로의 길이를 2 cm만큼 줄여서 만든 직사각형의 넓이가 84 cm²일 때, 다음 물음에 답하시오.

(1) 처음 정사각형의 한 변의 길이를 x cm라 할 때, 직사각형의 가로의 길이와 세로의 길이를 각각 x에 대한 식으로 나타내시오.

(2) x에 대한 이차방정식을 세우시오.

(3) (2)에서 세운 이차방정식을 푸시오.

(4) 처음 정사각형의 한 변의 길이를 구하시오.

6 정사각형에서 가로의 길이를 4 cm만큼 줄이고, 세로의 길이를 4 cm만큼 늘여서 만든 직사각형의 넓이가 128 cm²일 때, 처음 정사각형의 한 변의 길이를 구하시오.

7 오른쪽 그림과 같이 가로, 세로의 길이가 각각 25 m, 20 m인 직사각형 모양의 잔디 광장에 폭이 일정한 보행자 도로를 만들었다. 도로를 제외한 잔디 광장의 넓이가 300 m²일 때, 다음 물음에 답하시오.

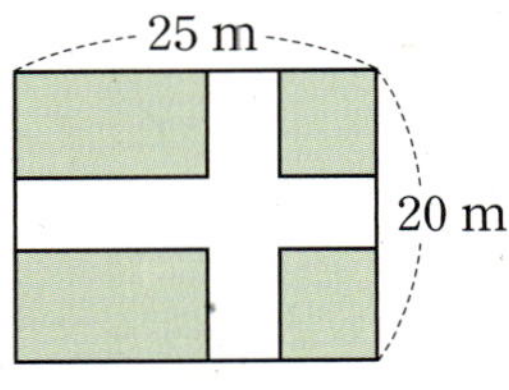

(1) 도로의 폭을 x m라 할 때, 도로를 제외한 잔디 광장의 넓이는 오른쪽 그림의 직사각형의 넓이와 같다. 오른쪽 직사각형의 가로, 세로의 길이를 각각 x에 대한 식으로 나타내시오.

(2) x에 대한 이차방정식을 세우시오.

(3) **(2)**에서 세운 이차방정식을 푸시오.

(4) 도로의 폭을 구하시오.

8 오른쪽 그림과 같이 가로, 세로의 길이가 각각 18 m, 15 m인 직사각형 모양의 잔디 광장에 폭이 일정한 보행자 도로를 만들었다. 도로를 제외한 잔디 광장의 넓이가 180 m²일 때, 도로의 폭을 구하시오.

9 오른쪽 그림과 같이 어떤 원의 반지름의 길이를 5 cm만큼 늘였더니 넓이가 처음 원의 넓이의 4배가 되었다 할 때, 다음 물음에 답하시오.

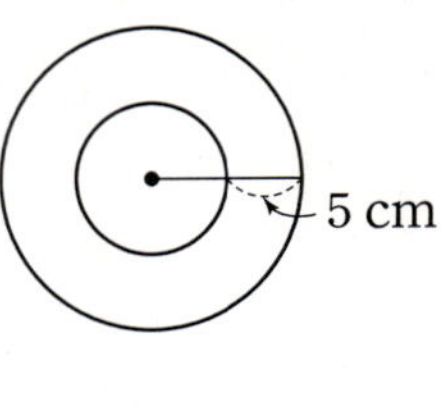

(1) 처음 원의 반지름의 길이를 x cm라 할 때, 늘인 원의 반지름의 길이를 x에 대한 식으로 나타내시오.

(2) x에 대한 이차방정식을 세우시오.

(3) **(2)**에서 세운 이차방정식을 푸시오.

(4) 처음 원의 반지름의 길이를 구하시오.

10 오른쪽 그림과 같이 어떤 원의 반지름의 길이를 6 cm만큼 줄였더니 넓이가 처음 원의 넓이의 $\dfrac{1}{4}$배가 되었다 할 때, 처음 원의 반지름의 길이를 구하시오.

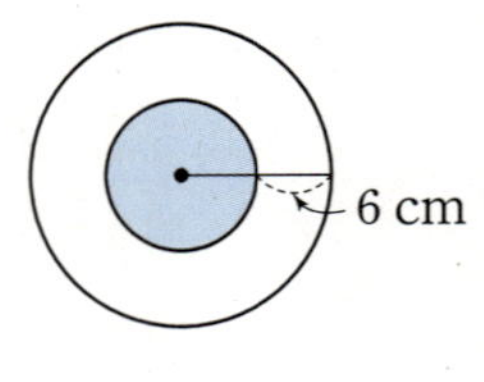

TEST **3. 이차방정식의 활용**

1 연속하는 두 홀수의 곱이 255일 때, 이 두 홀수의 합은?

① 28   ② 30   ③ 32
④ 34   ⑤ 38

2 가은이는 동생보다 4살이 더 많다. 두 사람의 나이의 곱이 45일 때, 가은이의 나이를 구하시오.

3 볼펜 162자루를 남김없이 학생들에게 똑같이 나누어 주었더니 학생 수는 한 학생이 받는 볼펜의 개수보다 9만큼 많았다. 한 학생이 받는 볼펜의 개수를 구하시오.

4 지면에서 던져 올린 공의 x초 후의 지면으로부터의 높이가 $(-5x^2+60x)$ m일 때, 이 공의 지면으로부터의 높이가 처음으로 175 m가 되는 것은 공을 던져 올린 지 몇 초 후인가?

① 4초 후   ② 5초 후   ③ 6초 후
④ 7초 후   ⑤ 8초 후

5 오른쪽 그림과 같이 가로, 세로의 길이가 각각 20 m, 15 m인 직사각형 모양의 땅에 폭이 일정한 길을 만들었다. 길을 제외한 땅의 넓이가 176 m²일 때, 길의 폭을 구하시오.

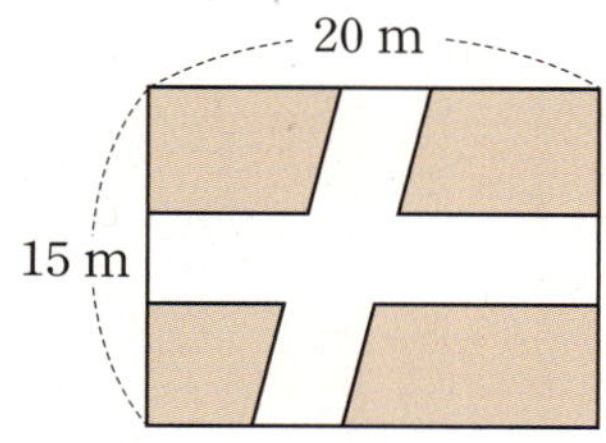

6 한 변의 길이가 15 cm인 정사각형 모양의 종이가 있다. 오른쪽 그림과 같이 네 모퉁이를 정사각형 모양으로 잘라내고 그 나머지로 뚜껑이 없는 직육면체 모양의 상자를 만들려 한다. 이 상자의 밑넓이가 169 cm²가 되게 하려면 네 귀퉁이를 한 변의 길이가 몇 cm인 정사각형으로 잘라내어야 하는지 구하시오.

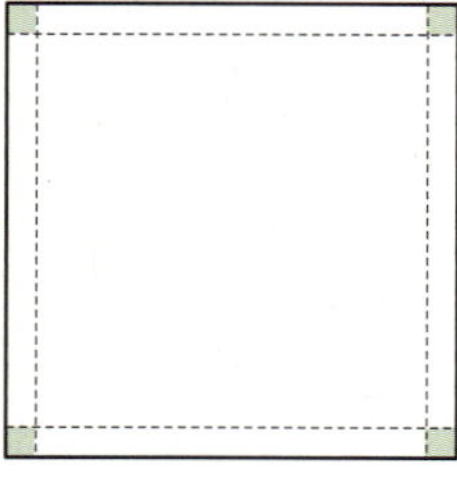

1 다음 중 x에 대한 이차방정식이 <u>아닌</u> 것은?

① $x^2+3x+1=0$

② $3x^2=8$

③ $(x+3)^2=2x^2-4x+5$

④ $(2x+3)^2=4x^2+2x+7$

⑤ $x^2=3x^2-x+4$

2 이차방정식 $2x^2-7x+a=0$의 한 근이 $x=2$이고, 이차방정식 $2x^2-8x-13=0$의 한 근이 $x=b$일 때, $a(b^2-4b+1)$의 값은? (단, a는 상수이다.)

① 39 ② 42 ③ 45

④ 48 ⑤ 51

3 두 이차방정식 $2x^2+x-15=0$과 $3x^2+2x-21=0$을 모두 만족시키는 x의 값은?

① -3 ② $-\dfrac{3}{2}$ ③ 1

④ $\dfrac{3}{2}$ ⑤ 3

4 이차방정식 $ax^2+6x-6=0$이 중근 $x=b$를 가질 때, ab^2의 값은? (단, a는 상수이다.)

① -6 ② -4 ③ -2

④ 4 ⑤ 6

5 이차방정식 $\dfrac{5}{3}(x-2)^2=35$의 해가 $x=A\pm\sqrt{B}$일 때, $A+B$의 값은?

① 21 ② 23 ③ 25

④ 27 ⑤ 29

6 이차방정식 $2x^2+6x+3=0$을 $(x+p)^2=q$의 꼴로 나타낼 때, 상수 p, q에 대하여 $\dfrac{q}{p}$의 값은?

① $\dfrac{1}{2}$ ② 1 ③ $\dfrac{3}{2}$

④ 2 ⑤ $\dfrac{5}{2}$

7 이차방정식 $9x^2-6x-4=0$의 근이 $x=\dfrac{1\pm\sqrt{B}}{A}$일 때, 유리수 A, B에 대하여 $A-B$의 값은?

① -6 ② -5 ③ -4

④ -3 ⑤ -2

8 두 이차방정식 $\dfrac{1}{4}x^2+0.7x+0.1=\dfrac{1}{4}$과 $5(x+1)^2=2x+26$을 동시에 만족시키는 x의 값은?

① -3 ② $-\dfrac{3}{5}$ ③ $\dfrac{1}{5}$

④ $\dfrac{7}{5}$ ⑤ 3

정답과 풀이 23쪽

9 이차방정식 $(7x-5)^2-11(7x-5)+28=0$의 두 근을 α, β라 할 때, $\alpha+\beta$의 값을 구하시오.

10 $x^2+4x+a=0$이 중근 $x=b$를 가질 때, a, b를 두 근으로 하고 x^2의 계수가 2인 이차방정식은?

① $2x^2-12x+16=0$
② $2x^2-4x-16=0$
③ $2x^2-4x-12=0$
④ $2x^2+4x-6=0$
⑤ $2x^2+4x-16=0$

11 지면으로부터 100 m 높이에서 쏘아 올린 물체의 x초 후의 지면으로부터의 높이가 $(-5x^2+20x+100)$m일 때, 이 물체의 지면으로부터의 높이가 75 m가 되는 것은 물체를 쏘아 올린 지 몇 초 후인가?

① 3초 　　② 4초 　　③ 5초
④ 6초 　　⑤ 7초

12 오른쪽 그림과 같이 가로, 세로의 길이가 각각 30 m, 24 m인 직사각형 모양의 땅에 폭이 일정한 길을 만들었다. 길의 넓이가 288 m^{2}일 때, 길의 폭을 구하시오.

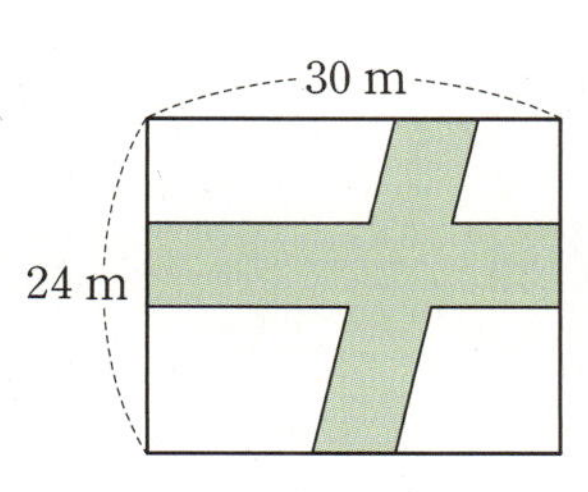

13 x에 대한 이차방정식 $(k^2-1)x^2-2(k+1)x+3=0$이 중근을 가질 때, 그 근을 구하시오. (단, k는 상수이다.)

14 $\sqrt{6}$의 소수 부분이 이차방정식 $x^2+ax-2=0$의 한 근일 때, 유리수 a의 값은?

① 1 　　② 2 　　③ 3
④ 4 　　⑤ 5

15 젤리 240개를 남는 것이 없이 학생들에게 똑같이 나누어 주었더니 한 학생이 받는 젤리의 개수는 학생 수의 두 배보다 4만큼 적었을 때, 학생 수는?

① 8 　　② 9 　　③ 10
④ 11 　　⑤ 12

이차방정식의 활용과 이차함수의 그래프

대포가 유럽에 처음으로 도착하자,
이차방정식은 모든 국가의 최대 관심사가 되었다.

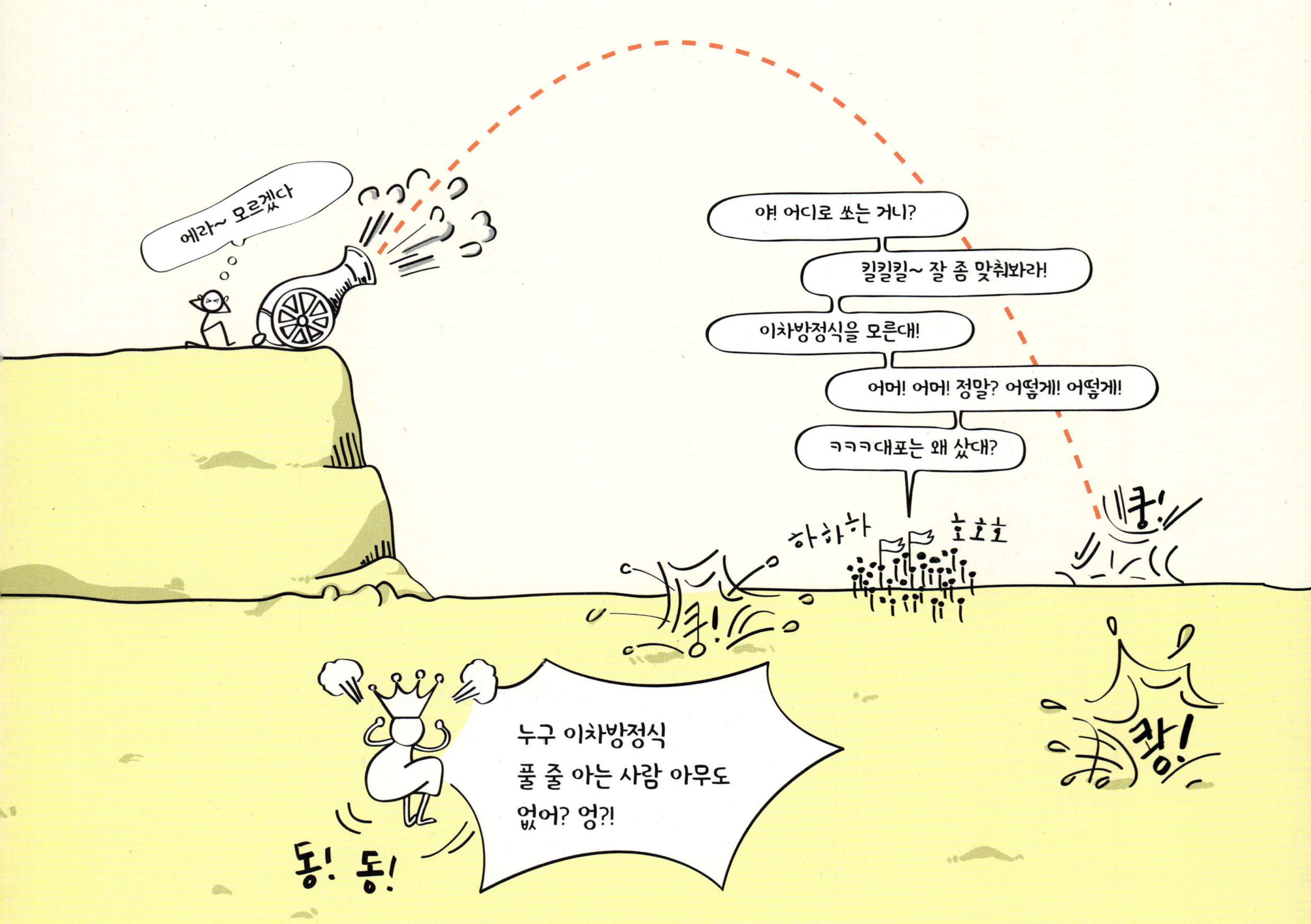

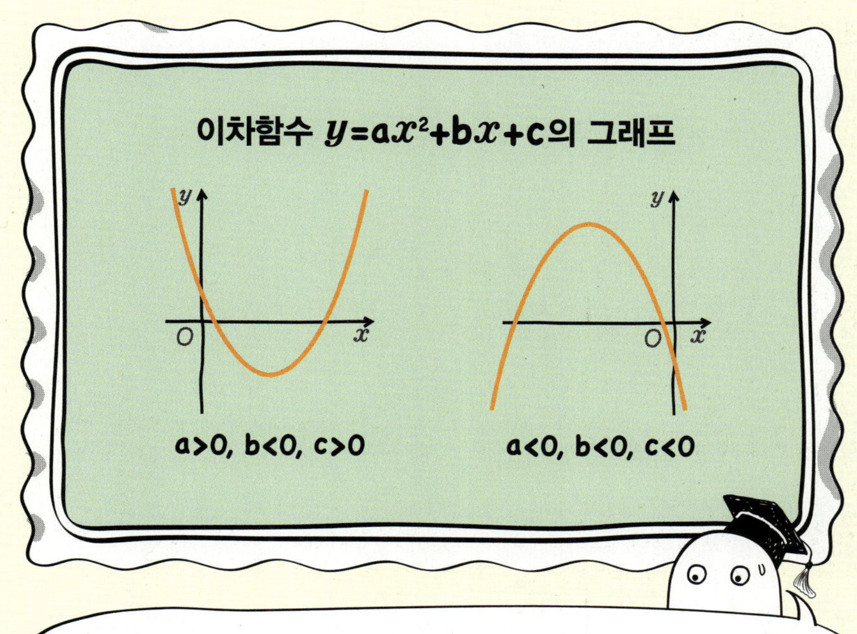

이차함수 $y=ax^2+bx+c$의 그래프
a>0, b<0, c>0
a<0, b<0, c<0

대포의 대포알이 날아가는 곡선은 포물선입니다.
이 곡선은 언제나 이차함수 $y=ax^2+bx+c$ 의 그래프와 같습니다.
a, b, c의 값과 부호에 따라 포물선의 위치와 모양이 결정됩니다.

아! 됐고! 전쟁 져서 쫄딱 망했는데
이제 와서 그걸 알면 뭐 하냐고!

대수의 관계!

IV

이차함수

4 이차함수와 그 그래프 (1)

하나의 값은 하나의 결과!

이차함수와 그 그래프(1)

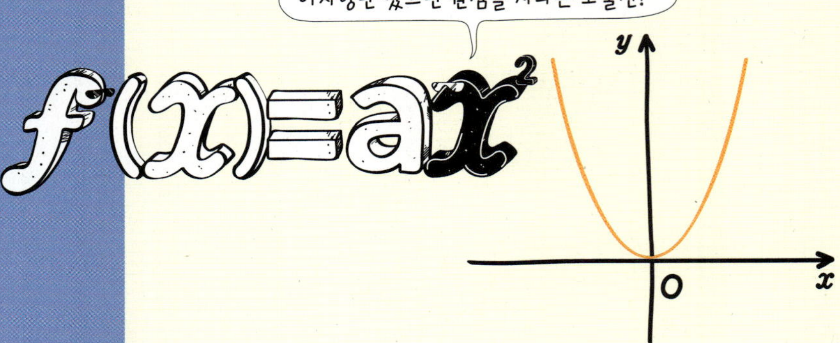

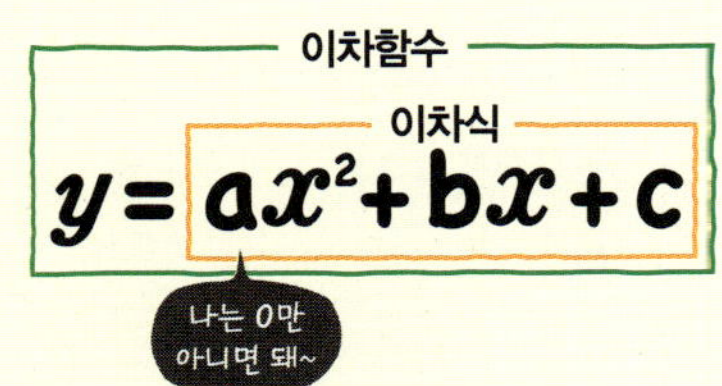

01 이차함수의 뜻

함수 $y=f(x)$에서
$$y=ax^2+bx+c \;(a,\, b,\, c\text{는 상수},\; a\neq0)$$
와 같이 y가 x에 대한 이차식으로 나타내어질 때,
이 함수 f를 x에 대한 이차함수라 해!

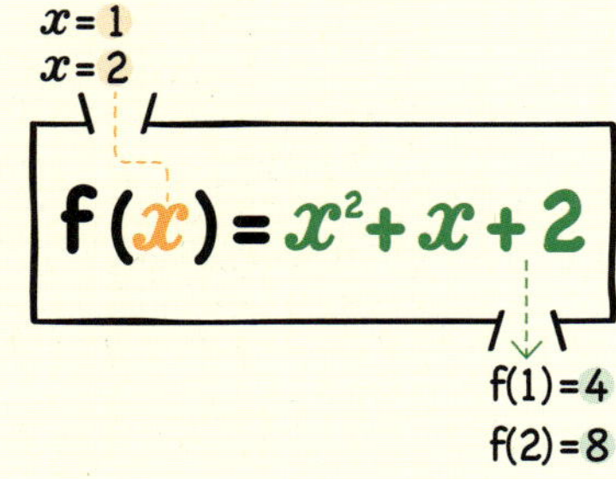

02 이차함수의 함숫값

함숫값의 정의 기억하지? 함수 $y=f(x)$에서 x의
값에 따라 하나로 정해지는 y의 값을 x의 함숫값이
라 하고, 이것을 기호로 $f(x)$로 나타내지!
예를 들면 이차함수 $f(x)=x^2+x+2$에 대하여
$x=1$일 때의 함숫값은 $f(1)=1+1+2=4$야!

이차함수 $y=x^2$에 대하여

x	$\cdots$	-3	-2	-1	0	1	2	3	$\cdots$
x^2	$\cdots$	9	4	1	0	1	4	9	$\cdots$

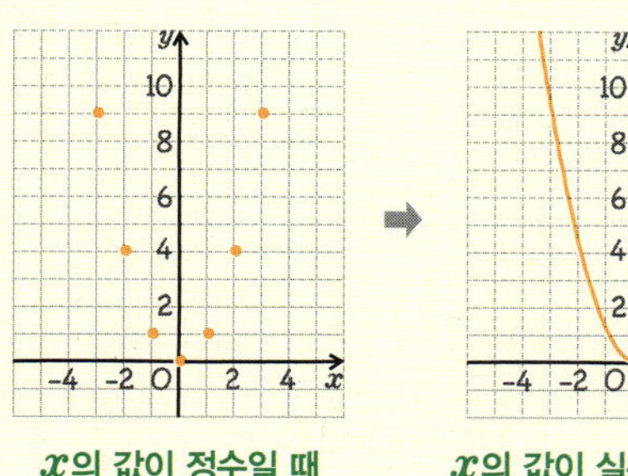

03 이차함수 $y=x^2$의 그래프

일차함수의 그래프가 직선이었다면 이차함수의 그래프는 곡선이야!

x의 값의 범위가 실수 전체일 때 이차함수 $y=x^2$의 그래프는 원점을 지나고 아래로 볼록이면서 y축에 대칭인 곡선이고, 이차함수 $y=-x^2$의 그래프는 원점을 지나고 위로 볼록이면서 y축에 대칭인 곡선이지. 따라서 이차함수 $y=x^2$의 그래프와 이차함수 $y=-x^2$의 그래프는 서로 x축에 대하여 대칭이야!

두 이차함수 $y=x^2$과 $y=2x^2$에 대하여

x	$\cdots$	-3	-2	-1	0	1	2	3	$\cdots$
x^2	$\cdots$	9	4	1	0	1	4	9	$\cdots$
$2x^2$	$\cdots$	18	8	2	0	2	8	18	$\cdots$

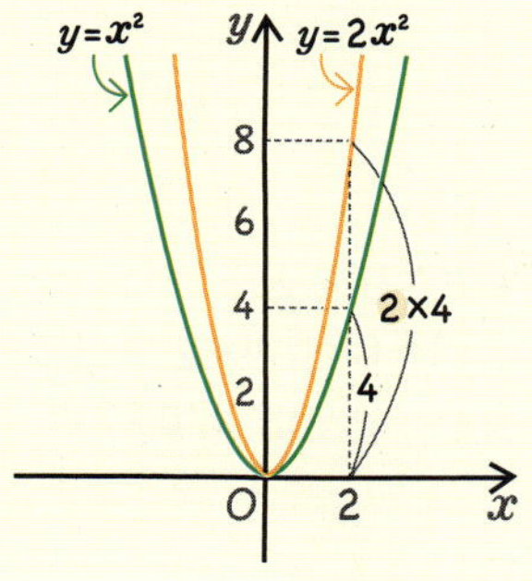

04 이차함수 $y=ax^2$의 그래프

이차함수 $y=ax^2\,(a>0)$의 그래프는 이차함수 $y=x^2$의 그래프에서 각 점의 y좌표를 a배로 하는 점을 잡아서 그릴 수 있어.

또한 이차함수 $y=-ax^2$의 그래프는 이차함수 $y=ax^2$의 그래프 위의 각 점과 x축에 대하여 서로 대칭인 점을 그려서 그릴 수 있지!

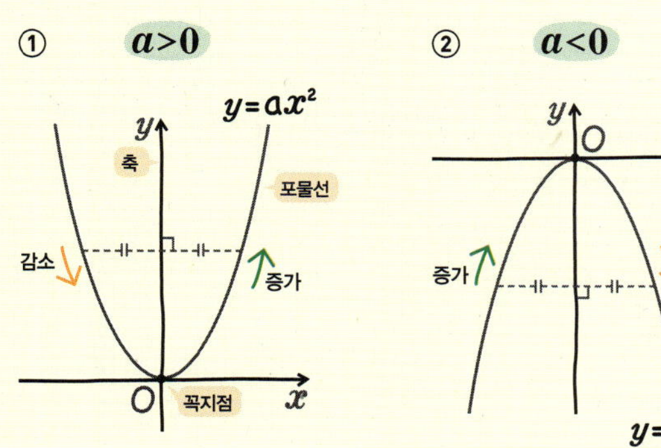

05 이차함수 $y=ax^2$의 그래프의 성질

이차함수 $y=ax^2$의 그래프와 같은 모양의 곡선을 포물선이라 해. 포물선은 선대칭도형이고 그 대칭축을 포물선의 축이라 하지. 또한 포물선과 축의 교점을 포물선의 꼭짓점이라 해! 따라서 이차함수 $y=ax^2$의 그래프는 y축을 축으로 하고, 원점을 꼭짓점으로 하는 포물선이야.

$y =$ (이차식)!

이차함수의 뜻

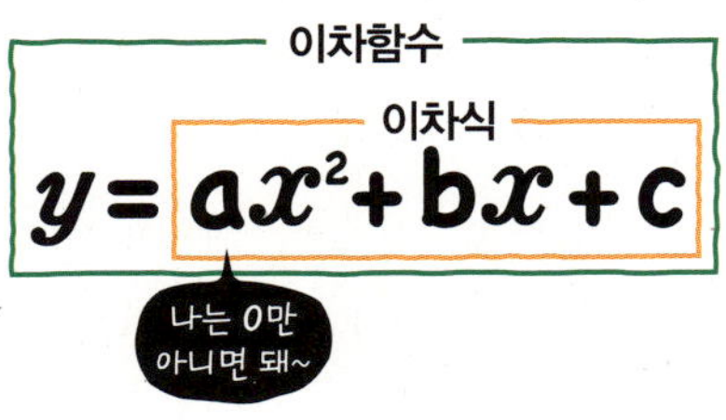

- **이차함수**: 함수 $y = f(x)$에서 y가 x에 대한 이차식으로 나타내어 질 때, 즉

$$y = ax^2 + bx + c \,(a, b, c\text{는 상수}, a \neq 0)$$

일 때, 이 함수 f를 x에 대한 이차함수라 한다.

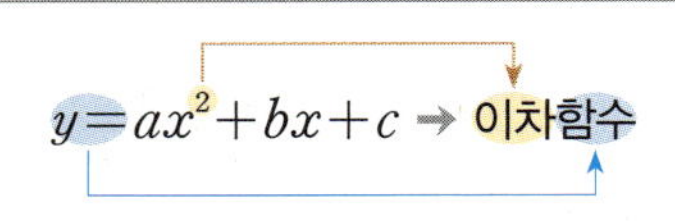

㉠ • $y = x^2 + 3x - 1$은 $x^2 + 3x - 1$이 x에 대한 이차식이므로 이차함수이다.
  • $y = x + 2x + 2$는 $x + 2x + 2$가 x에 대한 일차식이므로 이차함수가 아니다.

1st — 이차함수인지 아닌지 판별하기

● 다음 중 y가 x의 이차함수인 것은 ○를, 이차함수가 아닌 것은 ×를 ( ) 안에 써넣으시오.

1 $y = x - 1$ (   )

2 $y = x^2 + 2x - 2$ (   )

3 $-x^2 + 5 = 0$ (   )

4 $y = \dfrac{3}{x^2}$ (   )

5 $y = \dfrac{x^2}{5}$ (   )

6 $x^2 - 4x + 8$ (   )

7 $y = (1 + x)^2 - x^2$ (   )

● x와 y 사이의 관계가 다음과 같을 때, y를 x에 대한 식으로 나타내고, y가 x에 대한 이차함수인 것은 ○를, 이차함수가 아닌 것은 ×를 ( ) 안에 써넣으시오.

8 두 자연수 $x - 1$, $x + 1$의 곱 y

→ 식: ________________ (   )

9 한 모서리의 길이가 $x \, \text{cm}$인 정육면체의 겉넓이 $y \, \text{cm}^2$

→ 식: ________________ (   )

10 반지름의 길이가 x cm인 원의 둘레의 길이 y cm

→ 식: ____________________ (　　)

11 시속 80 km로 달리는 자동차가 x시간 동안 이동한 거리 y km

→ 식: ____________________ (　　)

12 윗변의 길이가 x cm, 아랫변의 길이가 $3x$ cm, 높이가 4 cm인 사다리꼴의 넓이 y cm^2

→ 식: ____________________ (　　)

13 둘레의 길이가 $10x$ cm이고, 가로의 길이가 $3x$ cm인 직사각형의 넓이 y cm^2

→ 식: ____________________ (　　)

2nd 이차함수가 되도록 하는 미지수의 값 구하기

● 다음 함수가 x에 대한 이차함수가 되도록 하는 상수 a의 조건을 구하시오.

14 $y=(a-2)x^2+3x+1$

→ 이차함수가 되려면 (x^2의 계수)$\neq$ ☐ 이어야 하므로

$a-2\neq$ ☐

따라서 $a\neq$ ☐

15 $y=ax^2+(a-1)x+3$

16 $y=3x^2-5x+1-ax^2$

17 $y=a(x^2+x+1)-2x^2$

18 $y=2(ax^2+3x-1)-5x^2$

> 😊 **내가 발견한 개념**　　　　　이차함수일 조건은?
>
> • $y=ax^2-3x+1$은 이차함수이다. → $a\neq$ ☐
>
> • $y=(a-1)x^2+3$은 이차함수이다. → $a\neq$ ☐

개념모음문제

19 다음 중 $y=3x^2+2-x(ax-1)$이 x에 대한 이차함수가 되기 위한 상수 a의 값이 될 수 <u>없는</u> 것은?

① -3　　　② -1　　　③ 1

④ 3　　　⑤ 5

02

하나의 x는 하나의 y!

이차함수의 함숫값

$$x=1$$
$$x=2$$

$$f(x)=x^2+x+2$$

$$f(1)=4$$
$$f(2)=8$$

- **이차함수의 함숫값:** 이차함수 $f(x)=ax^2+bx+c$에 대하여 $x=p$일 때의 함숫값은 $f(p)=ap^2+bp+c$

원리확인 이차함수 $f(x)=x^2-2x+4$에 대하여 다음 □ 안에 알맞은 수를 써넣으시오.

❶ $f(-1)=(\boxed{})^2-2\times(\boxed{})+4=\boxed{}$

❷ $f(1)=\boxed{}^2-2\times\boxed{}+4=\boxed{}$

❸ $f(0)=\boxed{}^2-2\times\boxed{}+4=\boxed{}$

❹ $f(2)=\boxed{}^2-2\times\boxed{}+4=\boxed{}$

❺ $f(-2)=(\boxed{})^2-2\times(\boxed{})+4=\boxed{}$

❻ $f(-3)=(\boxed{})^2-2\times(\boxed{})+4=\boxed{}$

1st — **이차함수의 함숫값 구하기**

● 다음을 구하시오.

1 $f(x)=3x^2+2$에 대하여 $f(2)$의 값

2 $f(x)=-\dfrac{1}{2}x^2+x$에 대하여 $f(-1)$의 값

3 $f(x)=2x^2-5x-1$에 대하여 $f(1)$의 값

4 $f(x)=-\dfrac{1}{3}x^2-2x+4$에 대하여 $6f(-1)$의 값

5 $f(x)=\dfrac{1}{2}x^2+x$에 대하여 $f(2)-3$의 값

6 $f(x)=-4x^2+1$에 대하여 $f(1)-f(0)$의 값

2nd 함숫값을 이용하여 미지수의 값 구하기

● 다음 이차함수 $y=f(x)$에 대하여 주어진 함숫값을 만족시키는 상수 a의 값을 구하시오.

7 $f(x)=x^2-3x+a,\ f(1)=0$

→ $f(1)=\boxed{}^2-3\times\boxed{}+a=\boxed{}$ 이므로

$\boxed{}=0$

따라서 $a=\boxed{}$

8 $f(x)=x^2+ax+4,\ f(1)=8$

9 $f(x)=-2x^2-ax+5,\ f(-1)=2$

10 $f(x)=ax^2+x+6,\ f(-2)=-4$

11 $f(x)=3x^2-x+a,\ f(-1)=8$

12 $f(x)=2x^2+ax-5,\ f(2)=-3$

13 $f(x)=ax^2+4x+1,\ f(3)=-5$

14 $f(x)=-5x^2-3x+a,\ f(1)=-1$

15 $f(x)=6x^2+ax-15,\ f(-2)=15$

16 $f(x)=ax^2-7x-1,\ f(-1)=10$

😊 **내가 발견한 개념** 　　　　　　　　이차함수의 함숫값의 의미는?

● 이차함수 $f(x)=x^2-x+3$에 대하여 $f(2)$는

→ $x=\boxed{}$ 일 때의 함숫값

→ x 대신 $\boxed{}$ 를 대입했을 때 $f(x)$의 값

→ $f(2)=\boxed{}^2-\boxed{}+3=\boxed{}$

개념모음문제

17 이차함수 $f(x)=-x^2-3x+a$에서 $f(-2)=6$일 때, 상수 a의 값은?

① -2 　　　② 0 　　　③ 2

④ 4 　　　⑤ 6

이차함수 $y=x^2$의 그래프

이차함수 $y=x^2$에 대하여

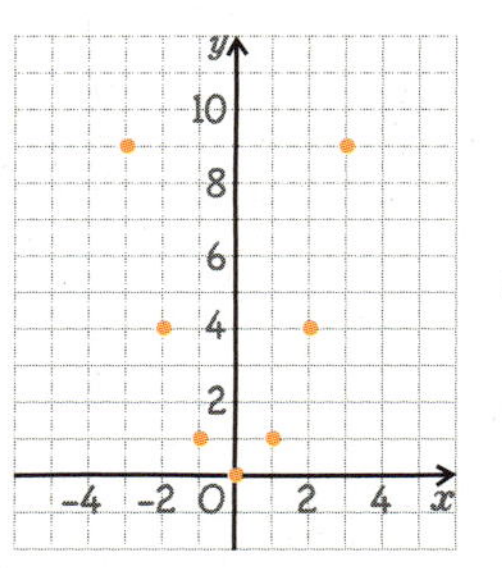

x	…	-3	-2	-1	0	1	2	3	…
x^2	…	9	4	1	0	1	4	9	…

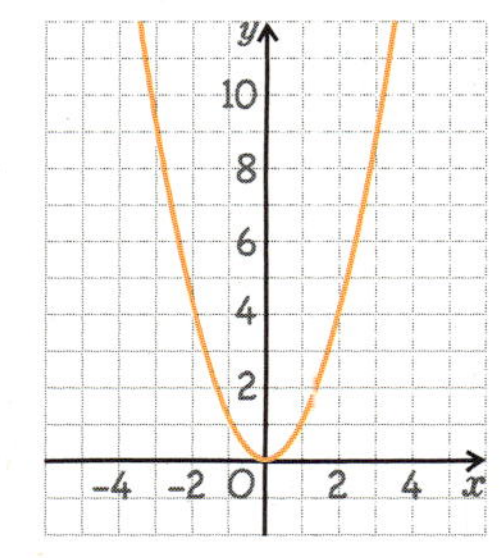

x의 값이 정수일 때　　x의 값이 실수 전체일 때

- **이차함수 $y=x^2$의 그래프**: 이차함수 $y=x^2$에서 x의 값과 그 값에 따라 정해지는 y의 값의 순서쌍 $(x,\ y)$를 좌표로 하는 점을 좌표평면 위에 나타낸 것
  ① 원점을 지나고 아래로 볼록한 곡선이다.
  ② y축에 대하여 대칭이다.
  ③ $x<0$일 때, x의 값이 증가하면 y의 값은 감소한다.
  　$x>0$일 때, x의 값이 증가하면 y의 값도 증가한다.
- **이차함수 $y=-x^2$의 그래프**: 이차함수 $y=-x^2$의 그래프는 이차함수 $y=x^2$의 그래프와 x축에 대하여 대칭이다.
  참고 y가 x에 대한 이차함수일 때, x의 값이 구체적으로 주어지지 않으면 x의 값의 범위는 모든 실수로 생각한다.

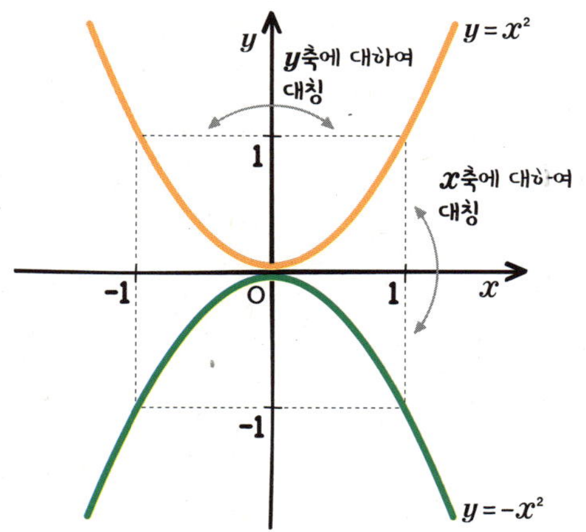

1st 　이차함수 $y=x^2$, $y=-x^2$의 그래프 그리기

1 다음 표를 완성하시오.

x	…	-3	-2	-1	0	1	2	3	…
x^2	…								…
$-x^2$	…								…

2 위의 표를 이용하여 x의 값의 범위가 모든 실수일 때, 이차함수 $y=x^2$의 그래프를 다음 좌표평면 위에 그리시오.

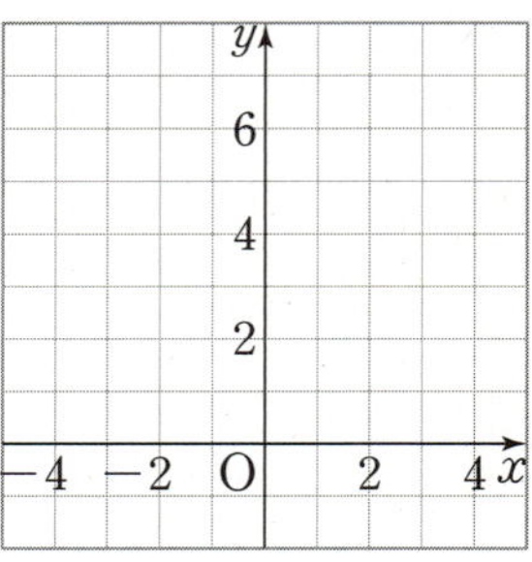

3 $y=x^2$의 그래프를 이용하여 x의 값의 범위가 모든 실수일 때, 이차함수 $y=-x^2$의 그래프를 다음 좌표평면 위에 그리시오.

2nd — 이차함수 $y=x^2$, $y=-x^2$의 그래프의 성질 이해하기

● 이차함수 $y=x^2$의 그래프에 대하여 다음 빈칸에 알맞은 것을 써넣으시오.

4 ☐ 로 볼록하다.

5 ☐ 축에 대하여 대칭이다.

6 제 ☐ 사분면과 제 ☐ 사분면을 지난다.

7 x◯0일 때, x의 값이 증가하면 y의 값은 감소한다.

8 $x>0$일 때, x의 값이 증가하면 y의 값도 ☐ 한다.

9 이차함수 $y=-x^2$의 그래프와 ☐ 축에 대하여 대칭이다.

● 이차함수 $y=-x^2$의 그래프에 대하여 다음 빈칸에 알맞은 것을 써넣으시오.

10 ☐ 로 볼록하다.

11 ☐ 축에 대하여 대칭이다.

12 제 ☐ 사분면과 제 ☐ 사분면을 지난다.

13 $x<0$일 때, x의 값이 증가하면 y의 값도 ☐ 한다.

14 x◯0일 때, x의 값이 증가하면 y의 값은 감소한다.

15 이차함수 $y=x^2$의 그래프와 ☐ 축에 대하여 대칭이다.

개념모음문제

16 이차함수 $y=x^2$의 그래프에 대한 다음 설명 중 옳지 않은 것은?

① 아래로 볼록한 포물선이다.
② y축에 대하여 대칭이다.
③ 제1, 2사분면을 지난다.
④ 원점 이외의 점들은 모두 x축보다 위쪽에 있다.
⑤ $x>0$일 때, x의 값이 증가하면 y의 값은 감소한다.

원점을 지나고 y축에 대칭인 곡선!

이차함수 $y=ax^2$의 그래프 

두 이차함수 $y=x^2$과 $y=2x^2$에 대하여

x	$\cdots$	-3	-2	-1	0	1	2	3	$\cdots$
x^2	$\cdots$	9	4	1	0	1	4	9	$\cdots$
$2x^2$	$\cdots$	18	8	2	0	2	8	18	$\cdots$

2배

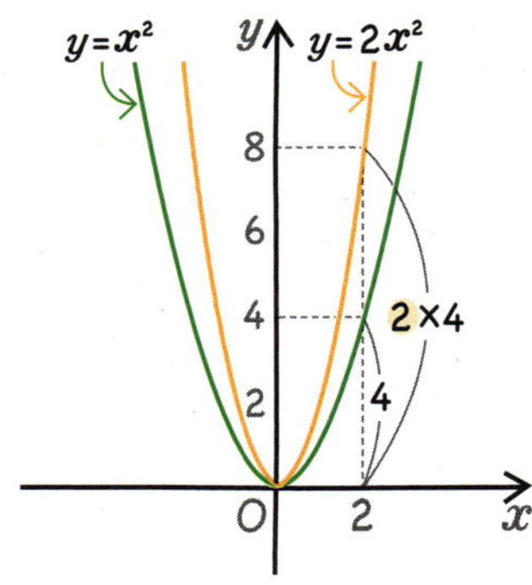

- **이차함수 $y=ax^2\,(a>0)$의 그래프**: 이차함수 $y=x^2$의 그래프 위의 각 점에 대하여 y좌표를 a배로 하는 점을 잡아서 그린 것과 같다.
- **이차함수 $y=-ax^2\,(a>0)$의 그래프**: 이차함수 $y=-ax^2$의 그래프는 이차함수 $y=ax^2$의 그래프와 x축에 대하여 대칭이다.

원리확인 다음 빈칸을 완성하고, 이차함수 $y=x^2$의 그래프를 이용하여 이차함수 $y=\frac{1}{2}x^2$의 그래프를 좌표평면에 그리시오.

❶
x	$\cdots$	-2	-1	0	1	2	$\cdots$
x^2	$\cdots$	4					$\cdots$
$\frac{1}{2}x^2$	$\cdots$	2					$\cdots$

$\times$ ▢

❷
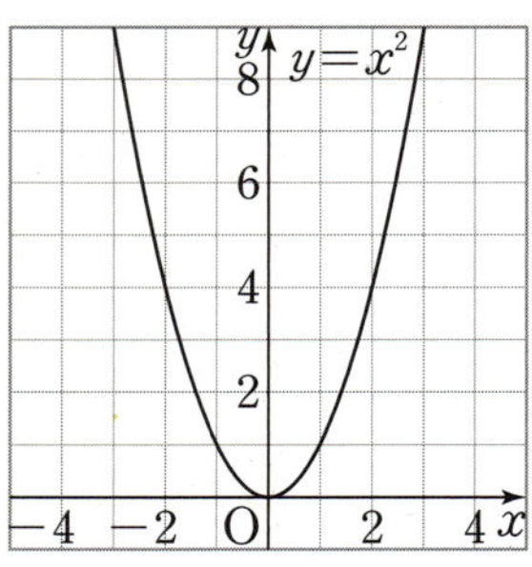

→ 이차함수 $y=\frac{1}{2}x^2$의 그래프는 이차함수 $y=x^2$의 그래프 위의 각 점에 대하여 ▢좌표를 $\frac{1}{2}$배 하는 점을 잡아서 그린 것과 같다.

 이차함수 $y=ax^2$의 그래프 그리기

- 다음 주어진 이차함수의 그래프를 그리고 ▢ 안에 알맞은 것을 써넣으시오.

1 $y=3x^2$

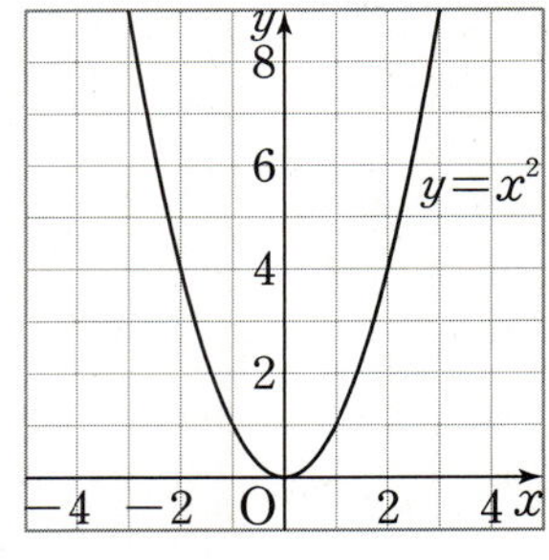

→ $y=3x^2$의 그래프는 $y=x^2$의 그래프 위의 각 점에 대하여 y좌표를 ▢배로 하는 점을 잡아서 그린 것과 같다.

2 $y=-2x^2$

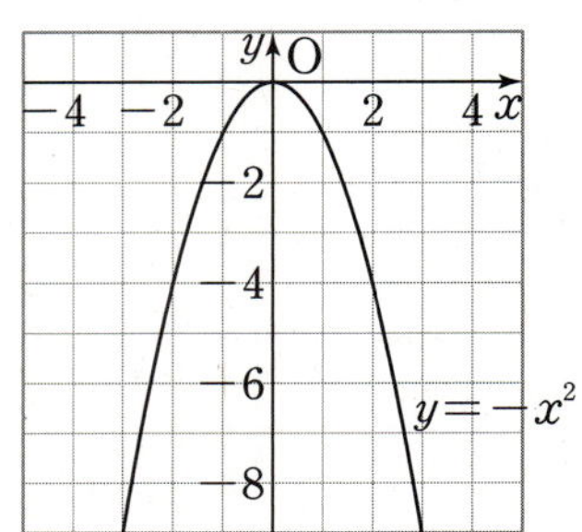

→ $y=-2x^2$의 그래프는 $y=-x^2$의 그래프 위의 각 점에 대하여 y좌표를 ▢배로 하는 점을 잡아서 그린 것과 같다.

3 $y=-\frac{1}{4}x^2$

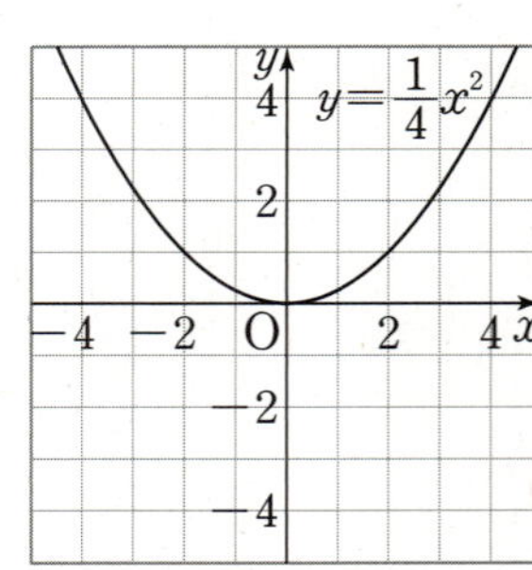

→ $y=-\frac{1}{4}x^2$의 그래프는 $y=\frac{1}{4}x^2$의 그래프와 ▢축에 대하여 대칭이다.

4 다음 그림은 이차함수 $y=x^2$의 그래프이다. 이 그래프를 이용하여 다음 이차함수의 그래프를 그리시오.

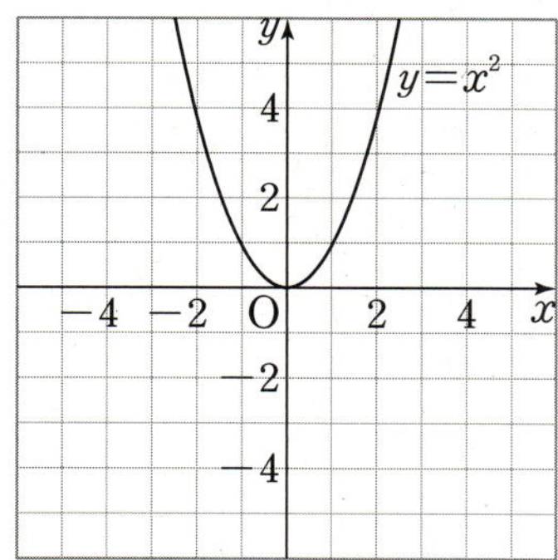

(1) $y=4x^2$

(2) $y=-4x^2$

5 다음 그림은 이차함수 $y=\dfrac{1}{3}x^2$의 그래프이다. 이 그래프를 이용하여 다음 이차함수의 그래프를 그리시오.

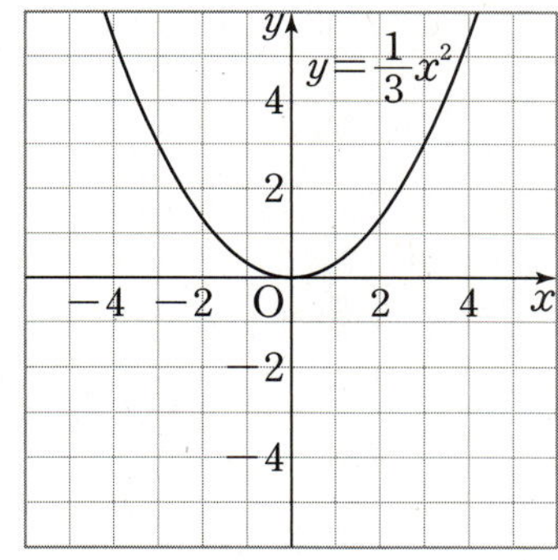

(1) $y=\dfrac{1}{6}x^2$

(2) $y=-\dfrac{1}{6}x^2$

6 다음 그림은 이차함수 $y=2x^2$의 그래프이다. 이 그래프를 이용하여 다음 이차함수의 그래프를 그리시오.

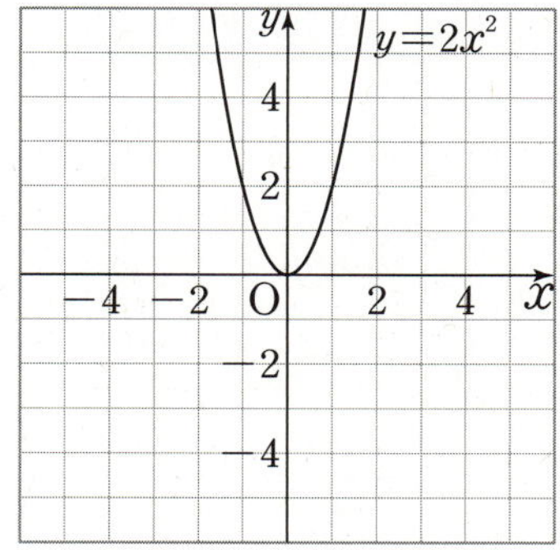

(1) $y=6x^2$

(2) $y=-6x^2$

7 다음 빈칸에 알맞은 것을 써넣으시오.

$y=ax^2$	a의 부호	그래프의 모양	a의 절댓값	그래프의 폭
$y=4x^2$	$+$	☐로 볼록	☐	
$y=-4x^2$	◯	☐로 볼록	☐	
$y=-\dfrac{1}{6}x^2$	$-$	위로 볼록	☐	폭이 가장 ☐.
$y=6x^2$	◯	☐로 볼록	6	폭이 가장 ☐.
$y=-2x^2$	$-$	☐로 볼록	2	
$y=-\dfrac{1}{4}x^2$	◯	위로 볼록	☐	

😊 **내가 발견한 개념**   이차함수의 그래프의 특징은?

• 이차함수 $y=-ax^2$ $(a>0)$의 그래프는 이차함수 $y=ax^2$의 그래프와 ☐축에 대하여 대칭이고, a의 절댓값이 (클 / 작을)수록 그래프의 폭이 좁아진다.

이차함수 $y=ax^2$의 그래프의 성질

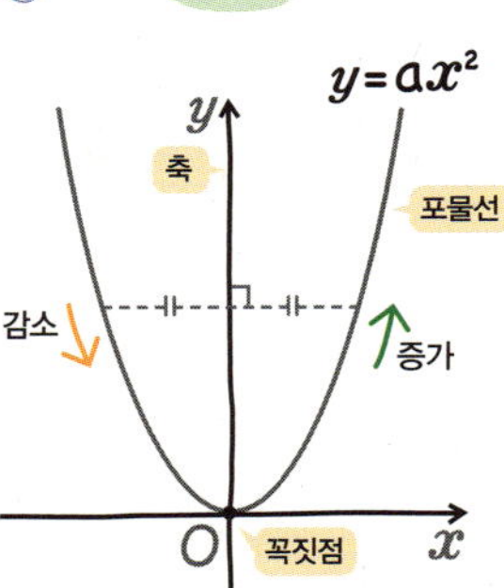

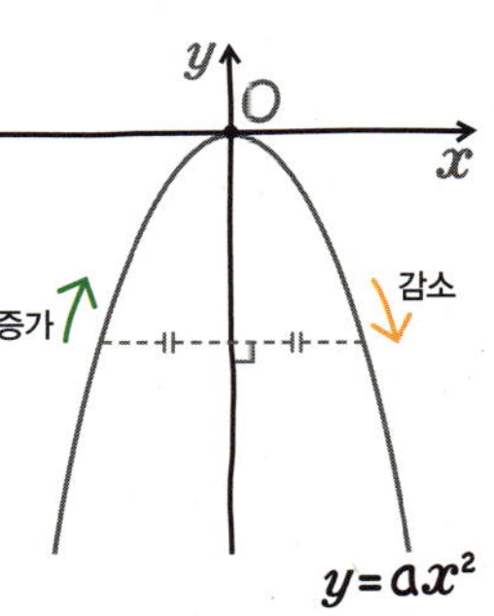

- **포물선**: 이차함수 $y=ax^2$의 그래프와 같은 모양의 곡선을 포물선이라 한다.
  ① 포물선은 선대칭도형으로 그 대칭축을 포물선의 **축**이라 한다.
  ② 포물선과 축의 교점을 포물선의 **꼭짓점**이라 한다.
- **이차함수 $y=ax^2$의 그래프의 성질**:
  원점을 꼭짓점으로 하고 y축을 축으로 하는 포물선이다.

	$a>0$	$a<0$
꼭짓점의 좌표	원점 $O(0, 0)$	원점 $O(0, 0)$
축의 방정식	$x=0$ (y축에 대하여 대칭)	$x=0$ (y축에 대하여 대칭)
그래프의 모양	아래로 볼록	위로 볼록
그래프의 증가·감소	· $x<0$일 때, x의 값이 증가하면 y의 값은 감소한다. · $x>0$일 때, x의 값이 증가하면 y의 값도 증가한다.	· $x<0$일 때, x의 값이 증가하면 y의 값도 증가한다. · $x>0$일 때, x의 값이 증가하면 y의 값은 감소한다.
y의 값의 범위	$y \geq 0$	$y \leq 0$

참고　$a>0$일 때의 $y=ax^2$의 그래프는 제1, 2사분면을 지나고, $a<0$일 때의 $y=ax^2$의 그래프는 제3, 4사분면을 지난다. 이때 두 그래프는 x축에 대하여 서로 대칭이다.

1st 이차함수 $y=ax^2$의 그래프의 성질 이해하기

● 이차함수 $y=3x^2$의 그래프에 대하여 □ 안에 알맞은 것을 써넣으시오.

1 꼭짓점의 좌표는 ($\boxed{}$, $\boxed{}$)이다.

2 $\boxed{}$로 볼록한 포물선이다.

3 축의 방정식은 $\boxed{}$이다.

4 $x<0$일 때, x의 값이 증가하면 y의 값은 $\boxed{}$한다.

5 제$\boxed{}$사분면과 제$\boxed{}$사분면을 지난다.

6 $y=\boxed{}$의 그래프와 x축에 대하여 대칭이다.

7 점 $(2, \boxed{})$를 지난다.

● 이차함수 $y=-\dfrac{2}{5}x^2$의 그래프에 대하여 □ 안에 알맞은 것을 써넣으시오.

8 꼭짓점의 좌표는 (□ , □)이다.

9 □로 볼록한 포물선이다.

10 축의 방정식은 □ 이다.

11 $x<0$일 때, x의 값이 증가하면 y의 값도 □ 한다.

12 제 □ 사분면과 제 □ 사분면을 지난다.

13 $y=$ □ 의 그래프와 x축에 대하여 대칭이다.

14 점 $(5,$ □ $)$을 지난다.

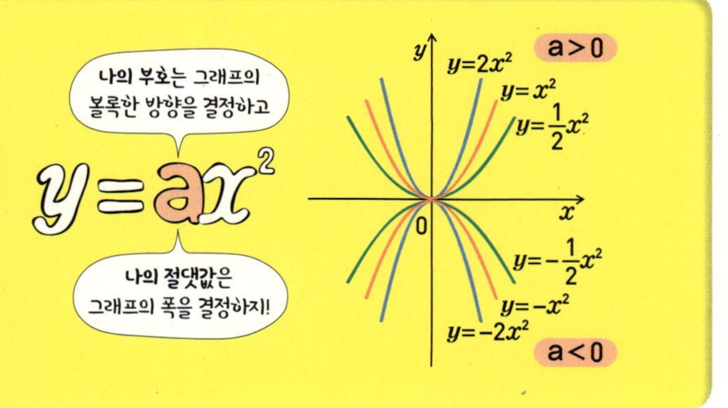

● 아래 주어진 이차함수에 대하여 다음 물음에 답하시오.

> ㉠ $y=x^2$　　　㉡ $y=-\dfrac{1}{3}x^2$
>
> ㉢ $y=-4x^2$　　　㉣ $y=\dfrac{3}{4}x^2$

15 그래프의 폭이 좁은 것부터 차례대로 쓰시오.

16 아래로 볼록한 그래프를 있는 대로 고르시오.

17 제3, 4사분면을 지나는 그래프를 있는 대로 고르시오.

18 $x>0$일 때, x의 값이 증가하면 y의 값도 증가하는 그래프를 있는 대로 고르시오.

19 y의 값의 범위가 $y\leq0$인 그래프를 있는 대로 고르시오.

● 아래 주어진 이차함수에 대하여 다음 물음에 답하시오.

> ㉠ $y=2x^2$ ㉡ $y=-\dfrac{1}{3}x^2$ ㉢ $y=-4x^2$
>
> ㉣ $y=\dfrac{3}{4}x^2$ ㉤ $y=\dfrac{1}{3}x^2$ ㉥ $y=\dfrac{1}{4}x^2$

20 $x>0$일 때, x의 값이 증가하면 y의 값이 감소하는 것을 있는 대로 고르시오.

21 그래프가 x축에 대하여 대칭인 것끼리 짝지으시오.

22 오른쪽 그림에서 포물선 ㈎에 적합한 함수를 있는 대로 고르시오.

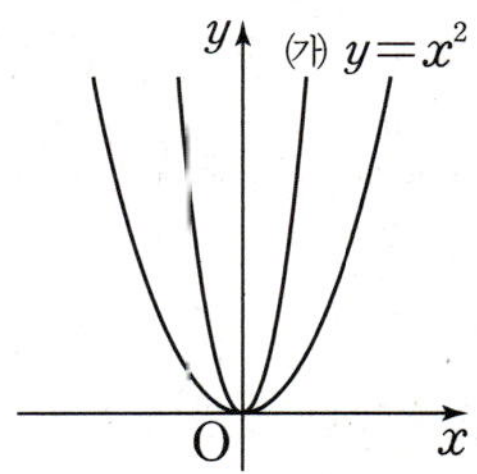

개념모음문제

23 다음 **보기**에서 이차함수 $y=-2x^2$의 그래프에 대한 설명으로 옳은 것만을 있는 대로 고른 것은?

> **보기**
>
> ㄱ. y축에 대하여 대칭이다.
> ㄴ. 아래로 볼록한 포물선이다.
> ㄷ. 점 $(-1, 4)$를 지난다.
> ㄹ. 이차함수 $y=\dfrac{1}{2}x^2$의 그래프보다 폭이 좁다.
> ㅁ. $x>0$일 때, x의 값이 증가하면 y의 값은 감소한다.

① ㄱ, ㄴ ② ㄱ, ㄷ ③ ㄷ, ㄹ
④ ㄱ, ㄹ, ㅁ ⑤ ㄴ, ㄹ, ㅁ

● 이차함수 $y=ax^2$의 그래프가 다음 점을 지날 때, 상수 a 또는 상수 a, b의 값을 구하시오.

24 $(2, 4)$

→ $x=2$, $y=4$를 $y=ax^2$에 대입하면

$\boxed{} = a\times2^2$이므로 $a=\boxed{}$

25 $(-1, -6)$

26 $\left(\dfrac{1}{2}, \dfrac{3}{4}\right)$

27 $\left(-1, -\dfrac{2}{3}\right)$, $(3, b)$

28 $(2, 3)$, $(-2, b)$

개념모음문제

29 원점을 꼭짓점으로 하고 점 $\left(-\dfrac{1}{3}, -1\right)$을 지나는 포물선을 그래프로 하는 이차함수의 식은?

① $y=-9x^2$ ② $y=-6x^2$ ③ $y=-3x^2$
④ $y=6x^2$ ⑤ $y=9x^2$

TEST 4. 이차함수와 그 그래프 (1)

1 다음 중 이차함수인 것을 모두 고르면? (정답 2개)

① $y=-3x^2$

② $y=-x+5$

③ $y=\dfrac{1}{x^2}$

④ $y=(x+1)^2-x^2$

⑤ $y=x^2+(2-x)^2$

2 다음 중 함수 $y=(x+2)^2-ax^2+5x$가 이차함수가 되기 위한 상수 a의 값이 될 수 <u>없는</u> 것은?

① -3 ② -2 ③ -1

④ 1 ⑤ 2

3 이차함수 $f(x)=-x^2+3x+6$에 대하여 $f(-1)$의 값을 구하시오.

4 이차함수 $f(x)=2x^2+ax+1$에서 $f(-2)=3$일 때, 상수 a의 값은?

① -2 ② 0 ③ 1

④ 3 ⑤ 5

5 다음 중 이차함수 $y=-\dfrac{5}{2}x^2$의 그래프에 대한 설명으로 옳지 <u>않은</u> 것은?

① 축의 방정식은 $x=0$이다.

② 점 $(2,\,-10)$을 지난다.

③ 꼭짓점의 좌표는 $(0,\,0)$이다.

④ 이차함수 $y=\dfrac{2}{5}x^2$의 그래프와 x축에 대하여 대칭이다.

⑤ $x>0$일 때, x의 값이 증가하면 y의 값은 감소한다.

6 원점을 꼭짓점으로 하고 점 $(3,\,-3)$을 지나는 포물선을 그래프로 하는 이차함수의 식을 구하시오.

5 이차함수와 그 그래프 (2)

원점을 지나는 곡선을 평행이동 시켜!

$$y=x^2 \xrightarrow[\text{3만큼 평행이동}]{y\text{축의 방향으로}} y=x^2+3$$

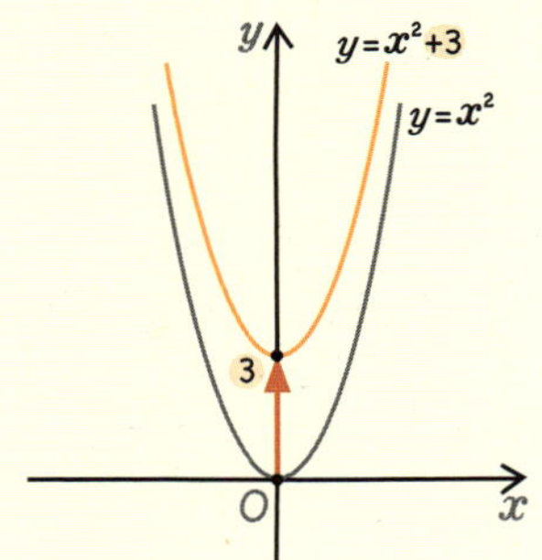

➡ 꼭짓점의 좌표 : $(0, 3)$
　 축의 방정식 : $x=0$

01 이차함수 $y=ax^2+q$의 그래프

이차함수 $y=x^2+3$의 함숫값은 이차함수 $y=x^2$의 함숫값보다 항상 3만큼 커.

따라서 이차함수 $y=x^2+3$의 그래프는 이차함수 $y=x^2$의 그래프를 y축의 방향으로 3만큼 평행이동한 것이고, y축을 축으로 하고, 점 $(0, 3)$을 꼭짓점으로 하는 포물선이야!

원점을 지나는 곡선을 평행이동 시켜!

$$y=2x^2 \xrightarrow[\text{1만큼 평행이동}]{x\text{축의 방향으로}} y=2(x-1)^2$$

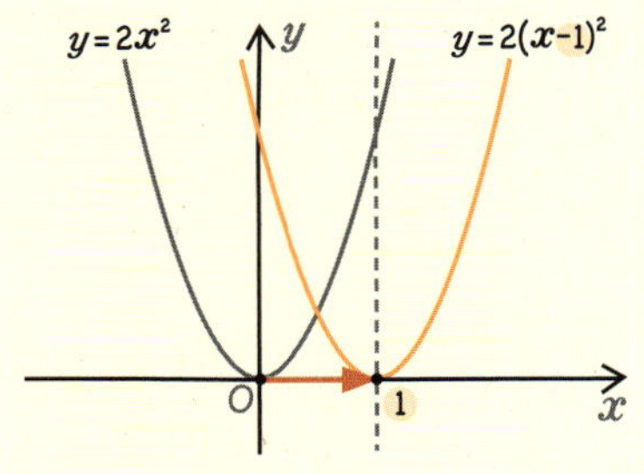

➡ 꼭짓점의 좌표 : $(1, 0)$
　 축의 방정식 : $x=1$

02 이차함수 $y=a(x-p)^2$의 그래프

이차함수 $y=2x^2$의 $x=0$일 때의 함숫값은 이차함수 $y=2(x-1)^2$의 $x=1$일 때의 함숫값과 같아.

따라서 이차함수 $y=2(x-1)^2$의 그래프는 이차함수 $y=2x^2$의 그래프를 x축의 방향으로 1만큼 평행이동한 것이고, 직선 $x=1$을 축으로 하고, 점 $(1, 0)$을 꼭짓점으로 하는 포물선이야!

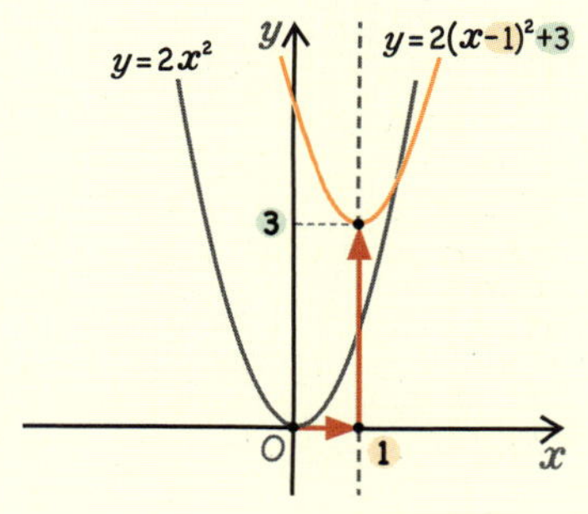

03 이차함수 $y=a(x-p)^2+q$의 그래프

이차함수 $y=2(x-1)^2$의 그래프는 이차함수 $y=2x^2$의 그래프를 x축의 방향으로 1만큼 평행이동한 것이고, 이차함수 $y=2(x-1)^2+3$의 그래프는 이차함수 $y=2(x-1)^2$의 그래프를 y축의 방향으로 3만큼 평행이동한 거야. 따라서 이차함수 $y=2(x-1)^2+3$의 그래프는 직선 $x=1$을 축으로 하고, 점 $(1, 3)$을 꼭짓점으로 하는 포물선이야!

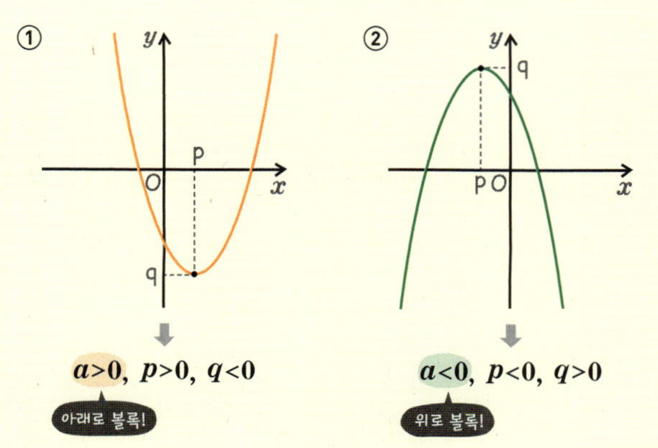

04 이차함수 $y=a(x-p)^2+q$의 그래프에서 a, p, q의 부호

이차함수 $y=a(x-p)^2+q$에서 그 이차함수의 그래프의 모양을 보고 a, p, q의 부호를 판단할 수 있어. a의 부호는 그래프의 모양을 결정해! 그래프가 아래로 볼록이면 $a>0$이고, 그래프가 위로 볼록이면 $a<0$이야. 또한 주어진 이차함수의 그래프의 꼭짓점의 위치로 p, q의 부호를 결정할 수 있지. 꼭짓점의 위치가 어느 사분면에 있는지에 따라 p, q의 부호가 결정돼!

01

이차함수 $y=ax^2+q$의 그래프

$$y=x^2 \xrightarrow[\text{3만큼 평행이동}]{y\text{축의 방향으로}} y=x^2+3$$

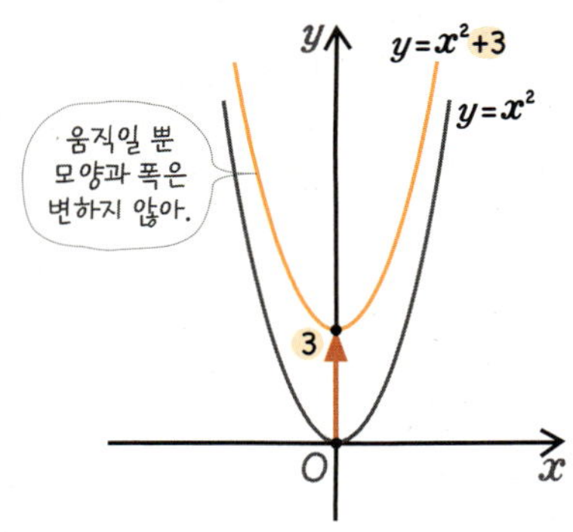

➡ 꼭짓점의 좌표 : $(0, 3)$
축의 방정식 : $x=0$

- 이차함수 $y=ax^2+q$의 그래프는 $y=ax^2$의 그래프를 y축의 방향으로 q만큼 평행이동한 것이다.

$$y=ax^2 \xrightarrow[q\text{만큼 평행이동}]{y\text{축의 방향으로}} y=ax^2+q$$

- **꼭짓점의 좌표**: $(0, q)$
- **축의 방정식**: $x=0$ (y축)

참고 $y=ax^2+q$에서
① $q>0$이면 y축의 양의 방향(위쪽)으로 이동
② $q<0$이면 y축의 음의 방향(아래쪽)으로 이동
➡ 그래프를 평행이동하여도 그래프의 모양과 폭은 변하지 않는다.

원리확인 이차함수 $y=2x^2+3$의 그래프에 대하여 다음 □ 안에 알맞은 것을 써넣으시오.

❶ $y=2x^2$의 그래프를 □축의 방향으로 □만큼 평행이동한 것이다.

❷ □로 볼록한 포물선이다.

❸ 꼭짓점의 좌표는 (□, □)이고, 축의 방정식은 □이다.

● 다음 □ 안에 알맞은 것을 써넣으시오.

1 $y=x^2 \xrightarrow[\boxed{}\text{만큼 평행이동}]{\boxed{}\text{축의 방향으로}} y=x^2+4$

2 $y=3x^2 \xrightarrow[\boxed{}\text{만큼 평행이동}]{\boxed{}\text{축의 방향으로}} y=3x^2-2$

3 $y=-x^2 \xrightarrow[\boxed{}\text{만큼 평행이동}]{\boxed{}\text{축의 방향으로}} y=-x^2+5$

4 $y=-4x^2 \xrightarrow[\boxed{}\text{만큼 평행이동}]{\boxed{}\text{축의 방향으로}} y=-4x^2-6$

5 $y=5x^2 \xrightarrow[\boxed{}\text{만큼 평행이동}]{\boxed{}\text{축의 방향으로}} y=5x^2+8$

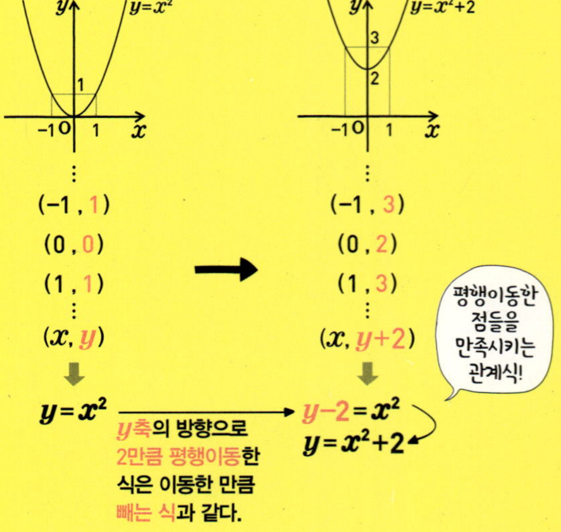

● 다음 이차함수의 그래프는 이차함수 $y=-3x^2$의 그래프를 y축의 방향으로 얼마만큼 평행이동한 것인지 구하시오.

6 $y=-3x^2-3$

7 $y=-3x^2+1$

8 $y=-3x^2-2$

9 $y=-3x^2+5$

10 $y=-3x^2+\dfrac{1}{2}$

11 $y=-3x^2-\dfrac{3}{4}$

12 $y=-3x^2+\dfrac{2}{5}$

2nd — 이차함수 $y=ax^2+q$의 그래프 그리기

● 이차함수 $y=2x^2$의 그래프를 이용하여 아래 이차함수의 그래프를 그리고, 다음을 구하시오.

13 $\boxed{y=2x^2+1}$

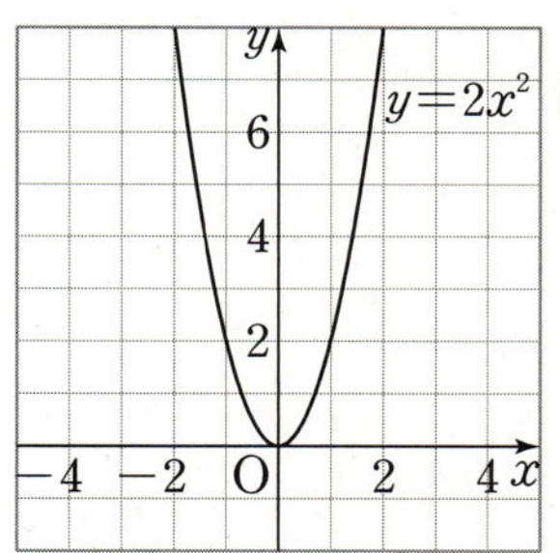

(1) 꼭짓점의 좌표:

(2) 축의 방정식:

14 $\boxed{y=2x^2-3}$

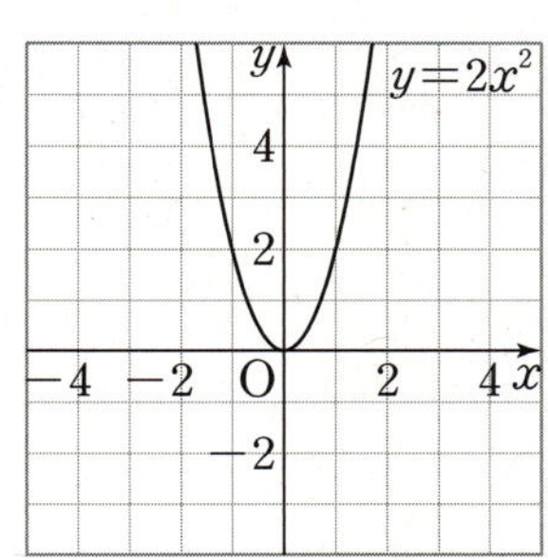

(1) 꼭짓점의 좌표:

(2) 축의 방정식:

15 $\boxed{y=2x^2+4}$

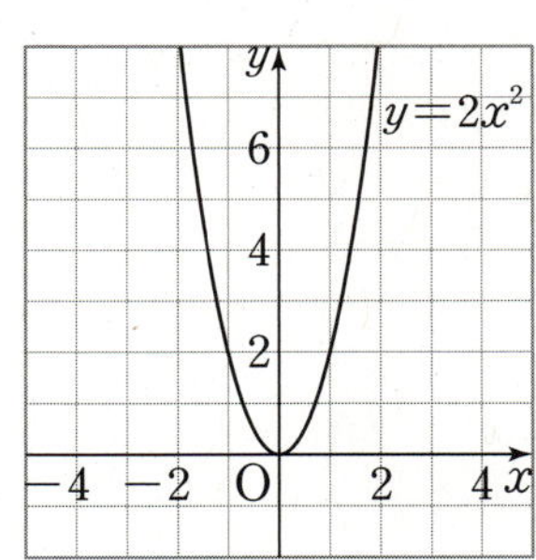

(1) 꼭짓점의 좌표:

(2) 축의 방정식:

● 이차함수 $y=-2x^2$의 그래프를 이용하여 아래 이차함수의 그래프를 그리고, 다음을 구하시오.

16 $y=-2x^2-2$

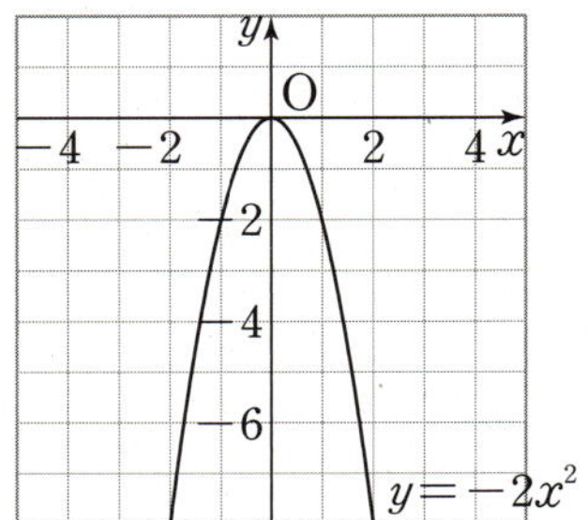

(1) 꼭짓점의 좌표:

(2) 축의 방정식:

17 $y=-2x^2+\dfrac{1}{2}$

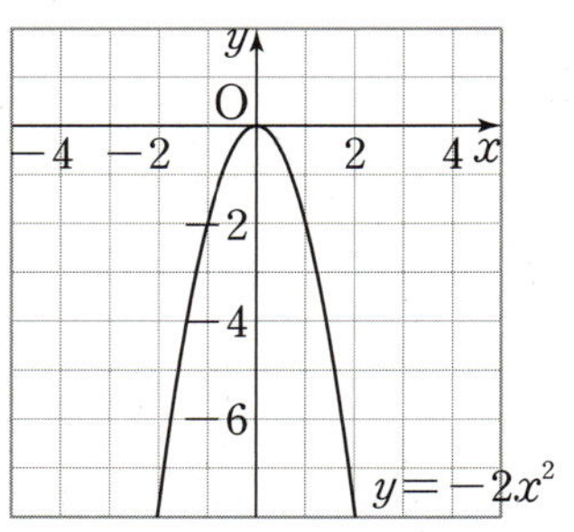

(1) 꼭짓점의 좌표:

(2) 축의 방정식:

18 $y=-2x^2-\dfrac{5}{3}$

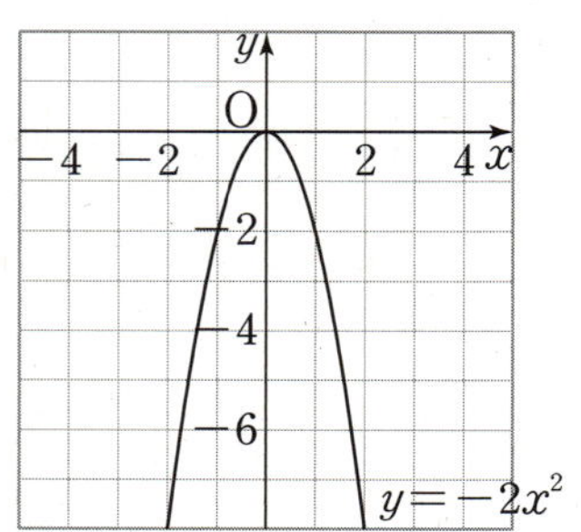

(1) 꼭짓점의 좌표:

(2) 축의 방정식:

3rd — 이차함수 $y=ax^2+q$의 그래프의 성질 이해하기

● 다음 이차함수의 그래프의 축의 방정식과 꼭짓점의 좌표를 차례대로 구하시오.

19 $y=3x^2-7$

20 $y=-x^2+8$

21 $y=6x^2-\dfrac{2}{3}$

22 $y=-5x^2+\dfrac{7}{2}$

23 $y=\dfrac{4}{5}x^2-3$

24 $y=8x^2-\dfrac{1}{5}$

25 $y=-\dfrac{8}{3}x^2+\dfrac{3}{4}$

내가 발견한 개념 ── 이차함수의 식에서 그래프의 성질을 찾아봐!

이차함수 $y=ax^2+q$의 그래프

• 이차함수 $y=ax^2$의 그래프를 ☐ 축의 방향으로 ☐ 만큼 평행이동한 것이다.

• 꼭짓점의 좌표: $(0,\ \boxed{})$

• 축의 방정식: $\boxed{}$

● 다음 이차함수에 대한 설명이 옳은 것은 ○를, 옳지 않은 것은 ×를 ( ) 안에 써넣으시오.

26 이차함수 $y=6x^2-\dfrac{4}{3}$ 의 그래프의 꼭짓점은 원점이다. ( )

27 이차함수 $y=\dfrac{2}{5}x^2+\dfrac{1}{3}$ 의 그래프의 축의 방정식은 $y=0$ 이다. ( )

28 이차함수 $y=-10x^2-5$ 의 그래프는 y축에 대하여 대칭이다. ( )

29 이차함수 $y=8x^2-3$ 의 그래프는 점 $(-1, -11)$ 을 지난다. ( )

30 이차함수 $y=-4x^2-2$ 의 그래프는 제3, 4사분면을 지난다. ( )

개념모음문제

31 다음 중 이차함수 $y=-5x^2+1$ 의 그래프에 대한 설명으로 옳지 <u>않은</u> 것은?

① 모든 사분면을 지난다.
② 꼭짓점의 좌표는 $(0, 1)$ 이다.
③ 점 $(1, -4)$ 와 점 $(-1, -4)$ 를 모두 지난다.
④ $y=-5x^2$ 의 그래프를 y축의 방향으로 1만큼 평행이동한 것이다.
⑤ y축의 방향으로 -2만큼 평행이동하면 $y=-5x^2+3$ 의 그래프와 포개진다.

4th — 이차함수 $y=ax^2+q$의 그래프가 지나는 점을 이용하여 미지수의 값 구하기

● 다음 이차함수의 그래프가 주어진 점을 지날 때, k의 값을 구하시오.

32 $y=x^2+2$, 점 $(k, 3)$ (단, $k>0$)

→ $x=k,\ y=\boxed{}$ 을 $y=x^2+2$에 대입하면

$\boxed{}=k^2+2,\ k^2=\boxed{}$ 이므로 $k=\boxed{}$

33 $y=-3x^2+4$, 점 $(-2, k)$

34 $y=5x^2-k$, 점 $(2, 10)$

35 $y=kx^2+\dfrac{5}{2}$, 점 $\left(-1, \dfrac{1}{2}\right)$

개념모음문제

36 이차함수 $y=3x^2$의 그래프를 y축의 방향으로 -5만큼 평행이동하면 점 $(1, k)$를 지날 때, k의 값은?

① -2 ② -1 ③ 0
④ 1   ⑤ 2

02

원점을 지나는 곡선을 평행이동 시켜!

이차함수 $y=a(x-p)^2$의 그래프

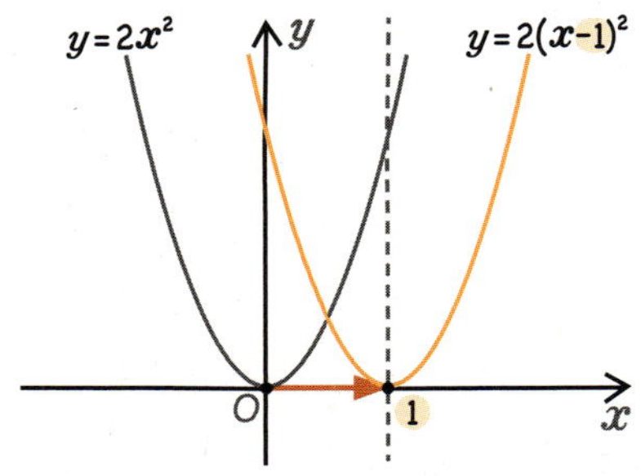

$$y=2x^2 \xrightarrow[\text{1만큼 평행이동}]{x\text{축의 방향으로}} y=2(x-1)^2$$

➡ 꼭짓점의 좌표 : $(1, 0)$
축의 방정식 : $x=1$

- 이차함수 $y=a(x-p)^2$의 그래프는 $y=ax^2$의 그래프를 x축의 방향으로 p만큼 평행이동한 것이다.

$$y=ax^2 \xrightarrow[p\text{만큼 평행이동}]{x\text{축의 방향으로}} y=a(x-p)^2$$

- 꼭짓점의 좌표: $(p, 0)$
- 축의 방정식: $x=p$

참고 (1) $y=a(x-p)^2$에서
　① $p>0$이면 x축의 양의 방향(오른쪽)으로 이동
　② $p<0$이면 x축의 음의 방향(왼쪽)으로 이동
(2) $y=a(x-p)^2$에서 $a>0$이면
　① $x<p$이면 x의 값이 증가하면 y의 값은 감소한다.
　② $x>p$이면 x의 값이 증가하면 y의 값도 증가한다.

원리확인 이차함수 $y=3(x-2)^2$의 그래프에 대하여 다음 ☐ 안에 알맞은 것을 써넣으시오.

❶ $y=3x^2$의 그래프를 ☐축의 방향으로 ☐만큼 평행이동한 것이다.

❷ ☐로 볼록한 포물선이다.

❸ 꼭짓점의 좌표는 (☐, ☐)이고 축의 방정식은 ☐이다.

1st 이차함수 $y=a(x-p)^2$의 그래프의 식 이해하기

● 다음 ☐ 안에 알맞은 것을 써넣으시오.

1　$y=x^2 \xrightarrow[\boxed{}\text{만큼 평행이동}]{\boxed{}\text{축의 방향으로}} y=(x+4)^2$

2　$y=3x^2 \xrightarrow[\boxed{}\text{만큼 평행이동}]{\boxed{}\text{축의 방향으로}} y=3(x+5)^2$

3　$y=-2x^2 \xrightarrow[\boxed{}\text{만큼 평행이동}]{\boxed{}\text{축의 방향으로}} y=-2(x-6)^2$

4　$y=\dfrac{1}{2}x^2 \xrightarrow[\boxed{}\text{만큼 평행이동}]{\boxed{}\text{축의 방향으로}} y=\dfrac{1}{2}(x+3)^2$

5　$y=-\dfrac{2}{3}x^2 \xrightarrow[\boxed{}\text{만큼 평행이동}]{\boxed{}\text{축의 방향으로}} y=-\dfrac{2}{3}(x-1)^2$

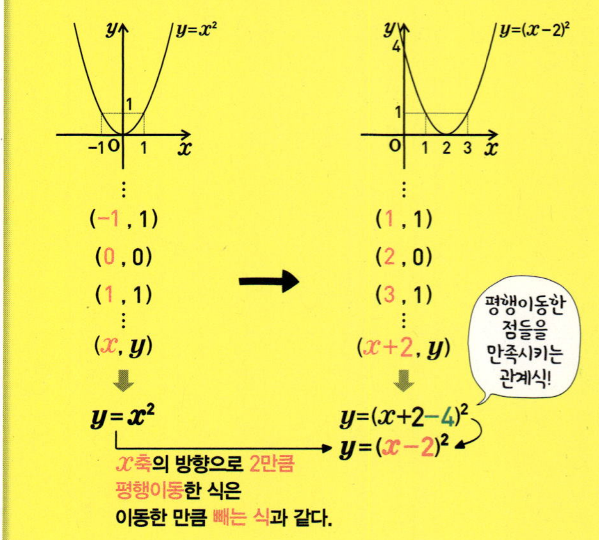

● 다음 이차함수의 그래프는 이차함수 $y=-3x^2$의 그래프를 x축의 방향으로 얼마만큼 평행이동한 것인지 구하시오.

6 $y=-3(x+5)^2$

7 $y=-3(x-2)^2$

8 $y=-3(x+7)^2$

9 $y=-3\left(x+\dfrac{1}{3}\right)^2$

10 $y=-3\left(x-\dfrac{2}{5}\right)^2$

11 $y=-3(x+10)^2$

12 $y=-3\left(x+\dfrac{2}{9}\right)^2$

2nd — 이차함수 $y=a(x-p)^2$의 그래프 그리기

● 이차함수 $y=2x^2$의 그래프를 이용하여 아래 이차함수의 그래프를 그리고, 다음을 구하시오.

13 $y=2(x+3)^2$

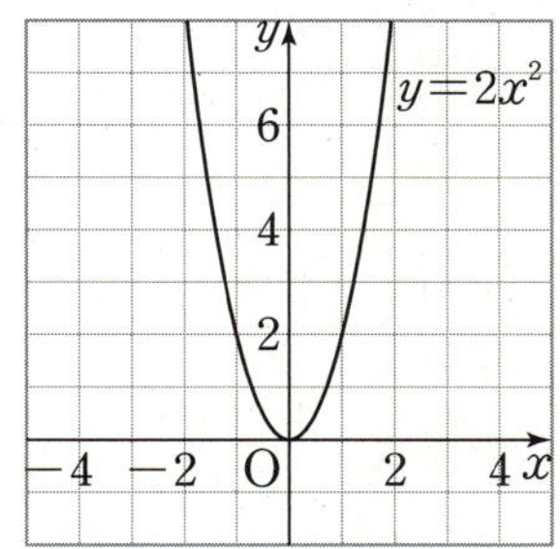

(1) 꼭짓점의 좌표:

(2) 축의 방정식:

14 $y=2(x-4)^2$

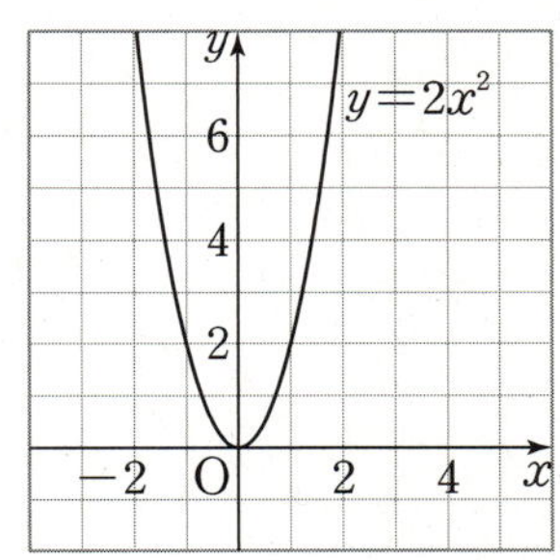

(1) 꼭짓점의 좌표:

(2) 축의 방정식:

15 $y=2(x-1)^2$

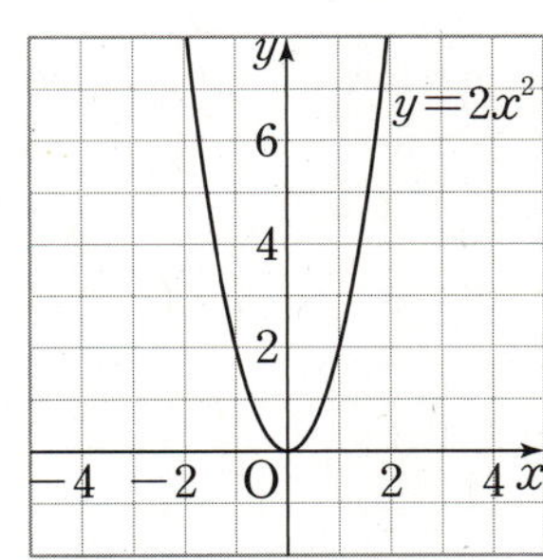

(1) 꼭짓점의 좌표:

(2) 축의 방정식:

● 이차함수 $y=-2x^2$의 그래프를 이용하여 아래 이차함수의 그래프를 그리고, 다음을 구하시오.

16 $y=-2(x+2)^2$

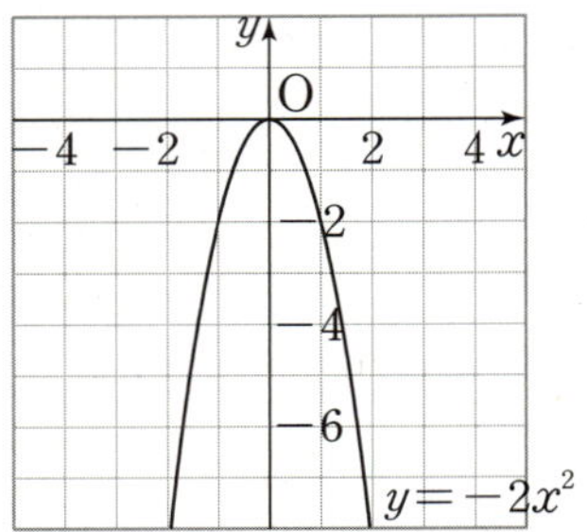

(1) 꼭짓점의 좌표:
(2) 축의 방정식:

17 $y=-2(x-3)^2$

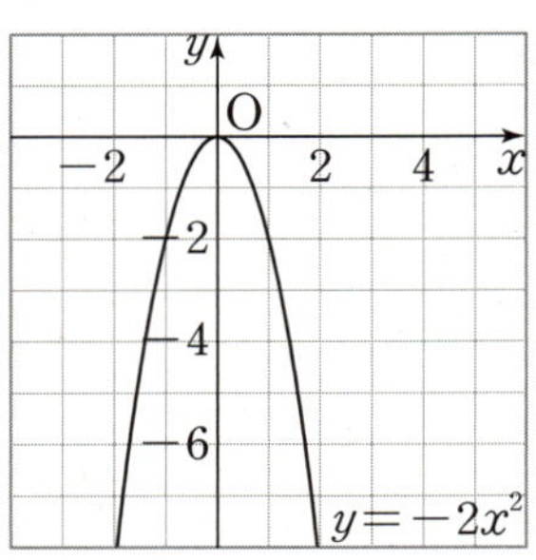

(1) 꼭짓점의 좌표:
(2) 축의 방정식:

18 $y=-2(x-2)^2$

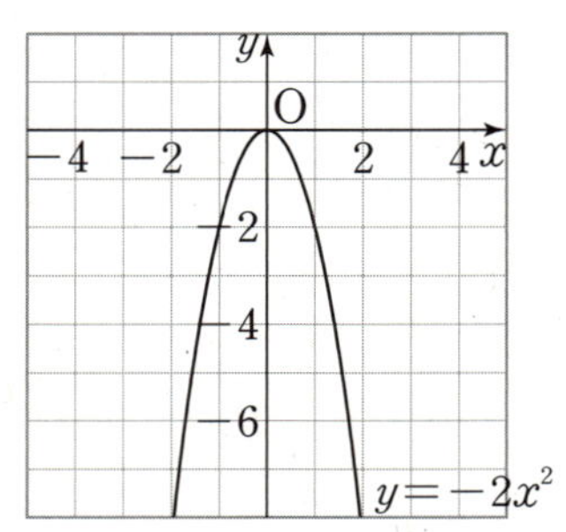

(1) 꼭짓점의 좌표:
(2) 축의 방정식:

3rd 이차함수 $y=a(x-p)^2$의 그래프의 성질 이해하기

● 다음 이차함수의 그래프의 축의 방정식과 꼭짓점의 좌표를 차례대로 구하시오.

19 $y=5(x-2)^2$

20 $y=-4(x-3)^2$

21 $y=\dfrac{2}{5}(x+6)^2$

22 $y=-\dfrac{1}{7}(x+2)^2$

23 $y=8\left(x+\dfrac{3}{4}\right)^2$

24 $y=\dfrac{5}{3}(x-9)^2$

25 $y=-\dfrac{8}{5}\left(x-\dfrac{3}{7}\right)^2$

● 다음 이차함수에 대한 설명이 옳은 것은 ○를, 옳지 않은 것은 ×를 ( ) 안에 써넣으시오.

26 이차함수 $y=4\left(x-\dfrac{1}{5}\right)^2$의 그래프의 꼭짓점의 좌표는 $\left(\dfrac{1}{5},\,0\right)$이다.　　　　(　　)

27 이차함수 $y=-2\left(x+\dfrac{2}{3}\right)^2$의 그래프의 축의 방정식은 $x=-\dfrac{2}{3}$이다.　　　　(　　)

28 이차함수 $y=\dfrac{1}{2}(x-3)^2$의 그래프는 $x<3$일 때, x의 값이 증가하면 y의 값도 증가한다.
　　　　　　　　　　　　　　(　　)

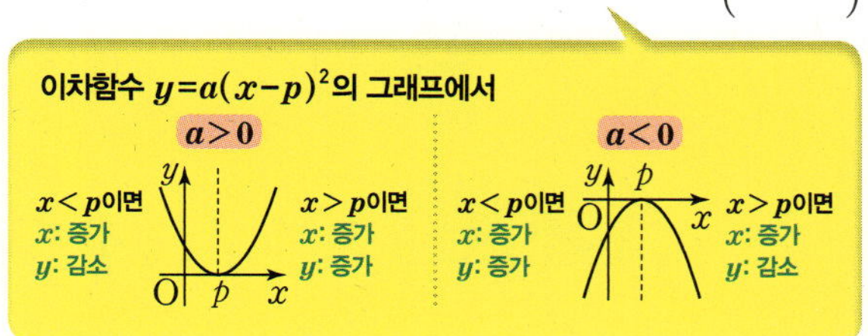

29 이차함수 $y=-5\left(x-\dfrac{1}{3}\right)^2$의 그래프는 점 $\left(\dfrac{2}{3},\,-\dfrac{5}{3}\right)$를 지난다.　　　　(　　)

30 이차함수 $y=-\dfrac{6}{5}(x+1)^2$의 그래프는 제2사분면을 지난다.　　　　(　　)

개념모음문제

31 다음 중 이차함수 $y=\dfrac{1}{4}(x-2)^2$의 그래프에 대한 설명으로 옳은 것은?

① 축의 방정식은 $x=-2$이다.
② 꼭짓점의 좌표는 $(-2,\,0)$이다.
③ 점 $(4,\,2)$를 지난다.
④ 이차함수 $y=\dfrac{1}{4}x^2$의 그래프를 x축의 방향으로 2만큼 평행이동한 것이다.
⑤ $x<2$일 때, x의 값이 증가하면 y의 값도 증가한다.

4th 이차함수 $y=a(x-p)^2$의 그래프가 지나는 점을 이용하여 미지수의 값 구하기

● 다음 이차함수의 그래프가 주어진 점을 지날 때, k의 값을 모두 구하시오.

32 $y=(x+k)^2$, 점 $(2,\,4)$

➔ $x=2$, $y=\boxed{}$를 $y=(x+k)^2$에 대입하면

$\boxed{}=(2+k)^2$, $2+k=\pm\boxed{}$이므로

$k=-4$ 또는 $k=\boxed{}$

33 $y=2(x-2)^2$, 점 $(1,\,k)$

34 $y=k(x+1)^2$, 점 $(-3,\,8)$

35 $y=-2(x-k)^2$, 점 $(4,\,-8)$

개념모음문제

36 이차함수 $y=-3x^2$의 그래프를 x축의 방향으로 p만큼 평행이동하면 점 $(3,\,-27)$을 지난다. p의 값을 모두 고르면? (정답 2개)

① -6　　　② -2　　　③ 0
④ 2　　　⑤ 6

원점을 지나는 곡선을 평행이동 시켜!

이차함수 $y=a(x-p)^2+q$의 그래프

$$y=2x^2 \xrightarrow[\substack{y\text{축의 방향으로}\\ 3\text{만큼 평행이동}}]{\substack{x\text{축의 방향으로}\\ 1\text{만큼 평행이동}}} y=2(x-1)^2+3$$

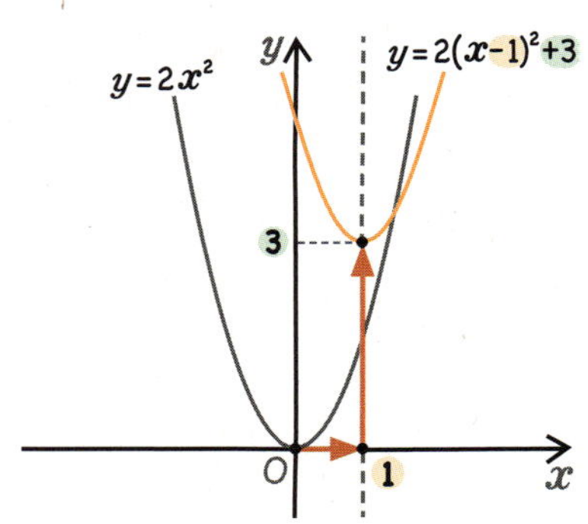

➡ **꼭짓점의 좌표** : $(1, 3)$
축의 방정식 : $x=1$

- 이차함수 $y=a(x-p)^2+q$의 그래프는 $y=ax^2$의 그래프를 x축의 방향으로 p만큼, y축의 방향으로 q만큼 평행이동한 것이다.

$$y=ax^2 \xrightarrow[\substack{y\text{축의 방향으로 }q\text{만큼 평행이동}}]{\substack{x\text{축의 방향으로 }p\text{만큼 평행이동}}} y=a(x-p)^2+q$$

- **꼭짓점의 좌표**: (p, q)
- **축의 방정식**: $x=p$

참고 $y=a(x-p)^2+q$에서 $a>0$이면
① $x<p$일 때, x의 값이 증가하면 y의 값은 감소한다.
② $x>p$일 때, x의 값이 증가하면 y의 값도 증가한다.

원리확인 이차함수 $y=-2(x-3)^2+1$의 그래프에 대하여 다음 □ 안에 알맞은 것을 써넣으시오.

❶ $y=-2x^2$의 그래프를 x축의 방향으로 □만큼, y축의 방향으로 □만큼 평행이동한 것이다.

❷ □로 볼록한 포물선이다.

❸ 꼭짓점의 좌표는 (□, □)이고 축의 방정식은 □이다.

1st — 이차함수 $y=a(x-p)^2+q$의 그래프의 식 이해하기

● 다음 □ 안에 알맞은 수를 써넣으시오.

1 이차함수 $y=5(x+3)^2-7$의 그래프는 이차함수 $y=5x^2$의 그래프를 x축의 방향으로 □만큼, y축의 방향으로 □만큼 평행이동한 것이다.

2 이차함수 $y=-(x+5)^2+6$의 그래프는 이차함수 $y=-x^2$의 그래프를 x축의 방향으로 □만큼, y축의 방향으로 □만큼 평행이동한 것이다.

3 이차함수 $y=-3\left(x-\dfrac{1}{2}\right)^2+4$의 그래프는 이차함수 $y=-3x^2$의 그래프를 x축의 방향으로 □만큼, y축의 방향으로 □만큼 평행이동한 것이다.

4 이차함수 $y=\dfrac{2}{5}(x+1)^2-\dfrac{7}{10}$의 그래프는 이차함수 $y=\dfrac{2}{5}x^2$의 그래프를 x축의 방향으로 □만큼, y축의 방향으로 □만큼 평행이동한 것이다.

5 이차함수 $y=-8\left(x-\dfrac{1}{7}\right)^2+\dfrac{5}{6}$의 그래프는 이차함수 $y=-8x^2$의 그래프를 x축의 방향으로 □만큼, y축의 방향으로 □만큼 평행이동한 것이다.

● 다음 이차함수의 그래프를 x축의 방향으로 p만큼, y축의 방향으로 q만큼 평행이동한 그래프의 식을 구하시오.

6 $y=x^2$ $\quad[p=-3,\ q=1]$

7 $y=-x^2$ $\quad[p=5,\ q=-2]$

8 $y=6x^2$ $\quad[p=-7,\ q=-4]$

9 $y=\dfrac{1}{2}x^2$ $\quad[p=1,\ q=8]$

10 $y=-5x^2$ $\quad\left[p=\dfrac{2}{3},\ q=-3\right]$

11 $y=-\dfrac{5}{6}x^2$ $\quad\left[p=-\dfrac{2}{5},\ q=\dfrac{2}{3}\right]$

12 $y=\dfrac{7}{10}x^2$ $\quad[p=4,\ q=-10]$

2nd — 이차함수 $y=a(x-p)^2+q$의 그래프 그리기

● 주어진 이차함수의 그래프를 이용하여 아래 이차함수의 그래프를 그리고, 다음을 구하시오.

13 $y=3(x-4)^2-1$

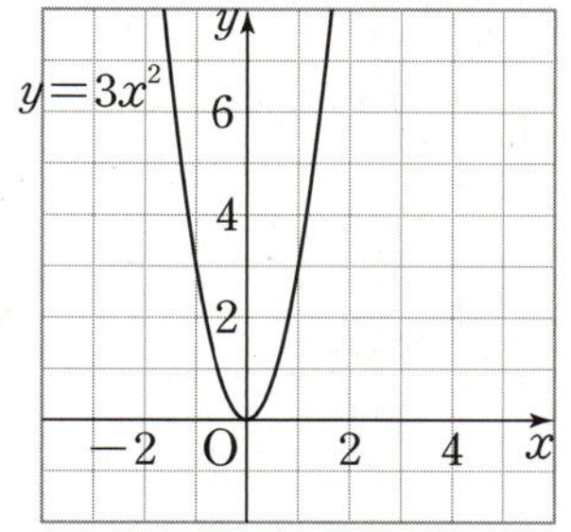

(1) 꼭짓점의 좌표:

(2) 축의 방정식:

14 $y=\dfrac{1}{4}(x-1)^2+3$

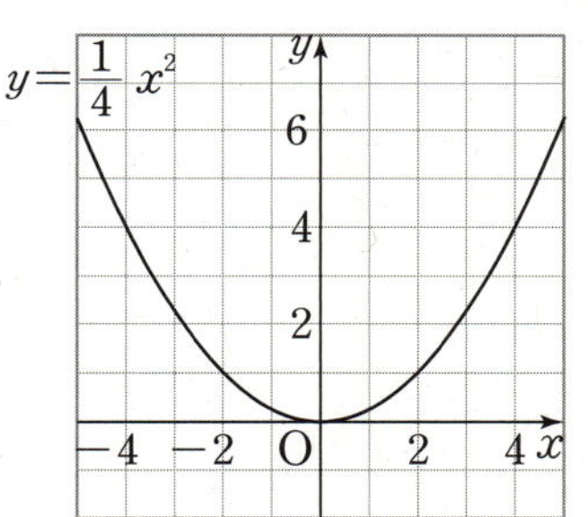

(1) 꼭짓점의 좌표:

(2) 축의 방정식:

점과 그래프의 평행이동

x축의 방향으로 p만큼, y축의 방향으로 q만큼

점 $(x,\ y)$ → 평행이동 → 점 $(x+p,\ y+q)$

이차함수 $y=ax^2$

$y-q=a(x-p)^2$
➡ $y=a(x-p)^2+q$

15 $y=-2(x-5)^2+2$

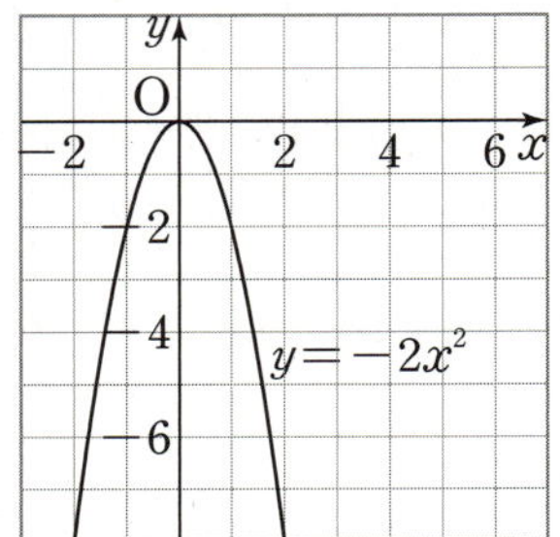

(1) 꼭짓점의 좌표:

(2) 축의 방정식:

16 $y=-\dfrac{1}{5}(x+1)^2-4$

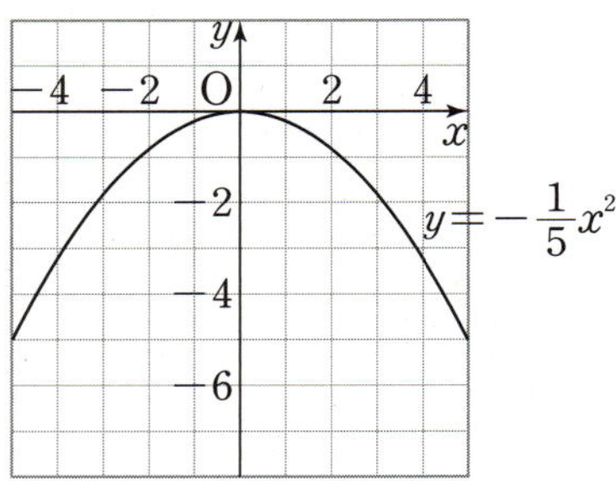

(1) 꼭짓점의 좌표:

(2) 축의 방정식:

17 $y=-2(x+1)^2+2$

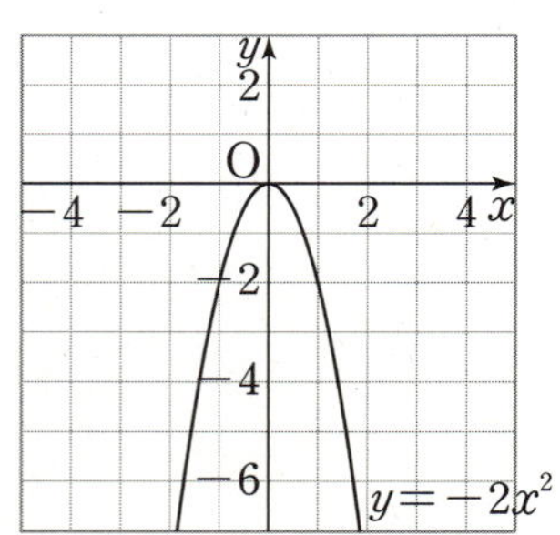

(1) 꼭짓점의 좌표:

(2) 축의 방정식:

3rd 이차함수 $y=a(x-p)^2+q$의 그래프의 성질 이해하기

● 다음 이차함수의 그래프의 축의 방정식과 꼭짓점의 좌표를 차례대로 구하시오.

18 $y=3(x-2)^2+4$

19 $y=-6(x+2)^2-7$

20 $y=-2\left(x+\dfrac{1}{3}\right)^2-5$

21 $y=5\left(x-\dfrac{2}{5}\right)^2+6$

22 $y=\dfrac{3}{7}(x-2)^2-\dfrac{5}{4}$

23 $y=\dfrac{2}{9}\left(x+\dfrac{5}{6}\right)^2-3$

24 $y=-\dfrac{1}{6}\left(x+\dfrac{3}{8}\right)^2+\dfrac{8}{3}$

● 다음 이차함수에 대한 설명이 옳은 것은 ○를, 옳지 않은 것은 ×를 ( ) 안에 써넣으시오.

25 이차함수 $y=-\dfrac{2}{5}\left(x-\dfrac{1}{7}\right)^2-\dfrac{7}{2}$의 그래프의 꼭짓점의 좌표는 $\left(-\dfrac{1}{7},\ -\dfrac{7}{2}\right)$이다.　（　　）

26 이차함수 $y=5(x+7)^2-\dfrac{4}{9}$의 그래프의 축의 방정식은 $x=-7$이다.　（　　）

27 이차함수 $y=\dfrac{1}{4}(x-2)^2-3$의 그래프는 $x<2$일 때, x의 값이 증가하면 y의 값도 증가한다.
　（　　）

28 이차함수 $y=-\dfrac{4}{3}\left(x-\dfrac{1}{4}\right)^2+5$의 그래프는 점 $\left(1,\ \dfrac{17}{4}\right)$을 지난다.　（　　）

29 이차함수 $y=-\dfrac{3}{8}\left(x+\dfrac{2}{5}\right)^2-\dfrac{4}{3}$의 그래프는 제1사분면을 지난다.　（　　）

<개념모음문제>

30 다음 중 이차함수 $y=4(x-3)^2-2$의 그래프에 대한 설명으로 옳지 <u>않은</u> 것은?

① 축의 방정식은 $x=3$이다.
② 꼭짓점의 좌표는 $(3,\ -2)$이다.
③ 점 $(4,\ -2)$를 지난다.
④ 이차함수 $y=4x^2$의 그래프를 x축의 방향으로 3만큼, y축의 방향으로 -2만큼 평행이동한 것이다.
⑤ $x>3$일 때, x의 값이 증가하면 y의 값도 증가한다.

4th ― 이차함수 $y=a(x-p)^2+q$의 그래프가 지나는 점을 이용하여 미지수의 값 구하기

● 다음 이차함수의 그래프가 주어진 점을 지날 때, k의 값을 모두 구하시오.

31 $y=(x+k)^2+3$, 점 $(-2,\ 7)$

→ $x=-2,\ y=\boxed{}$을 $y=(x+k)^2+3$에 대입하면

$\boxed{}=(-2+k)^2+3,\ (-2+k)^2=\boxed{}$

$-2+k=\pm\boxed{}$이므로 $k=\boxed{}$ 또는 $k=4$

32 $y=-2(x-5)^2+1$, 점 $(4,\ k)$

33 $y=k(x+4)^2-3$, 점 $(-3,\ -1)$

34 $y=6(x-k)^2-10$, 점 $(6,\ 14)$

<개념모음문제>

35 이차함수 $y=4x^2$의 그래프를 x축의 방향으로 3만큼, y축의 방향으로 k만큼 평행이동하면 점 $(5,\ 7)$을 지날 때, k의 값은?

① -9　　② -6　　③ -2
④ 6　　⑤ 9

04 이차함수 $y=a(x-p)^2+q$의 그래프에서 a, p, q의 부호

이차함수 $y=a(x-p)^2+q$의 그래프

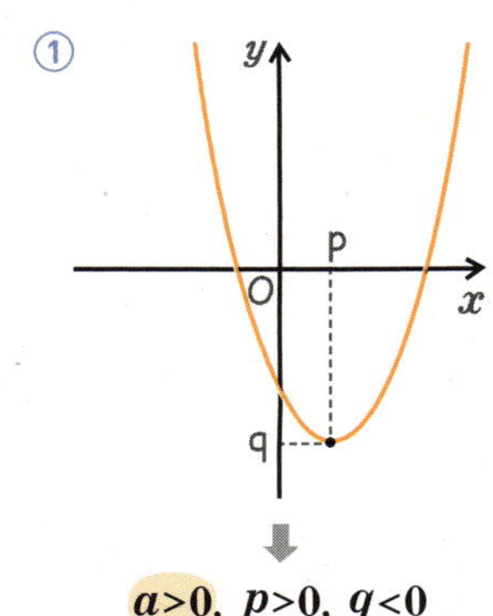
①

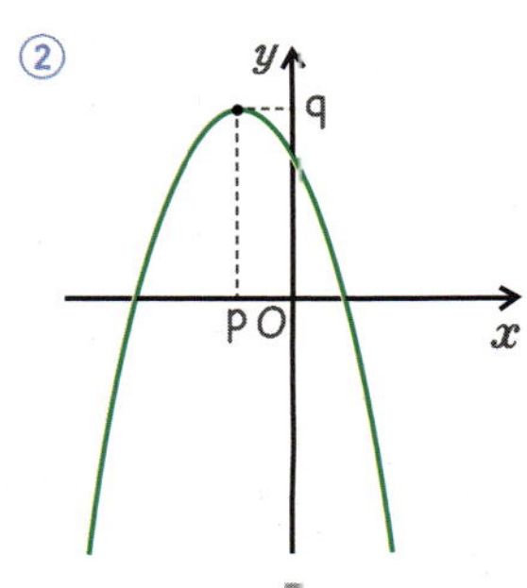
②

$a>0$, $p>0$, $q<0$

$a<0$, $p<0$, $q>0$

이차함수 $y=a(x-p)^2+q$의 그래프에서
- **a의 부호**: 그래프의 모양으로 결정
  ① 아래로 볼록($\lor$) $\rightarrow$ $a>0$
  ② 위로 볼록($\land$) $\rightarrow$ $a<0$
- **p, q의 부호**: 꼭짓점의 위치로 결정
  ① 꼭짓점이 제1사분면 $\rightarrow$ $p>0$, $q>0$
  ② 꼭짓점이 제2사분면 $\rightarrow$ $p<0$, $q>0$
  ③ 꼭짓점이 제3사분면 $\rightarrow$ $p<0$, $q<0$
  ④ 꼭짓점이 제4사분면 $\rightarrow$ $p>0$, $q<0$

1st 이차함수 $y=a(x-p)^2+q$의 그래프에서 a, p, q의 부호 알기

● 이차함수 $y=a(x-p)^2+q$의 그래프가 다음 그림과 같을 때, ◯ 안에 $>$, $=$, $<$ 중 알맞은 것을 써넣으시오.

1
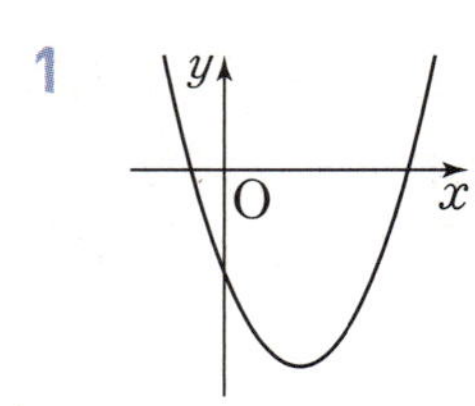

→ 그래프가 아래로 볼록하므로
a ◯ 0
꼭짓점이 제4사분면 위에 있으므로 p ◯ 0, q ◯ 0

2
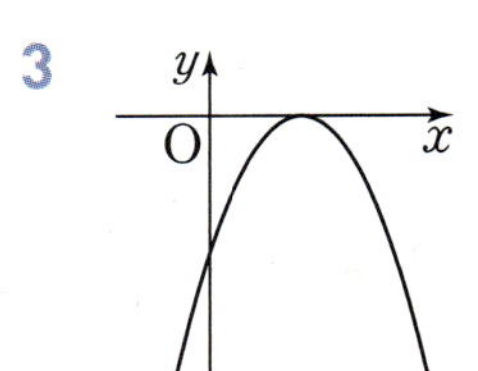
→ a ◯ 0
p ◯ 0
q ◯ 0

3
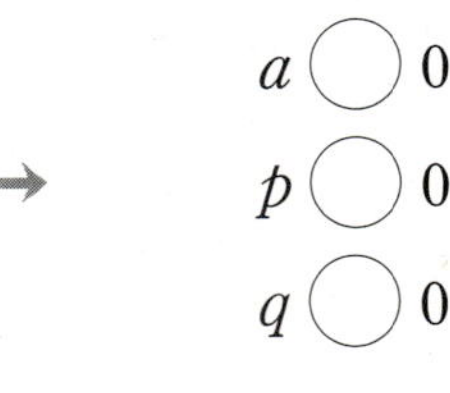
→ a ◯ 0
p ◯ 0
q ◯ 0

4
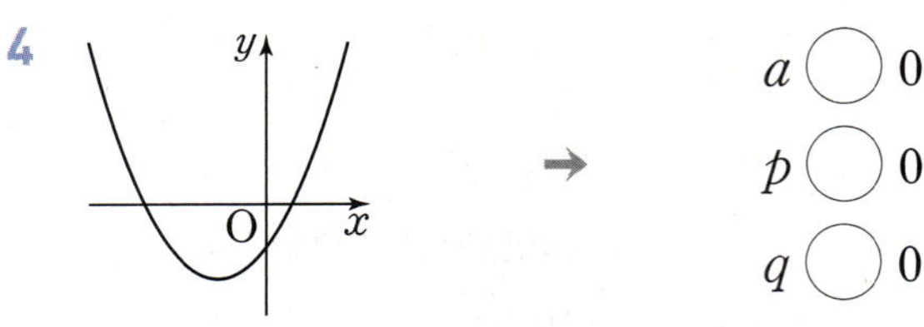
→ a ◯ 0
p ◯ 0
q ◯ 0

5
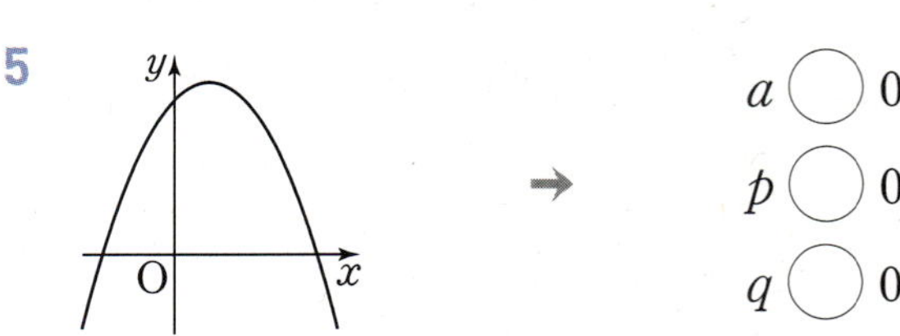
→ a ◯ 0
p ◯ 0
q ◯ 0

TEST   **5. 이차함수와 그 그래프** (2)

1 이차함수 $y=4x^2-2$의 그래프는 이차함수 $y=4x^2$의 그래프를 y축의 방향으로 얼마만큼 평행이동한 것인가?

① -2 ② -1 ③ 1
④ 2 ⑤ 3

2 이차함수 $y=-3(x-5)^2$의 그래프의 축의 방정식은?

① $x=-5$ ② $x=-3$ ③ $x=-1$
④ $x=3$ ⑤ $x=5$

3 이차함수 $y=2(x-k)^2$의 그래프가 점 $(7, 2)$를 지날 때, 모든 k의 값의 합을 구하시오.

4 이차함수 $y=-2x^2$의 그래프를 y축의 방향으로 6만큼 평행이동하면 점 $(-1, k)$를 지난다. k의 값을 구하시오.

5 다음 이차함수 $y=\dfrac{1}{5}(x+2)^2-1$의 그래프에 대한 설명 중 옳은 것은?

① 꼭짓점의 좌표는 $(2, -1)$이다.
② 그래프는 직선 $x=2$를 축으로 하는 포물선이다.
③ y축과 만나는 점의 좌표는 $\left(0, \dfrac{1}{5}\right)$이다.
④ 그래프는 아래로 볼록한 포물선이다.
⑤ 점 $(3, 0)$을 지난다.

6 $a>0$, $p<0$, $q>0$일 때, 다음 중 이차함수 $y=a(x-p)^2+q$의 그래프로 알맞은 것은?

① 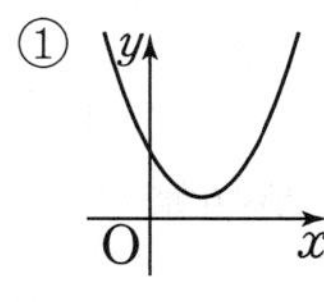   ② 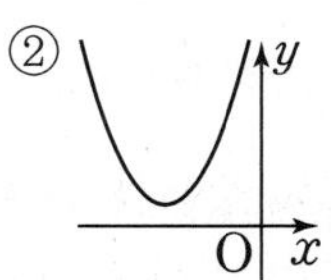

③ 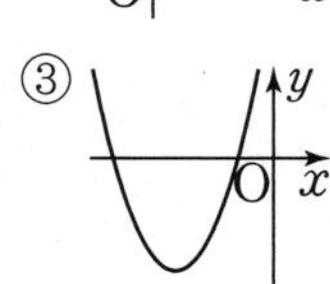   ④ 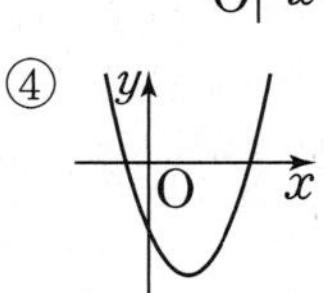

⑤ 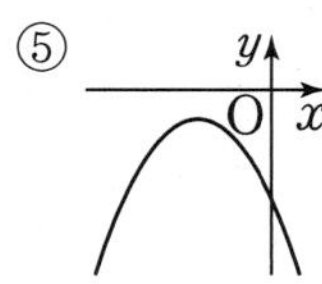

6

하나의 값은 하나의 결과!
이차함수와 그 그래프(3)

$$f(x)=ax^2+bx+c$$

---

y=(완전제곱식)+(상수항)의 꼴로 정리!

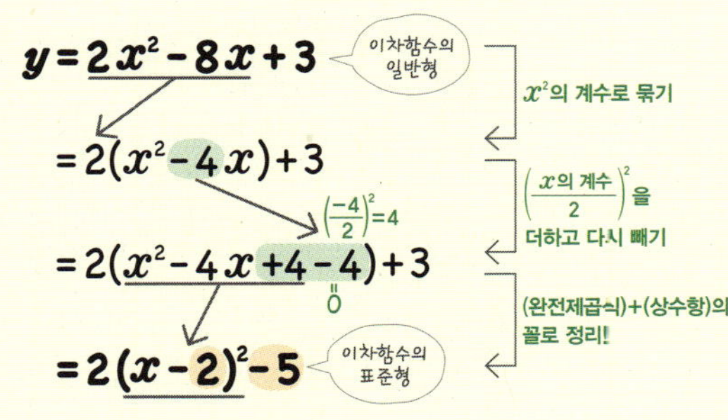

➡ 꼭짓점의 좌표 : $(2, -5)$
축의 방정식 : $x=2$

---

01 이차함수 $y=ax^2+bx+c$의 그래프(1)

이차함수 $y=2x^2-8x+3$의 식을 보고 그래프를 그리는 것은 쉽지 않아. 이 식에서 바로 알 수 있는 것은 x^2의 계수가 2이므로 그래프가 아래로 볼록하고 식에 $x=0$을 대입해서 y축과의 교점의 좌표가 $(0, 3)$이라는 거야. 이때 꼭짓점의 좌표를 알 수 있는 $y=2(x-2)^2-5$의 꼴로 변형하여 꼭짓점의 좌표를 이용하면 그래프를 그리기 편리해!

---

y=0일 때, x축과의 교점!

이차함수 $y=x^2-3x+2$의 그래프에서

x축과의 교점 : $y=0$일 때, $x^2-3x+2=0$
$(x-1)(x-2)=0$
$x=1$ 또는 $x=2$

➡ x축과의 교점의 좌표 : $(1, 0)$, $(2, 0)$

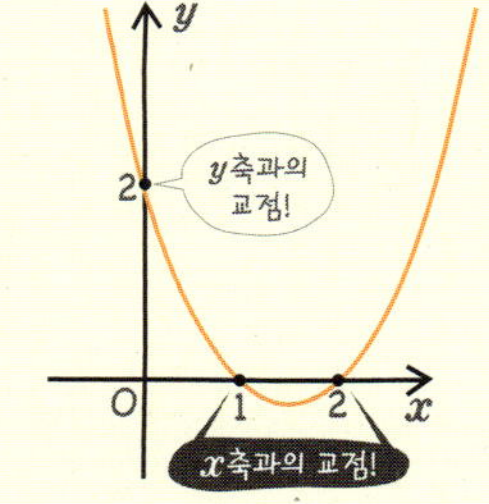

---

02 이차함수 $y=ax^2+bx+c$의 그래프(2)

이차함수 $y=x^2-3x+2$의 그래프가 x축과 만나는 점의 좌표를 구해 볼까?
x축과 만나는 점의 좌표는 y의 값이 0이므로 $y=0$을 대입하면 $x^2-3x+2=0$이 되고, 이 이차방정식을 풀면 x의 값을 구할 수 있어. 이때 인수분해를 하거나 근의 공식을 이용해서 x의 값을 구하면 돼!

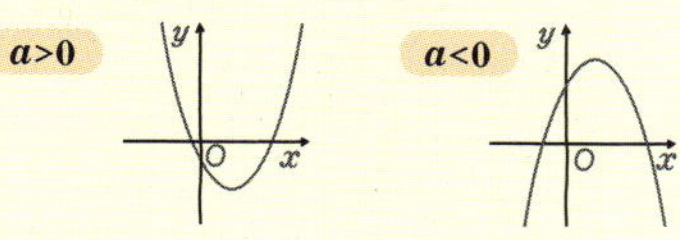

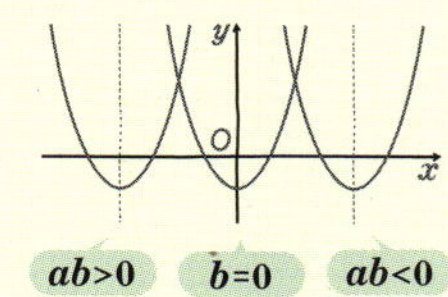

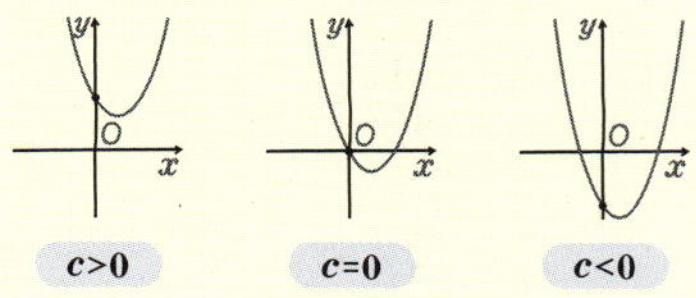

03 이차함수 $y=ax^2+bx+c$의 그래프와 a, b, c의 부호

이차함수 $y=ax^2+bx+c$의 그래프를 보고 a, b, c의 부호를 알 수 있어.

그래프의 모양으로 a의 부호를 결정하고, 축의 위치로 b의 부호를 결정하고, y축과의 교점의 위치로 c의 부호를 결정하지.

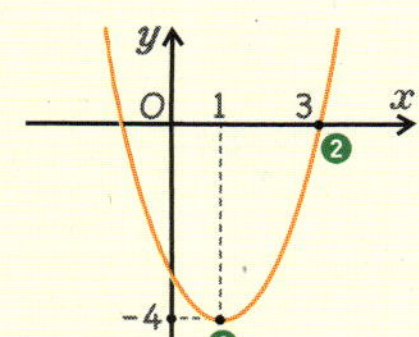

04~07 이차함수의 식 구하기

꼭짓점과 다른 한 점의 좌표가 주어질 때와 축의 방정식과 두 점의 좌표가 주어질 때의 이차함수의 식은 이차함수 $y=a(x-p)^2+q$의 꼴을 이용하면 구할 수 있어.

또 서로 다른 세 점의 좌표가 주어질 때는 이차함수를 $y=ax^2+bx+c$로 놓고 세 점의 좌표를 대입해서 a, b, c의 값을 구해 이차함수의 식을 구할 수 있어.

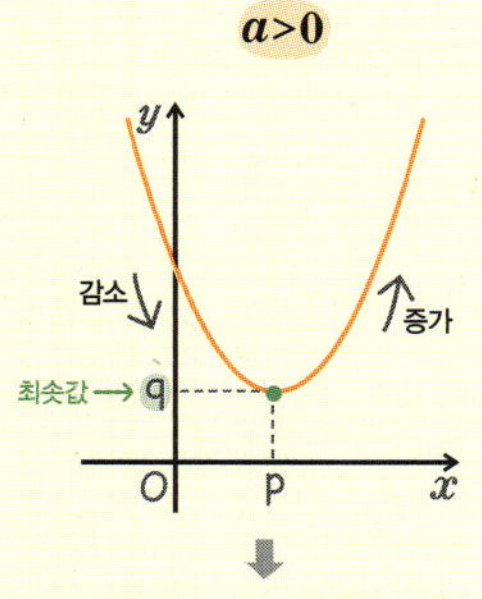

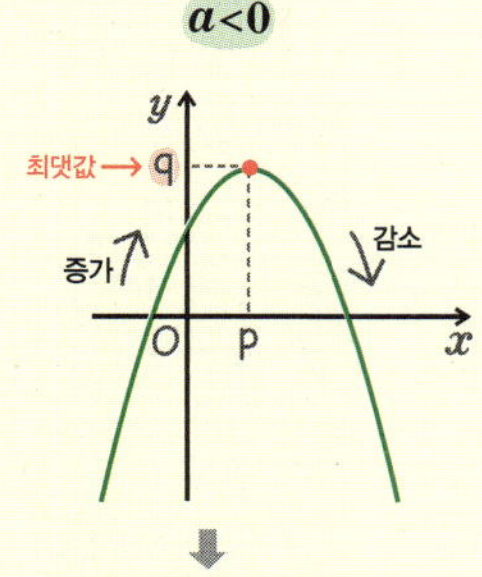

08~10 이차함수의 최댓값과 최솟값

함수의 함숫값 중에서 가장 큰 값을 함수의 최댓값, 가장 작은 값을 함수의 최솟값이라 해. 이차함수 $y=a(x-p)^2+q$의 그래프를 그려보면 $a>0$일 때 $x=p$에서 최솟값 q를 가지고 $a<0$일 때 $x=p$에서 최댓값 q를 가지는 것을 알 수 있어.

이차함수의 꼭짓점을 통해 알 수 있으니 이차함수의 식을 $y=a(x-p)^2+q$의 꼴로 나타내어 구해보자! 그리고 이것을 활용하여 실생활에서의 문제를 해결해 보자.

$y=$(완전제곱식)+(상수항)의 꼴로 정리!

이차함수 $y=ax^2+bx+c$의 그래프(1)

$$y=2x^2-8x+3 \quad \text{이차함수의 일반형}$$

x^2의 계수로 묶기

$$=2(x^2-4x)+3$$

$\left(\dfrac{x\text{의 계수}}{2}\right)^2$을 더하고 다시 빼기

$$\left(\dfrac{-4}{2}\right)^2=4$$

$$=2(x^2-4x+4-4)+3$$

(완전제곱식)+(상수항)의 꼴로 정리!

$$=2(x-2)^2-5 \quad \text{이차함수의 표준형}$$

➡ 꼭짓점의 좌표 : (2, −5)
축의 방정식 : $x=2$

• 이차함수 $y=ax^2+bx+c$의 그래프는 $y=a(x-p)^2+q$의 꼴로 고쳐서 그린다.

$$y=ax^2+bx+c$$
$$\rightarrow y=a\left(x+\frac{b}{2a}\right)^2-\frac{b^2-4ac}{4a}$$
$$\rightarrow y=a\left\{x-\left(-\frac{b}{2a}\right)\right\}^2-\frac{b^2-4ac}{4a}$$

$p=$(꼭짓점의 x좌표) $\qquad q=$(꼭짓점의 y좌표)

• 꼭짓점의 좌표: $(p,\,q) \rightarrow \left(-\dfrac{b}{2a},\,-\dfrac{b^2-4ac}{4a}\right)$

• 축의 방정식: $x=p \rightarrow x=-\dfrac{b}{2a}$

• y축과의 교점: $(0,\,c) \rightarrow x=0$일 때의 y의 값을 구한다.

참고 $y=ax^2+bx+c$의 꼴을 일반형, $y=a(x-p)^2+q$의 꼴을 표준형이라 한다.

원리확인 다음 □ 안에 알맞은 수를 써넣으시오.

$$y=x^2+6x+5$$

$$=(x^2+6x+\boxed{}-\boxed{})+5$$

$$=(x+\boxed{})^2-4$$

➡ 꼭짓점의 좌표: $(\boxed{},\,-4)$

축의 방정식: $x=\boxed{}$

y축과의 교점: $(0,\,\boxed{})$

● 다음 이차함수의 식을 $y=a(x-p)^2+q$의 꼴로 나타내시오.

1 $y=2x^2-8x+7$

$$=2(x^2-4x+\boxed{}-\boxed{})+7$$

$$=2(x-\boxed{})^2-\boxed{}$$

2 $y=x^2-2x+4$

3 $y=3x^2+12x+9$

4 $y=-3x^2-18x+1$

5 $y=\dfrac{1}{2}x^2-x+3$

6 $y=-x^2+12x-7$

7 $y=\dfrac{1}{3}x^2+4x+15$

8 $y=-\dfrac{1}{4}x^2+2x-5$

2nd — 이차함수 $y=ax^2+bx+c$의 그래프의 성질 이해하기

● 다음 이차함수의 그래프의 축의 방정식, 꼭짓점의 좌표, y축과의 교점의 좌표를 차례대로 구하시오.

9 $y=-2x^2+4x+8$

10 $y=3x^2+6x+7$

11 $y=-4x^2-16x-17$

12 $y=\dfrac{1}{2}x^2-2x-5$

13 $y=-\dfrac{1}{5}x^2-\dfrac{4}{5}x-\dfrac{19}{5}$

14 $y=4x^2-4x-1$

15 $y=-\dfrac{1}{3}x^2-2x-5$

개념모음문제

16 이차함수 $y=-4x^2-8x-6$의 그래프의 꼭짓점의 좌표가 $(a,\ b)$이고, 축의 방정식이 $x=c$일 때, $a+b+c$의 값은?

① -8 ② -6 ③ -4
④ -2 ⑤ 0

02

이차함수 $y=ax^2+bx+c$의 그래프(2)

이차함수 $y=x^2-3x+2$의 그래프에서

❶ x축과의 교점 : $y=0$일 때, $x^2-3x+2=0$

$(x-1)(x-2)=0$

$x=1$ 또는 $x=2$

➡ x축과의 교점의 좌표 : $(1,0)$, $(2,0)$

❷ y축과의 교점 : $x=0$일 때, $y=2$

➡ y축과의 교점의 좌표 : $(0,2)$

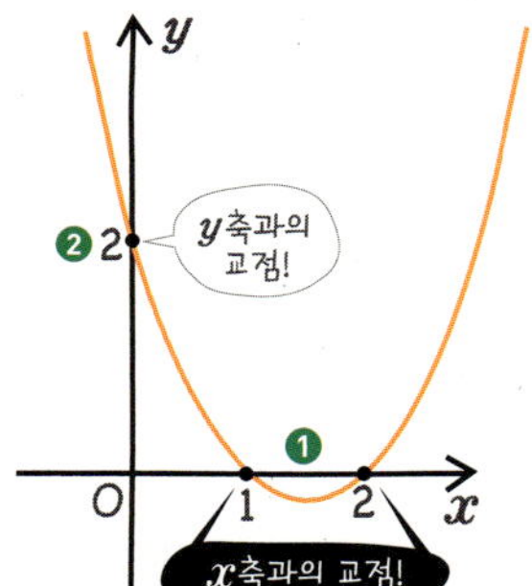

• 이차함수 $y=ax^2+bx+c$의 그래프와 x축과의 교점의 좌표를 구하는 방법

(i) 이차함수 $y=ax^2+bx+c$에 $y=0$을 대입한다.

(ii) (i)에서 만들어진 이차방정식 $0=ax^2+bx+c$의 해를 구한다.

(iii) (ii)에서 구한 해가 $x=\alpha$ 또는 $x=\beta$일 때,

이차함수 $y=ax^2+bx+c$의 그래프와 x축과의 교점의 좌표는

$(\alpha,0)$, $(\beta,0)$이다.

1st 이차함수 $y=ax^2+bx+c$의 그래프의 성질 이해하기

● 다음 이차함수의 그래프와 x축과의 교점의 좌표를 모두 구하시오.

1 $y=x^2-x-6$

➡ $y=0$을 대입하면 $x^2-x-6=0$

$(x+\boxed{})(x-3)=0$이므로

$x=\boxed{}$ 또는 $x=3$

따라서 구하는 점의 좌표는

$(\boxed{},0)$, $(3,0)$ 이다.

2 $y=x^2-x-2$

3 $y=x^2+3x+2$

4 $y=x^2-3x-4$

이차함수의 그래프와 x축과의 위치 관계

이차방정식 $ax^2+bx+c=0$	판별식	$b^2-4ac>0$	$b^2-4ac=0$	$b^2-4ac<0$
	근	서로 다른 두 실수인 근	한 개의 실수인 근(중근)	실수인 근이 없다.(서로 다른 두 허근)
이차함수 $y=ax^2+bx+c$의 그래프	x축과의 교점	서로 다른 두 점	한 점	없음
	$a>0$			
	$a<0$			

5 $y=-x^2-x+12$

6 $y=-x^2+6x-8$

7 $y=-x^2-4x+5$

8 $y=-x^2-6x-8$

내가 발견한 개념   이차함수의 그래프와 좌표축과의 관계는?

이차함수 $y=ax^2+bx+c$의 그래프에서

• x축과 만나는 점의 x좌표는 이차함수의 식에 $y=\boxed{}$을 대입한 이차방정식 $ax^2+bx+c=0$의 해와 같다.

• y축과 만나는 점의 y좌표는 이차함수의 식에 $x=\boxed{}$을 대입한 상수항 $\boxed{}$와 같다.

개념모음문제

9   이차함수 $y=x^2+2x-15$의 그래프가 x축과 만나는 두 점의 좌표가 $(a, 0)$, $(b, 0)$이고, y축과 만나는 점의 좌표가 $(0, c)$일 때, $a+b+c$의 값은?

① -17 ② -9 ③ 3

④ 9 ⑤ 17

● 다음 주어진 이차함수의 그래프에 대한 설명으로 옳은 것은 ○를, 옳지 않은 것은 ×를 ( ) 안에 써넣으시오.

$$y=x^2-6x-4$$

10   꼭짓점의 좌표는 $(-3, -13)$이다.   (   )
이차함수의 식을 $y=a(x-p)^2+q$ 꼴로 나타내 봐!

11 $y=x^2$의 그래프를 x축의 방향으로 3만큼, y축의 방향으로 -13만큼 평행이동한 그래프이다.

                             (   )

12   축의 방정식은 $x=3$이다.   (   )

13 y축과의 교점의 좌표는 $(0, 4)$이다.   (   )

14   점 $(2, -12)$를 지난다.   (   )

15   제1사분면을 지나지 않는다.   (   )
이차함수의 그래프를 그려봐!

$$y=x^2-4x-12$$

16 꼭짓점의 좌표는 $(2, -16)$이다. (   )

17 y축을 축으로 한다. (   )

18 y축과의 교점의 좌표는 $(0, -12)$이다. (   )

19 x축과의 교점의 좌표는 $(-2, 0)$, $(6, 0)$이다.
(   )

20 점 $(-1, 7)$을 지난다. (   )

21 제3사분면을 지나지 않는다. (   )

$$y=-x^2+x+12$$

22 꼭짓점의 좌표는 $\left(-\dfrac{1}{2}, -\dfrac{49}{4}\right)$이다. (   )

23 축의 방정식은 $x=\dfrac{1}{2}$이다. (   )

24 y축과의 교점의 좌표는 $(0, -12)$이다. (   )

25 x축과의 교점의 좌표는 $(-3, 0)$, $(4, 0)$이다.
(   )

26 점 $(3, 9)$를 지난다. (   )

27 모든 사분면을 지난다. (   )

$$y=x^2+8x+7$$

28 꼭짓점의 좌표는 $(-4, -9)$이다. ( )

29 $y=x^2$의 그래프를 x축의 방향으로 4만큼, y축의 방향으로 7만큼 평행이동한 그래프이다. ( )

30 y축과의 교점의 좌표는 $(0, -7)$이다. ( )

31 x축과의 교점의 좌표는 $(1, 0)$, $(7, 0)$이다. ( )

32 점 $(-3, -8)$을 지난다. ( )

33 제4사분면을 지나지 않는다. ( )

$$y=-\frac{1}{2}x^2+x+\frac{35}{2}$$

34 꼭짓점의 좌표는 $(1, 36)$이다. ( )

35 축의 방정식은 $x=\frac{1}{2}$이다. ( )

36 y축과의 교점의 좌표는 $\left(0, \frac{35}{2}\right)$이다. ( )

37 x축과 서로 다른 두 점에서 만난다. ( )

38 점 $(-1, 16)$을 지난다. ( )

39 제1사분면을 지나지 않는다. ( )

그래프의 모양으로 부호를 결정해!

이차함수 $y=ax^2+bx+c$의 그래프와 a, b, c의 부호

이차함수 $y=ax^2+bx+c$의 그래프

$$y=a\left(x+\frac{b}{2a}\right)^2+c-\frac{b^2}{4a}$$

① a의 부호: 그래프의 모양으로 결정

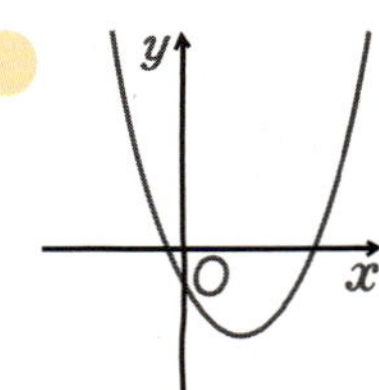

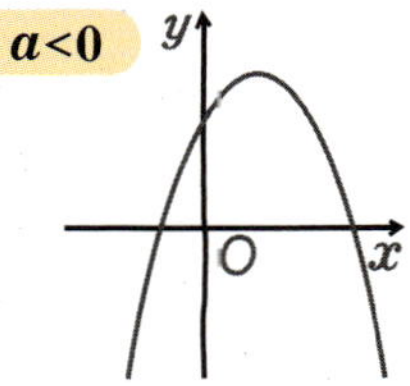

② b의 부호: 축의 위치로 결정

축의 방정식은 $x=-\dfrac{b}{2a}$이므로

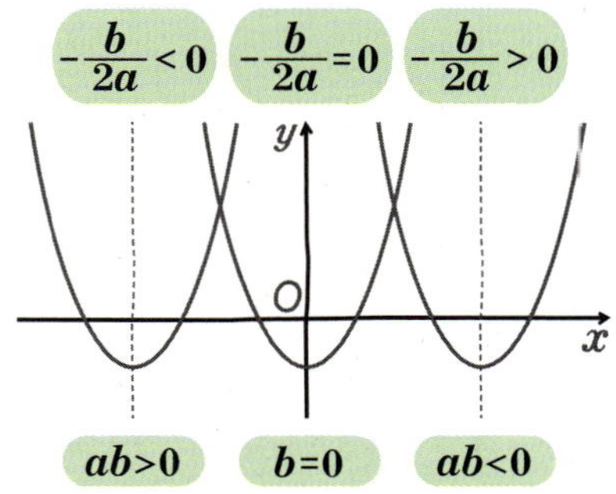

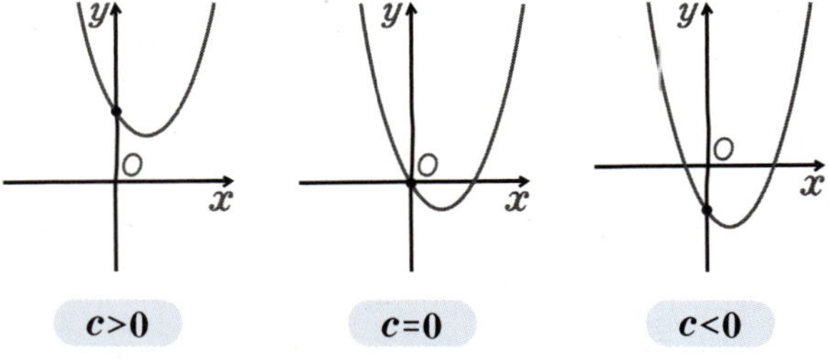

③ c의 부호: y축과의 교점의 위치로 결정

- 이차함수 $y=ax^2+bx+c$의 그래프가 주어졌을 때, a, b, c의 부호는 다음과 같은 방법으로 알 수 있다.
  (1) a의 부호: 그래프의 모양
    ① 아래로 볼록($\vee$) → $a>0$
    ② 위로 볼록($\wedge$) → $a<0$
  (2) b의 부호: 축의 위치
    ① 축이 y축의 왼쪽에 위치하면 a, b는 서로 같은 부호 → $ab>0$
    ② 축이 y축의 오른쪽에 위치하면 a, b는 서로 다른 부호 → $ab<0$
  (3) c의 부호: y축과의 교점의 위치
    ① y축과의 교점이 원점의 위쪽에 위치 → $c>0$
    ② y축과의 교점이 원점의 아래쪽에 위치 → $c<0$

원리확인 다음 주어진 이차함수 $y=ax^2+bx+c$의 그래프에 대하여 ○ 안에 알맞은 부등호를 써넣으시오.

❶

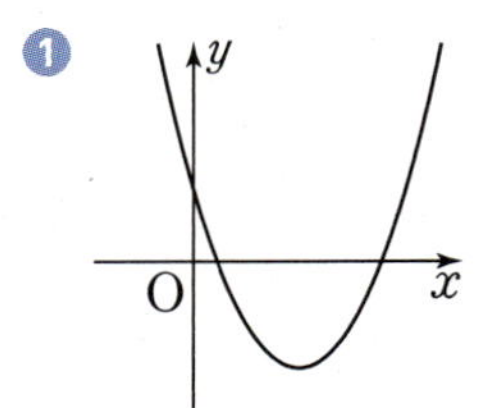

(1) 그래프가 아래로 볼록하므로

$a\ \bigcirc\ 0$

(2) 축이 y축의 오른쪽에 있으므로

$ab\ \bigcirc\ 0$에서 $b\ \bigcirc\ 0$

(3) y축과의 교점이 원점의 위쪽에 있으므로

$c\ \bigcirc\ 0$

❷

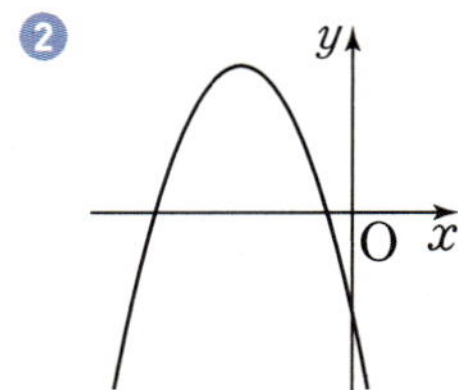

(1) 그래프가 위로 볼록하므로

$a\ \bigcirc\ 0$

(2) 축이 y축의 왼쪽에 있으므로

$ab\ \bigcirc\ 0$에서 $b\ \bigcirc\ 0$

(3) y축과의 교점이 원점의 아래쪽에 있으므로

$c\ \bigcirc\ 0$

1st 그래프가 주어질 때 a, b, c의 부호 알기

● 이차함수 $y=ax^2+bx+c$의 그래프가 다음 그림과 같을 때, ○ 안에 $>$, $=$, $<$ 중 알맞은 것을 써넣으시오.

1
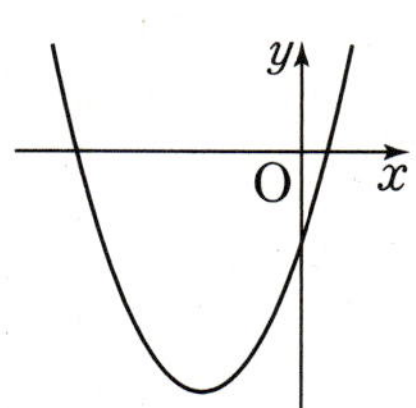
→ $a\ \bigcirc\ 0$
$b\ \bigcirc\ 0$
$c\ \bigcirc\ 0$

2
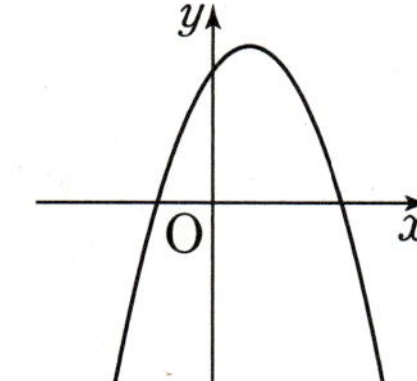
→ $a\ \bigcirc\ 0$
$b\ \bigcirc\ 0$
$c\ \bigcirc\ 0$

3
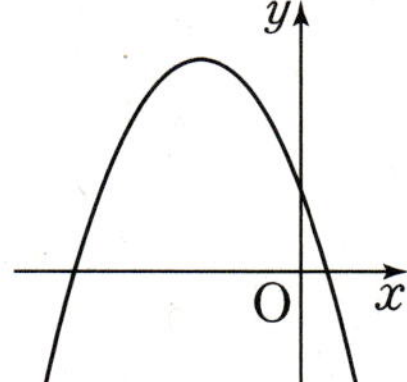
→ $a\ \bigcirc\ 0$
$b\ \bigcirc\ 0$
$c\ \bigcirc\ 0$

4
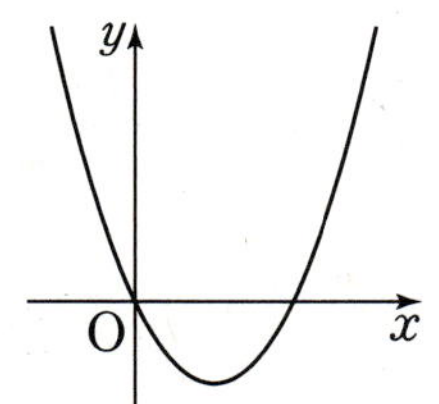
→ $a\ \bigcirc\ 0$
$b\ \bigcirc\ 0$
$c\ \bigcirc\ 0$

5
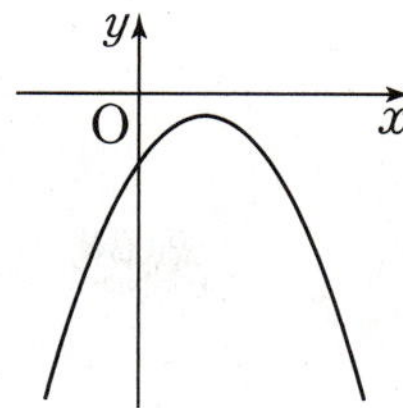
→ $a\ \bigcirc\ 0$
$b\ \bigcirc\ 0$
$c\ \bigcirc\ 0$

6
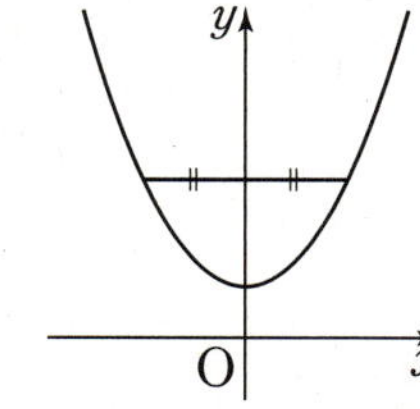
→ $a\ \bigcirc\ 0$
$b\ \bigcirc\ 0$
$c\ \bigcirc\ 0$

7
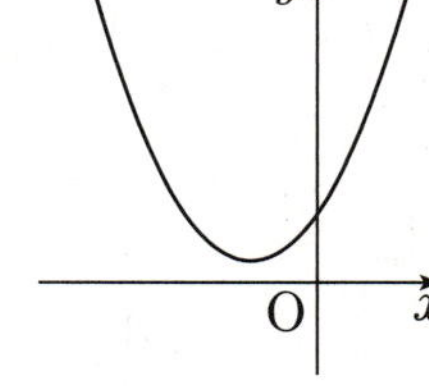
→ $a\ \bigcirc\ 0$
$b\ \bigcirc\ 0$
$c\ \bigcirc\ 0$

8
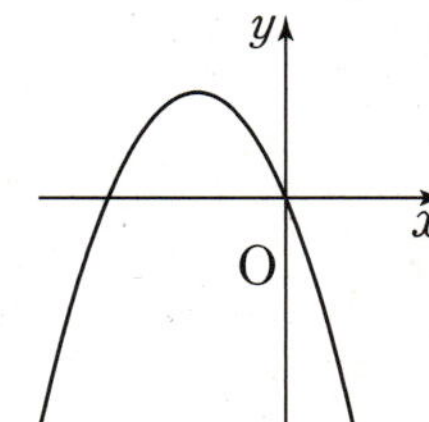
→ $a\ \bigcirc\ 0$
$b\ \bigcirc\ 0$
$c\ \bigcirc\ 0$

좌푯값을 대입해서 식을 만들어!

꼭짓점의 좌표가 주어질 때 이차함수의 식 구하기

꼭짓점의 좌표가 $(1, -4)$, 점 $(3, 0)$을 지나는
이차함수의 식

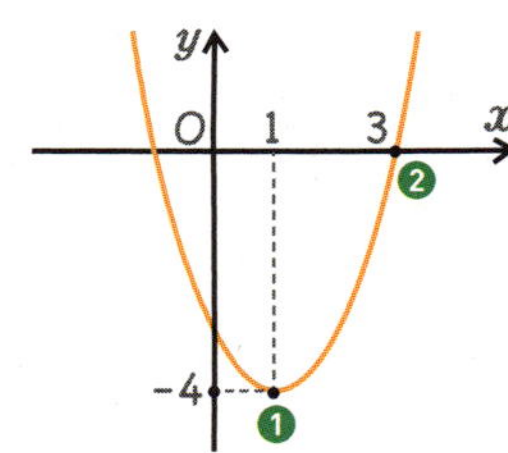

❶ 꼭짓점의 좌표가 $(1, -4)$
➡ $y = a(x-1)^2 - 4$

❷ 점 $(3, 0)$을 지난다.
➡ $x = 3$, $y = 0$을 대입하면
$0 = a(3-1)^2 - 4$에서
$a = 1$

➡ $y = (x-1)^2 - 4$

- 꼭짓점의 좌표 (p, q)와 그래프가 지나는 다른 한 점의 좌표를 알 때, 이차함수의 식 구하기

(ⅰ) 이차함수의 식을 $y = a(x-p)^2 + q$로 놓는다.

(ⅱ) 위 (ⅰ)의 식에 주어진 점의 좌표를 대입하여 a의 값을 구한다.

$$y = a(x - p)^2 + q$$

꼭짓점의 y좌표
꼭짓점의 x좌표
이차함수의 그래프가 지나는 점의 좌표를 대입하여 구한다.

1st ─ 꼭짓점의 좌표와 다른 한 점의 좌표가 주어진 이차함수의 식 구하기

● 다음을 만족시키는 그래프를 나타내는 이차함수의 식을 $y = a(x-p)^2 + q$의 꼴로 나타내시오.

1 꼭짓점의 좌표가 $(1, 2)$이고, 점 $(3, 6)$을 지난다.

➡ 이차함수의 식을 $y = a(x - \boxed{})^2 + \boxed{}$로 놓고

$x = 3$, $y = 6$을 대입하면

$6 = a(3 - 1)^2 + 2$에서 $a = \boxed{}$

따라서 구하는 이차함수의 식은

$y = \boxed{}$

2 꼭짓점의 좌표가 $(-3, -2)$이고, 점 $(-1, -6)$을 지난다.

3 꼭짓점의 좌표가 $(-2, -3)$이고, 점 $(0, -7)$을 지난다.

4 꼭짓점의 좌표가 $(1, 4)$이고, 점 $(2, 6)$을 지난다.

5 꼭짓점의 좌표가 $(-2, 1)$이고, 점 $(1, 3)$을 지난다.

6 꼭짓점의 좌표가 $\left(-\dfrac{1}{2}, \dfrac{1}{2}\right)$이고, 점 $(1, -4)$를 지난다.

:) **내가 발견한 개념** 　　　꼭짓점의 좌표와 이차함수의 식의 관계는?

- 꼭짓점의 좌표가 (p, q) ➡ $y = a(x - \boxed{})^2 + \boxed{}$

2nd 그래프가 주어진 이차함수의 식 구하기

● 다음 □ 안에 알맞은 수를 써넣고, 그래프를 나타내는 이차함수의 식을 $y=a(x-p)^2+q$의 꼴로 나타내시오.

7

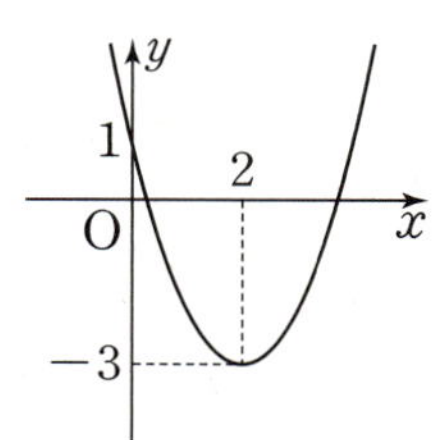

꼭짓점의 좌표가

(□ , □)이고,

점 (□ , □)을 지난다.

→ ....

8

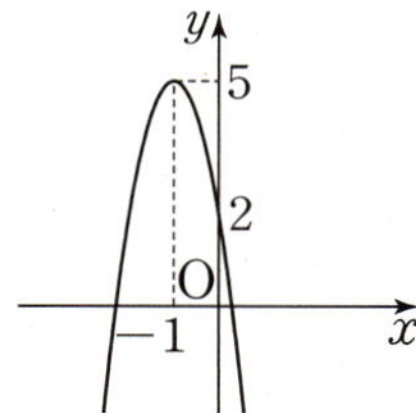

꼭짓점의 좌표가

(□ , □)이고,

점 (□ , □)를 지난다.

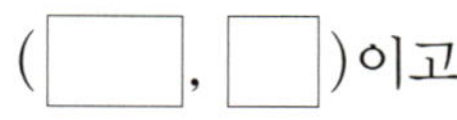

→ ....

9

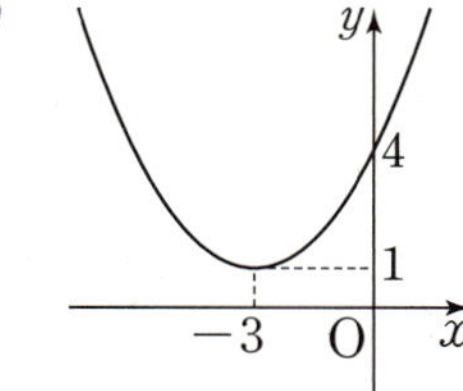

꼭짓점의 좌표가

(□ , □)이고,

점 (□ , □)를 지난다.

→ ....

10

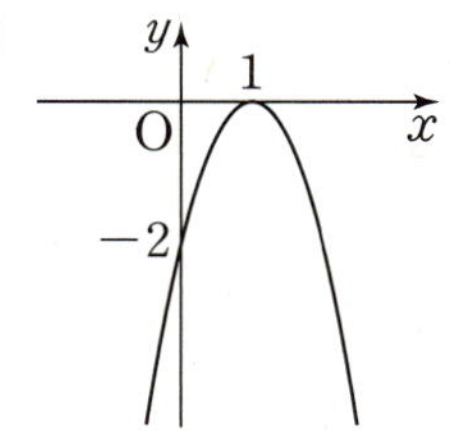

꼭짓점의 좌표가

(□ , □)이고,

점 (□ , □)를 지난다.

→ ....

● 다음 그래프를 나타내는 이차함수의 식을 $y=ax^2+bx+c$의 꼴로 나타내시오.

11

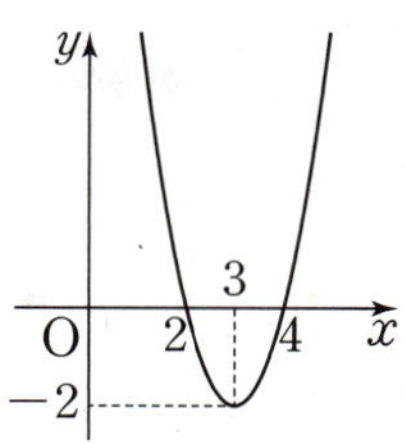

→ ....

12

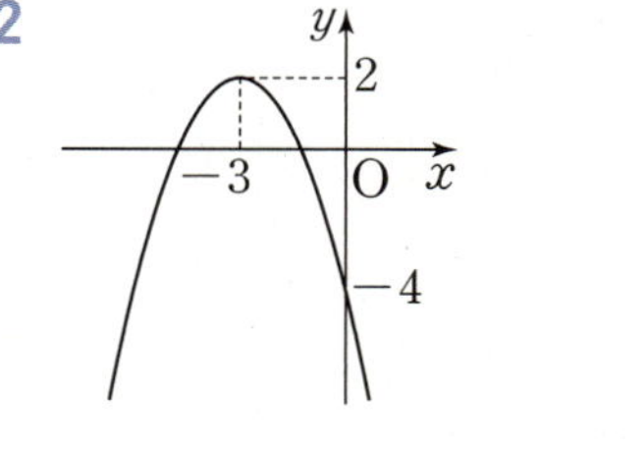

→ ....

13

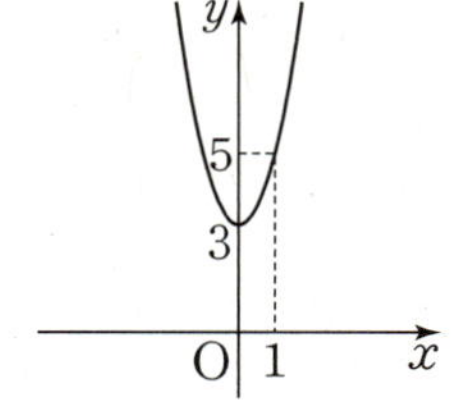

→ ....

14

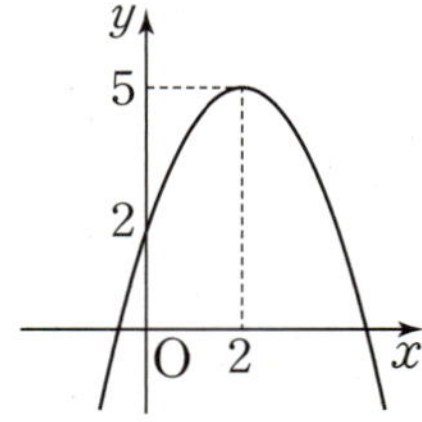

→ ....

05

좌푯값을 대입해서 식을 만들어!

축의 방정식이 주어질 때 이차함수의 식 구하기

축의 방정식이 $x=1$
두 점 $(-2, 5), (3, 0)$을 지나는 이차함수의 식

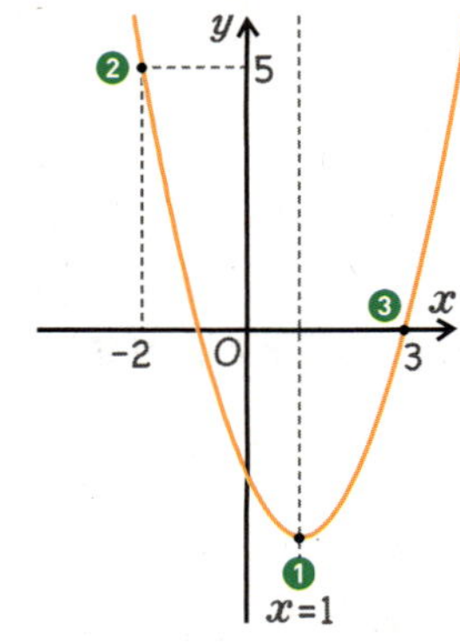

❶ 축의 방정식이 $x=1$
➡ $y=a(x-1)^2+q$

❷ 점 $(-2, 5)$를 지난다.
➡ $x=-2, y=5$를 대입하면
$5=9a+q$ ············· ㉠

❸ 점 $(3, 0)$을 지난다.
➡ $x=3, y=0$을 대입하면
$0=4a+q$ ············· ㉡

㉠, ㉡을 연립하여 풀면 $a=1, q=-4$

➡ $y=(x-1)^2-4$

• 축의 방정식 $x=p$와 그래프가 지나는 다른 두 점의 좌표를 알 때, 이차함수의 식 구하기
(ⅰ) 이차함수의 식을 $y=a(x-p)^2+q$로 놓는다.
(ⅱ) 위 (ⅰ)의 식에 주어진 두 점의 좌표를 각각 대입하여 a, q의 값을 구한다.

1st — 축의 방정식과 두 점의 좌표가 주어진 이차함수의 식 구하기

● 다음을 만족시키는 그래프를 나타내는 이차함수의 식을 $y=a(x-p)^2+q$의 꼴로 나타내시오.

1 축의 방정식이 $x=1$이고, 두 점 $(0, 3), (1, 4)$를 지난다.

➡ 이차함수의 식을 $y=a(x-\boxed{})^2+q$로 놓고

$x=0, y=3$을 대입하면 $3=\boxed{}$ ······ ㉠

$x=1, y=4$를 대입하면 $4=\boxed{}$ ······ ㉡

㉠, ㉡을 연립하여 풀면 $a=\boxed{}$, $q=\boxed{}$

따라서 구하는 이차함수의 식은

$y=\boxed{}$

2 축의 방정식이 $x=2$이고, 두 점 $(0, 1), (-1, 6)$을 지난다.

3 축의 방정식이 $x=-2$이고, 두 점 $(-3, 3), (0, 9)$를 지난다.

4 축의 방정식이 $x=-1$이고, 두 점 $(-3, 7), (-1, -5)$를 지난다.

5 축의 방정식이 $x=3$이고, 두 점 $(2, 2), \left(\dfrac{1}{2}, -\dfrac{17}{2}\right)$을 지난다.

6 축의 방정식이 $x=-3$이고, 두 점 $(-5, 15), \left(-\dfrac{1}{2}, 24\right)$를 지난다.

☺ **내가 발견한 개념** 축의 방정식과 이차함수의 식의 관계는?

• 축의 방정식 $x=p$ ➡ $y=a\left(x-\boxed{}\right)^2+q$

2nd 그래프가 주어진 이차함수의 식 구하기

- 다음 □ 안에 알맞은 수를 써넣고, 그래프를 나타내는 이차함수의 식을 $y=a(x-p)^2+q$의 꼴로 나타내시오.

7

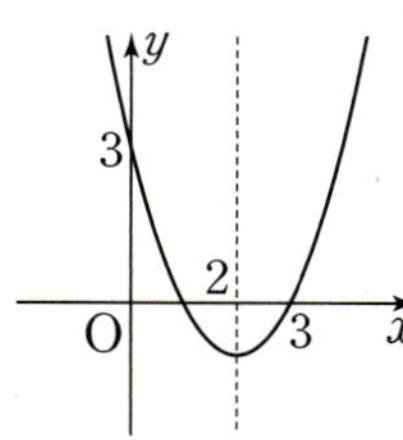

축의 방정식이 $x=$ ◻ 이고, 두 점 $(0,$ ◻$)$, $($◻$,$◻$)$ 을 지난다.

→ ....

8

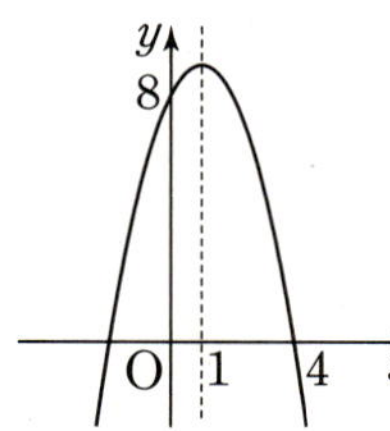

축의 방정식이 $x=$ ◻ 이고, 두 점 $(0,$ ◻$)$, $($◻$,$◻$)$ 을 지난다.

→ ....

9

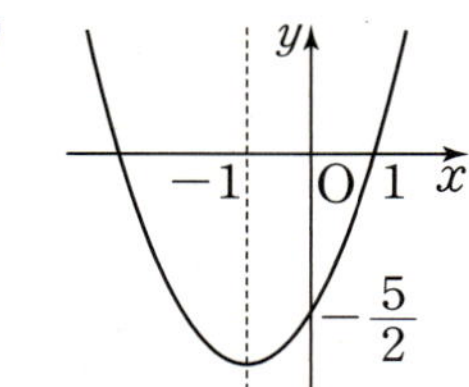

축의 방정식이 $x=$ ◻ 이고, 두 점 $\left(0,$ ◻$\right)$, $($◻$,$◻$)$을 지난다.

→ ....

10

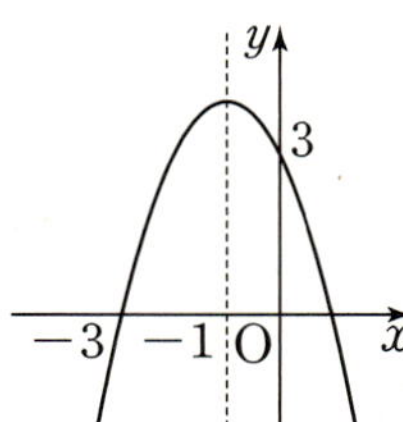

축의 방정식이 $x=$ ◻ 이고, 두 점 $(0,$ ◻$)$, $($◻$,$◻$)$을 지난다.

→ ....

- 다음 그래프를 나타내는 이차함수의 식을 $y=ax^2+bx+c$의 꼴로 나타내시오.

11

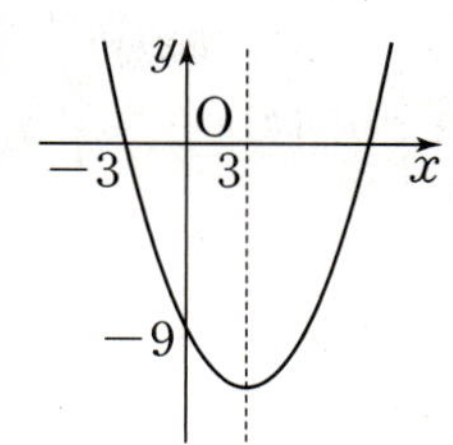

→ ....

12

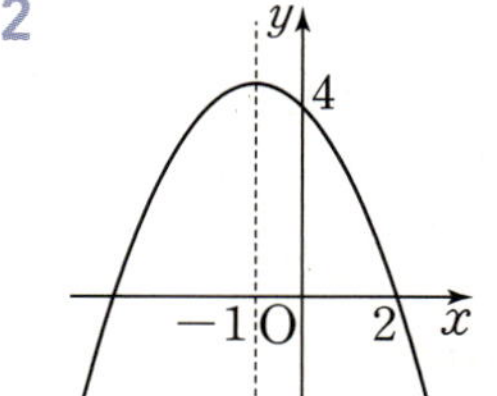

→ ....

13

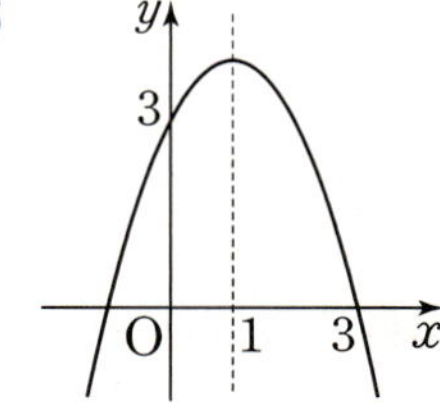

→ ....

14

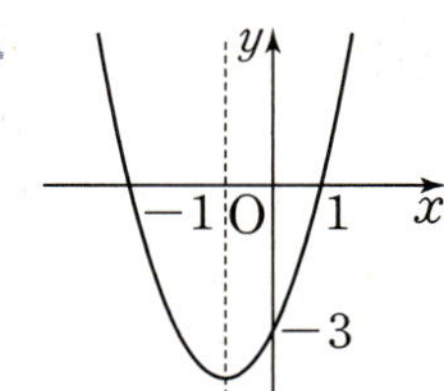

→ ....

좌푯값을 대입해서 식을 만들어!

x축과의 교점이 주어질 때 이차함수의 식 구하기

세 점 (-2, 5), (-1, 0), (3, 0)을 지나는
이차함수의 식

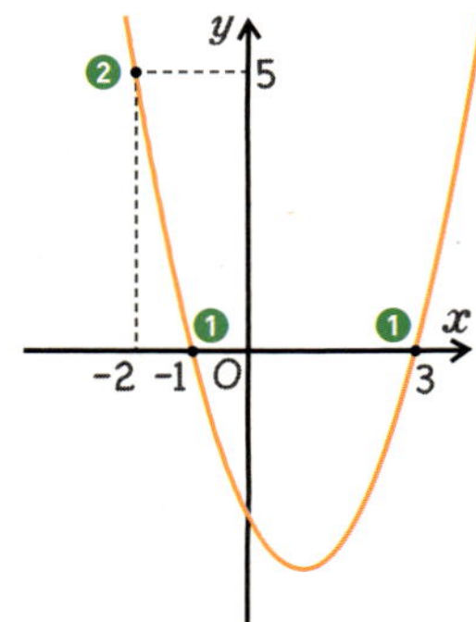

➡ $y = (x+1)(x-3)$

• 주어진 세 점 중 두 점이 x축과의 교점 $(\alpha, 0)$, $(\beta, 0)$일 때, 이차함수의 식 구하기
(i) 이차함수의 식을 $y = a(x-\alpha)(x-\beta)$로 놓는다.
(ii) 위 (i)의 식에 나머지 한 점의 좌표를 대입하여 a의 값을 구한다.

1st — x축과의 교점의 좌표가 주어진 이차함수의 식 구하기

● 다음 세 점을 지나는 그래프를 나타내는 이차함수의 식을 $y = ax^2 + bx + c$의 꼴로 나타내시오.

1 $(3, 6)$, $(1, 0)$, $(2, 0)$

➡ 이차함수의 식을 $y = a(x-1)(x-2)$로 놓고
$x = 3$, $y = 6$을 대입하면
$6 = \boxed{} \times \boxed{} \times \boxed{}$ 이므로 $a = \boxed{}$
따라서 구하는 이차함수의 식은
$y = \boxed{} (x-1)(x-2) = \boxed{}$

2 $(5, 9)$, $(4, 0)$, $(8, 0)$

3 $(-2, 0)$, $(3, 0)$, $(-1, 8)$

4 $(-3, 4)$, $(-4, 0)$, $(1, 0)$

5 $(3, -15)$, $(6, 0)$, $(-2, 0)$

6 $(1, -8)$, $(-1, 0)$, $(2, 0)$

😊 **내가 발견한 개념** x축과의 교점과 이차함수의 식의 관계는?

• 두 점 $(\alpha, 0)$, $(\beta, 0)$을 지난다.
➡ $y = a(x - \boxed{})(x - \boxed{})$

2nd — 그래프가 주어진 이차함수의 식 구하기

● 다음 그래프를 나타내는 이차함수의 식을
$y=ax^2+bx+c$의 꼴로 나타내시오.

7

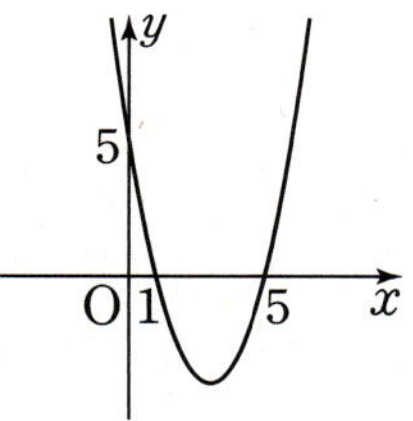

그래프가 점 (1, 0), (5, 0), (0, 5)를 지나는 것을 이용해!

→ ....

8

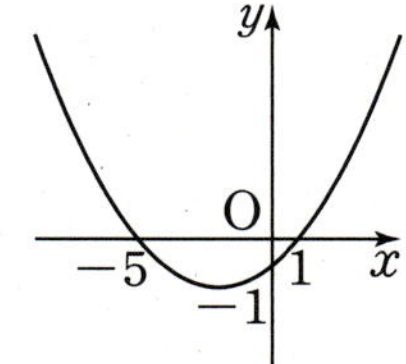

→ ....

9

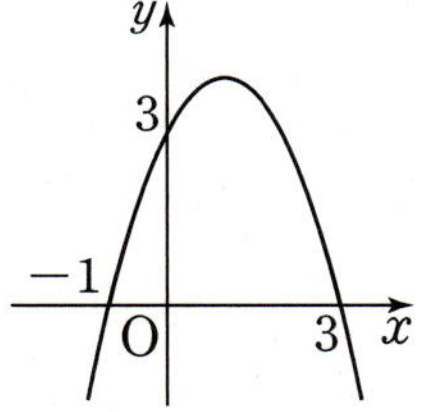

→ ....

10

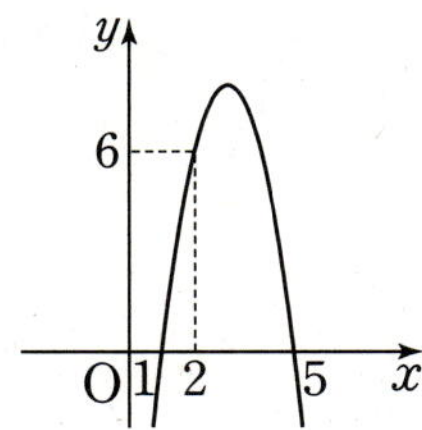

→ ....

11

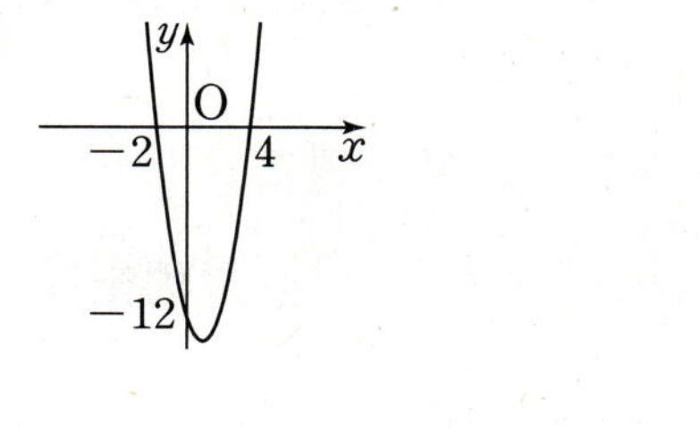

→ ....

12

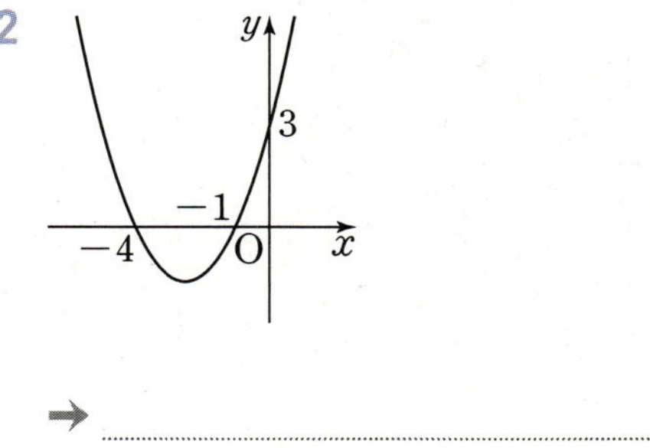

→ ....

13

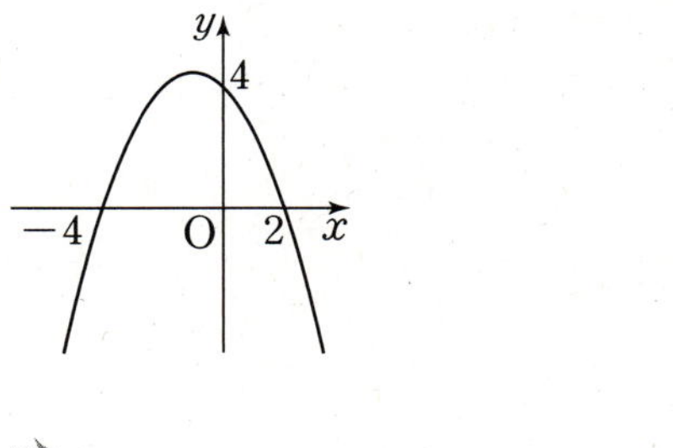

→ ....

개념모음문제

14 세 점 $(-2, 0)$, $(-6, 0)$, $(-4, 2)$를 지나는
포물선이 y축과 만나는 점의 좌표는?

① $(0, -9)$ ② $(0, -6)$ ③ $(0, -3)$

④ $(0, 3)$ ⑤ $(0, 6)$

이차함수의 최댓값과 최솟값 

이차함수 $y=a(x-p)^2+q$의 그래프

$a>0$

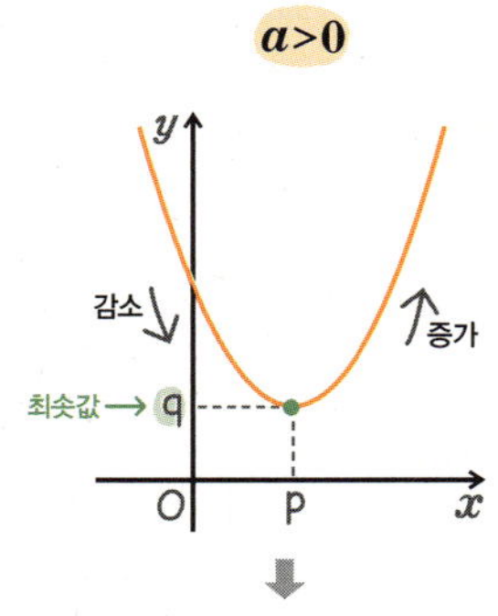

$a<0$

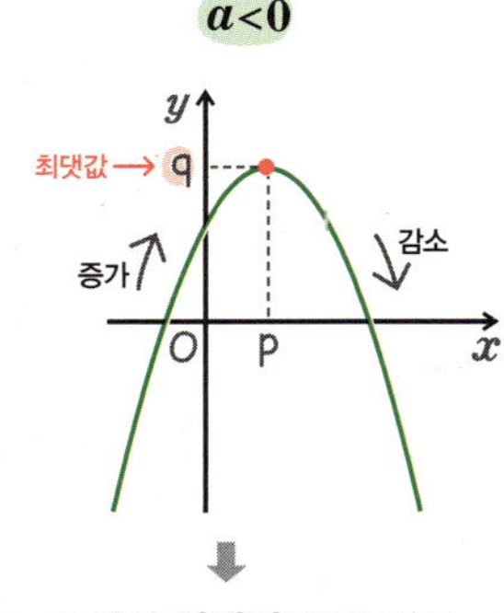

$x=p$에서 **최솟값 q**를 갖고,
최댓값은 없다.

$x=p$에서 **최댓값 q**를 갖고,
최솟값은 없다.

- **함수의 최댓값과 최솟값**
  ① 최댓값: 함수의 함숫값 중에서 가장 큰 값
  ② 최솟값: 함수의 함숫값 중에서 가장 작은 값
- **이차함수의 최댓값과 최솟값 구하기**
  이차함수 $y=ax^2+bx+c$를 $y=a(x-p)^2+q$의 꼴로 고친 후, a의 부호에 따라 최댓값 또는 최솟값을 구한다.
  ① $a>0$일 때, $x=p$에서 최솟값 q를 갖고 최댓값은 없다.
  ② $a<0$일 때, $x=p$에서 최댓값 q를 갖고 최솟값은 없다.

원리확인 이차함수의 그래프가 다음과 같을 때, □ 안에 알맞은 수를 써넣고 옳은 것에 ○를 하시오.

❶ 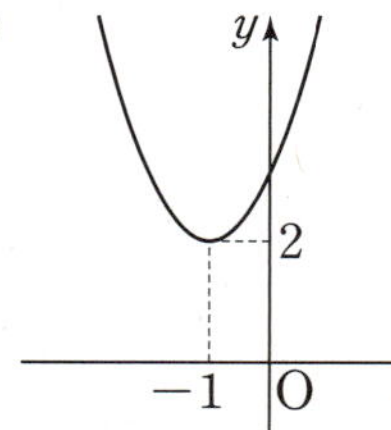
→ 함수 $y=(x+1)^2+2$는
$x=$□에서
(최댓값, 최솟값)을 갖고,
그 값은 □이다.

❷ 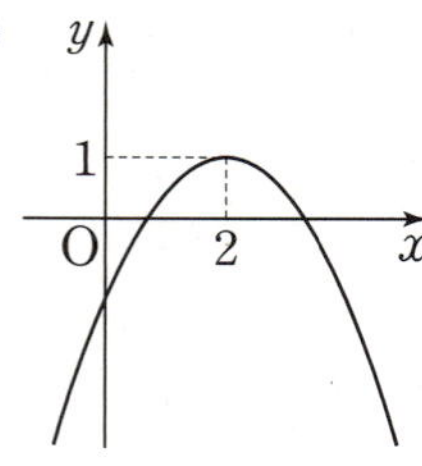
→ 함수 $y=-\dfrac{1}{2}(x-2)^2+1$
은 $x=$□에서
(최댓값, 최솟값)을 갖고,
그 값은 □이다.

1st — 이차함수의 최댓값, 최솟값 구하기

● 다음 이차함수의 최댓값과 최솟값을 구하시오.

1 $y=2x^2$
$y=ax^2=a(x-0)^2+0$임을 기억해!

→ 이차함수 $y=2x^2=2(x-0)^2+$□에서
x^2의 계수가 0보다 크므로 $x=0$에서
최솟값 □을 갖고 최댓값은 없다.

2 $y=x^2-1$

3 $y=\dfrac{1}{2}(x+2)^2+3$

4 $y=-3x^2$

5 $y=-\dfrac{1}{3}(x+1)^2$

6 $y=-4(x-2)^2-3$

7 $y=2x^2+4x-1$ 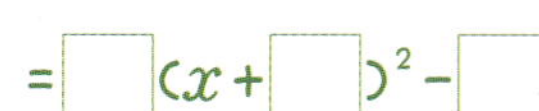

→ $y=2x^2+4x-1$
$\quad=$□$(x^2+2x+1-1)-1$
$\quad=$□$(x+$□$)^2-$□

따라서 이차함수 $y=2x^2+4x-1$의 최댓값은
없고, 최솟값은 □이다.

8 $y=3x^2-12x+15$

9 $y=-4x^2+8x+1$

10 $y=-\dfrac{1}{3}x^2-2x-1$

12 $y=3x^2-6x+2$

13 $y=\dfrac{1}{4}x^2+x-2$

14 $y=-2x^2-4x+3$

15 $y=-\dfrac{1}{3}x^2+2x+3$

2nd 이차함수가 최댓값 또는 최솟값을 가질 때 x의 값 구하기

● 다음 이차함수의 최댓값 또는 최솟값과 그때의 x의 값을 구하시오.

11 $y=-x^2+6x-5$

$\rightarrow y=-x^2+6x-5$

$=-(x^2-6x+\boxed{}-\boxed{})-5$

$=-(x-\boxed{})^2+\boxed{}$

따라서 $x=\boxed{}$에서 최댓값 $\boxed{}$를 가진다.

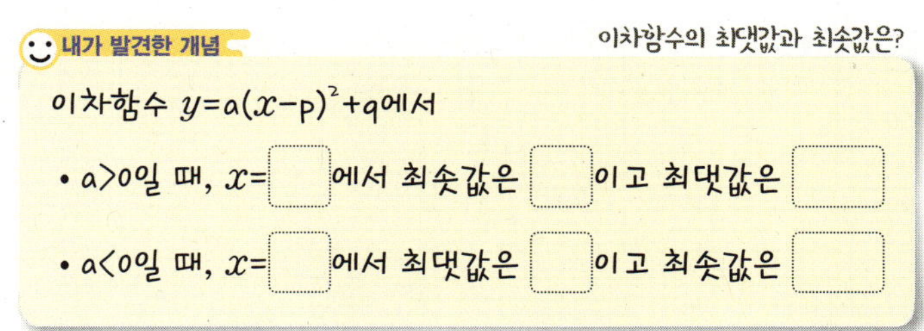

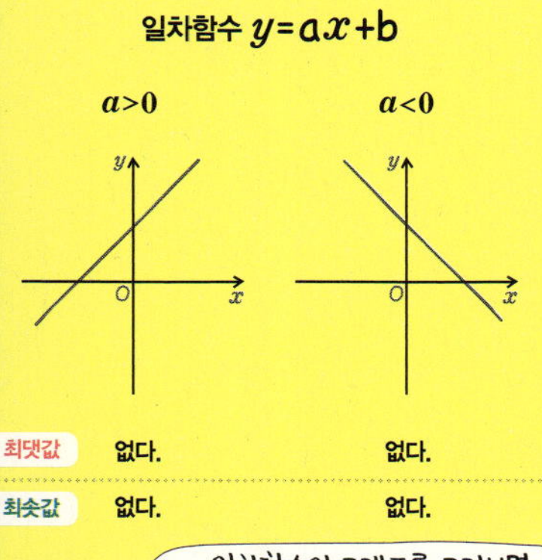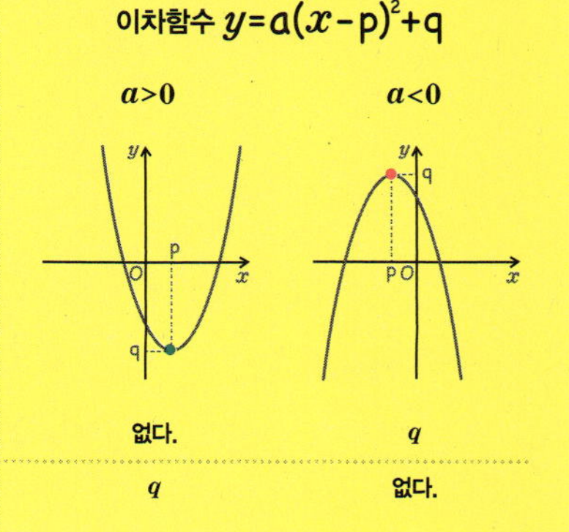

개념모음문제

16 다음 중 최솟값을 갖지 <u>않는</u> 것을 모두 고르면? (정답 2개)

① $y=-(x+1)^2+1$ ② $y=(x-1)^2+2$

③ $y=-3x^2+2x+1$ ④ $y=x^2+x-1$

⑤ $y=\dfrac{4}{3}x^2+2x-2$

꼭짓점의 좌표를 대입해서 식을 만들어!

최댓값 또는 최솟값이 주어질 때 이차함수의 식 구하기

$x=1$에서 최솟값 2를 가지고 x^2의 계수가 3인 이차함수의 식

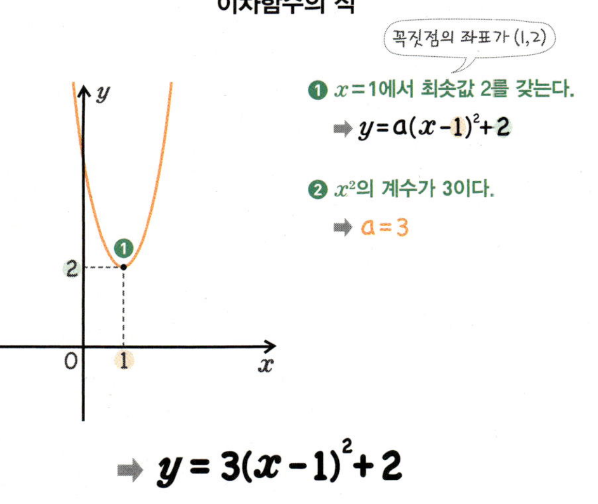

➡ $y=3(x-1)^2+2$

• 최댓값과 최솟값이 주어진 이차함수의 식
① x^2의 계수가 a이고 $x=p$에서 최댓값(최솟값)을 갖는 이차함수의 식
➡ $y=a(x-p)^2+q$
② 최댓값(최솟값)을 알 때, 상수항 구하기
➡ $y=a(x-p)^2+q$의 꼴로 나타낸 후 주어진 최댓값(최솟값)과 q의 값을 비교한다.

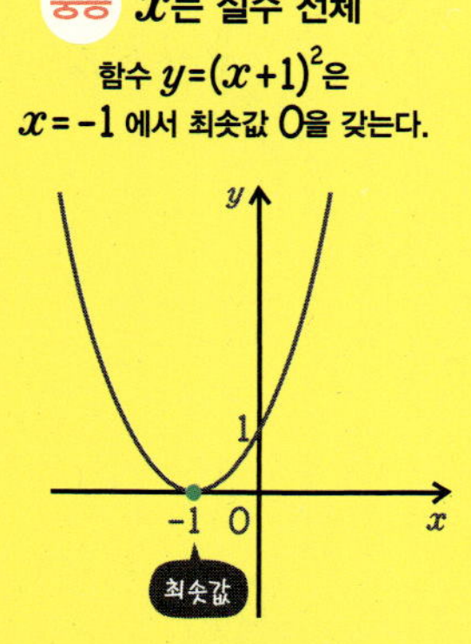
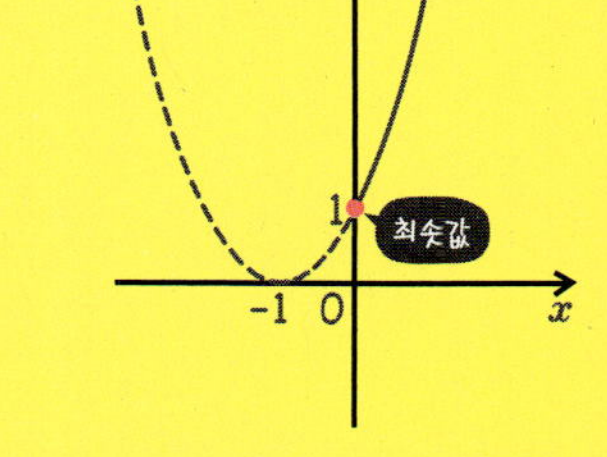

1st — 최댓값 또는 최솟값이 주어진 이차함수의 식 구하기

● 다음을 만족시키는 이차함수를 $y=a(x-p)^2+q$의 꼴로 나타내시오.

1 $x=2$에서 최솟값 -1을 갖고 x^2의 계수가 2인 이차함수

이차함수의 최댓값 또는 최솟값은 그래프의 꼭짓점의 y좌표와 같아!

➡ 주어진 이차함수는 $x=2$에서 최솟값 -1을 가지므로

$y=a(x-\boxed{})^2-\boxed{}$

이때 x^2의 계수가 2이므로 $a=\boxed{}$

따라서 $y=\boxed{}(x-\boxed{})^2-\boxed{}$

2 $x=-1$에서 최솟값 -3을 갖고 x^2의 계수가 1인 이차함수

3 $x=1$에서 최댓값 5를 갖고 x^2의 계수가 -3인 이차함수

4 $x=-3$에서 최댓값 2를 갖고 x^2의 계수가 $-\dfrac{1}{4}$인 이차함수

😊 **내가 발견한 개념**   최댓값 또는 최솟값이 주어진 이차함수의 식은?

• x^2의 계수가 a이고 $x=p$에서 최댓값(최솟값) q를 갖는 이차함수

➡ $y=\boxed{}(x-\boxed{})^2+\boxed{}$

2nd 이차함수의 최댓값 또는 최솟값을 이용하여 미지수의 값 구하기

● 다음 이차함수의 최댓값 또는 최솟값이 [ ]와 같을 때, 상수 a의 값을 구하시오.

5 $y=x^2+4x+a$ [최솟값 -1]

$\rightarrow y=x^2+4x+a$

$\quad =(x^2+4x+\boxed{}-\boxed{})+a$

$\quad =(x+\boxed{})^2+\boxed{}$

이 함수의 최솟값이 -1이므로 $\boxed{}=-1$

따라서 $a=\boxed{}$

6 $y=2x^2+2x+a$ [최솟값 2]

7 $y=\dfrac{1}{3}x^2-2x+a+1$ [최솟값 3]

8 $y=-x^2-6x+a$ [최댓값 5]

9 $y=-\dfrac{3}{4}x^2-3x+2a+3$ [최댓값 2]

● 다음 이차함수가 [ ]안의 조건을 만족시킬 때, 상수 a, b의 값을 구하시오.

10 $y=x^2+ax+b$ [$x=2$에서 최솟값 3]

$\rightarrow$ 주어진 함수의 x^2의 계수가 $\boxed{}$이고

$\quad x=\boxed{}$에서 최솟값 $\boxed{}$을 가지므로

$\quad y=(x-\boxed{})^2+\boxed{}$

$\qquad =x^2-\boxed{}x+\boxed{}$

따라서 $a=\boxed{}$, $b=\boxed{}$

11 $y=-x^2+ax+b$ [$x=1$에서 최댓값 2]

12 $y=2x^2+ax+b$ [$x=3$에서 최솟값 -3]

13 $y=-3x^2+ax+b$ [$x=2$에서 최댓값 -4]

개념모음문제

14 이차함수 $y=-2x^2+ax-1$은 $x=2$일 때, 최댓값 b를 갖는다. 상수 a, b에 대하여 $a+b$의 값은?

① 11   ② 12   ③ 13

④ 14   ⑤ 15

이차함수의 최댓값과 최솟값의 활용

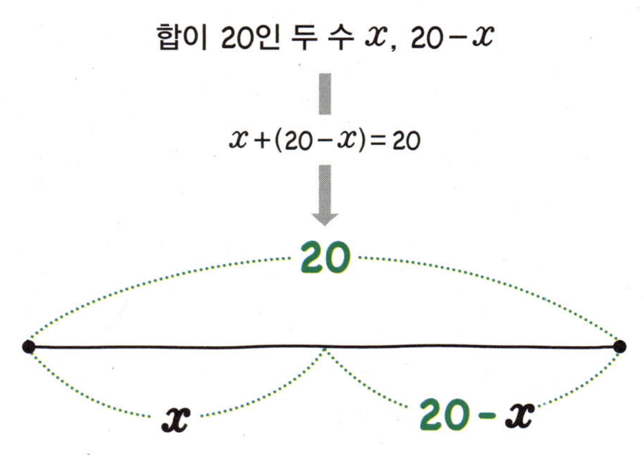

• 이차함수의 최댓값과 최솟값의 활용 문제를 푸는 순서

(ⅰ) 문제 파악하기: 문제를 자세히 읽고 무엇을 구해야 하는 것인지 파악한다.

(ⅱ) 이차함수의 식 세우기: 주어진 조건에 맞게 x, y를 정하여 x와 y 사이의 관계식을 세운다.

(ⅲ) $y=a(x-p)^2+q$의 꼴로 나타내기

(ⅳ) 답 구하기: 문제의 조건에 맞는 답을 구한다.

주의 시간, 길이, 높이 등에 해당하는 것은 양수이어야 한다.

1st 두 수의 곱에 대한 문제 해결하기

1 합이 16인 두 수의 곱이 최대가 될 때, 두 수를 구하려 한다. 다음 물음에 답하시오.

(1) 두 수 중 한 수를 x라 할 때, 다음 □ 안에 알맞은 식을 써넣으시오.

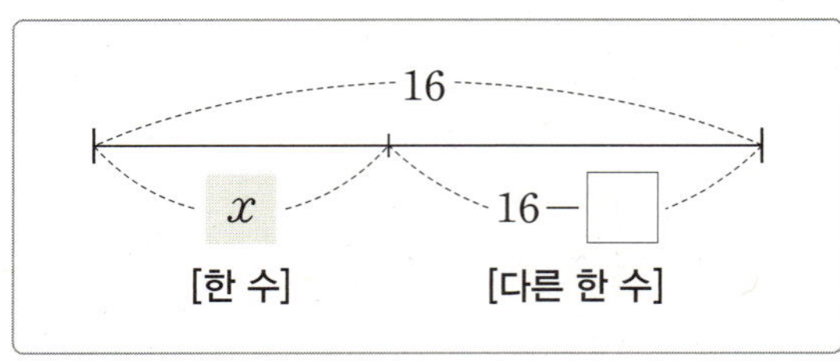

(2) 두 수의 곱을 y라 할 때, **(1)**을 이용하여 y를 x에 대한 이차함수로 나타내시오.

(3) **(2)**에서 구한 이차함수를 $y=a(x-p)^2+q$ 꼴로 나타내시오.

(4) 합이 16인 두 수의 곱의 최댓값을 구하시오.

2 차가 6인 두 수의 곱이 최소가 될 때, 두 수를 구하시오.

2nd 실생활에서의 문제 해결하기

3 한 개에 500원씩 팔면 1200개가 팔리는 만두가 있다. 가격을 x원 올리면 $2x$개가 적게 팔린다고 할 때, 총 판매액이 최대가 되도록 하려면 만두 한 개의 가격은 얼마로 정해야 하는지 구하려 한다. 다음 물음에 답하시오.

(1) 만두 한 개의 가격을 x원 올릴 때, 다음 □ 안에 알맞은 식을 써넣으시오.

> 만두 한 개의 가격: $(500+\boxed{})$원
>
> 판매된 만두의 개수: $1200-\boxed{}$

(2) 만두의 총 판매액을 y원이라 할 때, **(1)**을 이용하여 y를 x에 대한 이차함수로 나타내시오.

(3) **(2)**에서 구한 이차함수를 $y=a(x-p)^2+q$ 꼴로 나타내시오.

(4) 총 판매액이 최대가 되도록 할 때의 만두 한 개의 가격을 구하시오.

4 한 권에 600원씩 팔면 500권이 팔리는 공책이 있다. 가격을 $2x$원 올리면 x권이 적게 팔린다고 할 때, 총 판매액이 최대가 되도록 하려면 공책 한 권의 가격은 얼마로 정해야 하는지 구하시오.

5 20개의 동전을 던졌을 때, $(앞면의 수)^2+(뒷면의 수)^2$ 점의 점수를 얻을 수 있는 게임이 있다. 다음 물음에 답하시오.

(1) 20개의 동전을 던졌을 때 나온 앞면의 수가 x개일 때, 다음 □ 안에 알맞은 식을 써넣으시오.

앞면의 수	뒷면의 수	계
x개	$(20-\boxed{})$개	20개

(2) 얻을 수 있는 점수를 y점이라 할 때, **(1)**을 이용하여 y를 x에 대한 이차함수로 나타내시오.

(3) **(2)**에서 구한 이차함수를 $y=a(x-p)^2+q$ 꼴로 나타내시오.

(4) 이 게임을 한 번 했을 때 얻을 수 있는 점수의 최솟값을 구하시오.

6 주사위를 던져 나온 눈의 수의 제곱만큼의 점수를 얻는 게임이 있다. 주사위를 두 번 던져 나온 눈의 수의 합이 8일 때 얻을 수 있는 점수의 최솟값을 구하시오.

7 두 대각선의 길이의 합이 $28\,\text{cm}$인 마름모의 넓이의 최댓값을 구하려 할 때, 다음 물음에 답하시오.

(1) 마름모의 한 대각선의 길이를 $x\,\text{cm}$라 할 때, □ 안에 알맞은 식을 써넣으시오.

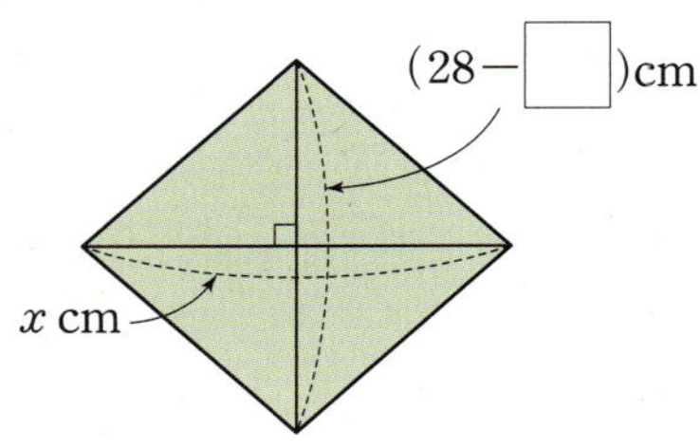

(2) 마름모의 넓이를 $y\,\text{cm}^2$라 할 때 y를 x에 대한 이차함수로 나타내시오.

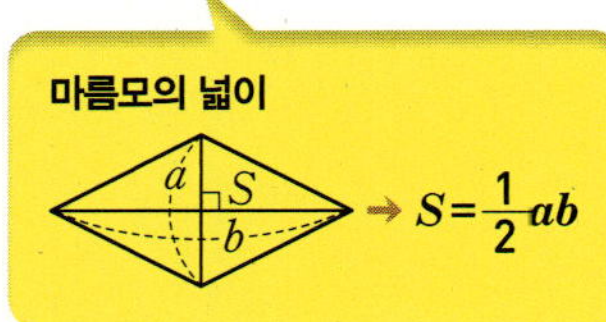

(3) **(2)**에서 구한 이차함수를
$y=a(x-p)^2+q$ 꼴로 나타내시오.

(4) 마름모의 넓이의 최댓값을 구하시오.

8 둘레의 길이가 $64\,\text{cm}$인 직사각형의 넓이의 최댓값을 구하시오.

9 오른쪽 그림과 같이 길이가 $48\,\text{m}$인 끈을 이용하여 벽면을 한 변으로 하는 직사각형 모양의 꽃밭을 만들려고 한다. 다음 물음에 답하시오.

(1) 꽃밭의 세로의 길이를 $x\,\text{m}$라 할 때, □ 안에 알맞은 식을 써넣으시오.

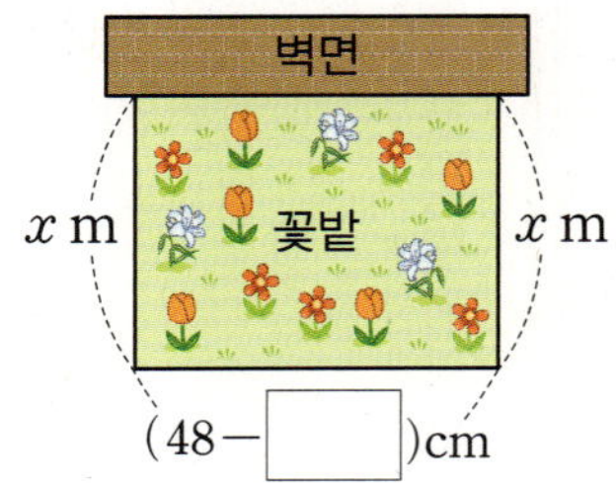

(2) 꽃밭의 넓이를 $S\,\text{m}^2$라 할 때, S를 x에 대한 이차함수로 나타내시오.

(3) **(2)**에서 구한 이차함수를 $S=a(x-p)^2+q$ 꼴로 나타내시오.

(4) 꽃밭의 넓이의 최댓값을 구하시오.

10 오른쪽 그림과 같이 폭이 $24\,\text{cm}$인 양철판의 양쪽을 $x\,\text{cm}$만큼 직각으로 접어 올려서 물받이를 만들려고 한다. 색칠한 단면의 넓이가 최대가 될 때, 높이를 구하시오.

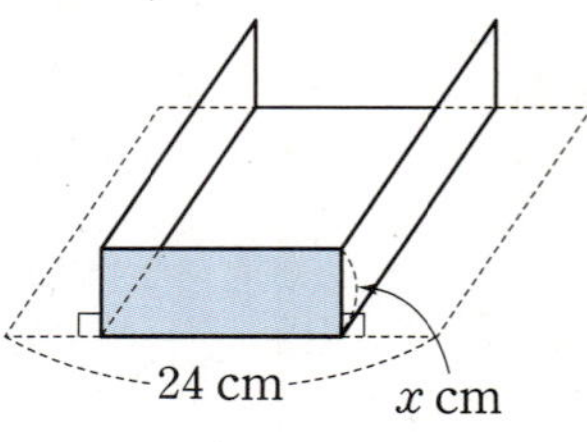

4th — 쏘아 올린 물체에 대한 문제 해결하기

11 지면에서 초속 30 m로 던져 올린 공의 t초 후 높이를 h m 라 하면 $h=-5t^2+30t$이다. 다음 물음에 답하시오.

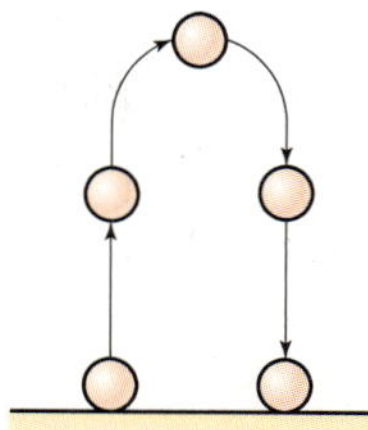

(1) t에 대한 이차함수 h를 $h=a(t-p)^2+q$ 꼴로 나타내시오.

(2) 이 공이 최고 높이에 도달하는 데 걸리는 시간을 구하시오.

12 지면에서 초속 20 m로 던져 올린 물체의 t초 후 높이를 h m 라 하면 $h=-5t^2+20t$이다. 이 물체가 최고 높이에 도달하는 데 걸리는 시간을 구하시오.

13 지면으로부터 40 m 높이에서 초속 30 m로 던져 올린 물체의 t초 후 높이를 h m 라 하면 $h=-5t^2+30t+40$이다. 이 물체가 최고 높이에 도달하는 데 걸리는 시간을 구하시오.

14 지면으로부터 15 m 높이에서 초속 40 m로 던져 올린 공의 t초 후 높이를 h m라 하면 $h=-5t^2+40t+15$이다. 다음 물음에 답하시오.

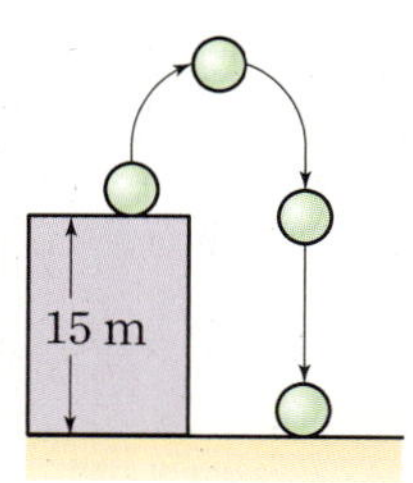

(1) t에 대한 이차함수 h를 $h=a(t-p)^2+q$ 꼴로 나타내시오.

(2) 이 공의 최고 높이를 구하시오.

15 지면에서 초속 50 m로 던져 올린 물체의 t초 후 높이를 h m라 하면 $h=-5t^2+50t$이다. 이 물체의 최고 높이를 구하시오.

16 지면으로부터 75 m 높이에서 초속 10 m로 던져 올린 물체의 t초 후 높이를 h m라 하면 $h=-5t^2+10t+75$이다. 이 물체의 최고 높이를 구하시오.

1 이차함수 $y=\dfrac{1}{2}x^2-x+\dfrac{7}{2}$의 그래프의 꼭짓점의 좌표는?

① $(-1, -3)$　② $(-1, 3)$　③ $(1, -3)$

④ $(1, 3)$　　⑤ $(3, 1)$

2 이차함수 $y=-x^2+4px-6$의 그래프의 축의 방정식이 $x=4$일 때, 상수 p의 값을 구하시오.

3 이차함수 $y=ax^2+bx+c$의 그래프가 오른쪽 그림과 같을 때, a, b, c의 부호로 알맞은 것은?

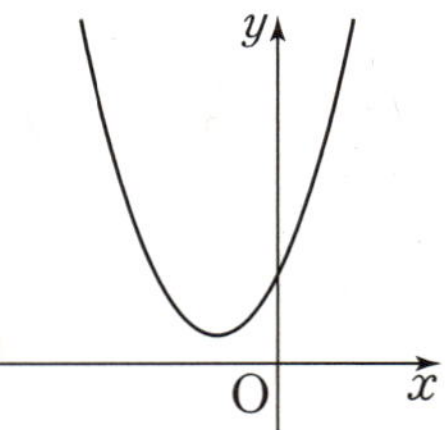

① $a>0$, $b>0$, $c>0$
② $a>0$, $b<0$, $c>0$
③ $a>0$, $b>0$, $c<0$
④ $a<0$, $b>0$, $c>0$
⑤ $a<0$, $b<0$, $c>0$

4 꼭짓점의 좌표가 $(2, 1)$이고, y축과 만나는 점의 y좌표가 -1인 이차함수의 식은?

① $y=-(x-2)^2+1$
② $y=(x-2)^2-1$
③ $y=-\dfrac{1}{2}(x-2)^2+1$
④ $y=-\dfrac{1}{2}(x+2)^2-1$
⑤ $y=-(x-1)^2+2$

5 다음 조건을 만족시키는 이차함수의 꼭짓점의 좌표를 구하시오.

> (개) $y=\dfrac{1}{3}x^2$의 그래프와 모양이 같다.
> (내) 축의 방정식은 $x=5$이다.
> (대) x축과 두 점 $(2, 0)$, $(8, 0)$에서 만난다.

6 이차함수 $y=ax^2+bx+c$는 $x=-1$일 때 최솟값 -1을 갖고, 그래프는 점 $(2, 2)$를 지난다. 이때 $a+b+c$의 값은? (단, a, b, c는 상수)

① $-\dfrac{2}{3}$　　② $-\dfrac{1}{3}$　　③ 0

④ $\dfrac{1}{3}$　　⑤ $\dfrac{2}{3}$

대단원 TEST Ⅳ. 이차함수

1 다음 중 y가 x에 대한 이차함수인 것은?

① 한 개에 500원 하는 초콜릿 x개의 값 y원
② 반지름의 길이가 x cm인 원의 둘레 y cm
③ 한 변의 길이가 $(x+2)$cm인 정사각형의 넓이 y cm^2
④ 가로의 길이가 x cm, 세로의 길이가 (x^2+1)cm 인 직사각형의 넓이 y cm^2
⑤ 가로의 길이가 x cm, 넓이가 10 cm^{2}인 직사각형 의 세로의 길이 y cm

2 이차함수 $f(x)=2x^2-3x-3$에서 $f(a)=2$일 때, 정수 a의 값을 구하시오.

3 다음 중 $y=-x^2$의 그래프에 대한 설명으로 옳지 <u>않은</u> 것은?

① y축에 대하여 대칭이다.
② 원점을 지나고 위로 볼록한 포물선이다.
③ 제2, 3사분면을 지난다.
④ 원점 이외의 점들은 모두 x축보다 아래쪽에 있다.
⑤ $x>0$일 때, x의 값이 증가하면 y의 값은 감소한다.

4 이차함수 $y=ax^2$의 그래프가 오른쪽 그림과 같을 때, 다음 중 a의 값이 될 수 있는 것은?

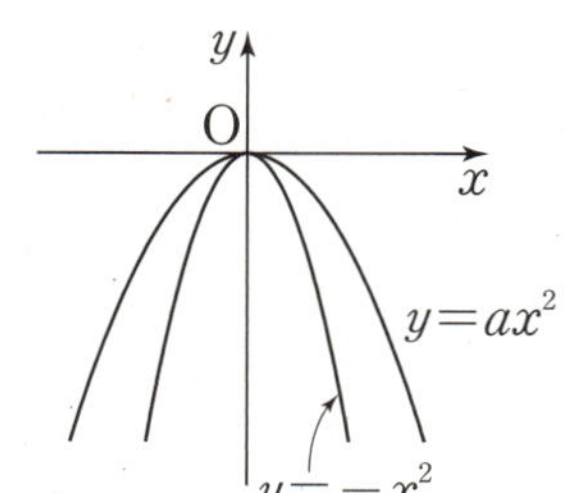

① -2 ② $-\dfrac{1}{2}$
③ $\dfrac{1}{2}$ ④ 1
⑤ 2

5 이차함수 $y=ax^2+q$의 그래프가 두 점 $(-2, 5)$, $(1, -1)$을 지날 때, 상수 a, q에 대하여 $2a+q$ 의 값은?

① 1 ② 2 ③ 3
④ 4 ⑤ 5

6 이차함수 $y=\dfrac{1}{3}(x-p)^2$의 그래프가 점 $(2, 3)$을 지날 때, 이 함수의 그래프의 축의 방정식은? (단, $p>0$)

① $x=1$ ② $x=2$ ③ $x=3$
④ $x=4$ ⑤ $x=5$

7 이차함수 $y=a(x+p)^2+q$의 그래프가 오른쪽 그림과 같을 때, 상수 a, p, q의 부호로 옳 은 것은?

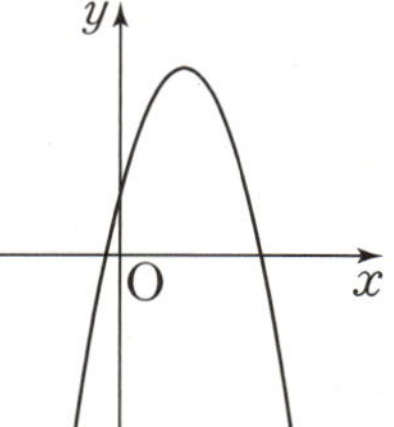

① $a>0$, $p>0$, $q>0$
② $a>0$, $p<0$, $q>0$
③ $a<0$, $p>0$, $q<0$
④ $a<0$, $p<0$, $q>0$
⑤ $a<0$, $p<0$, $q<0$

8 이차함수 $y=-\dfrac{1}{2}x^2+3x+a$의 그래프의 꼭짓점 의 좌표가 $(b, 2)$일 때, $2a+b$의 값을 구하시오. (단, a는 상수이다.)

9 오른쪽 그림과 같이 이차함수 $y=-x^2+4x+5$의 그래프와 x축과의 교점을 각각 A, B라 하고, 꼭짓점을 C라 할 때, $\triangle ABC$의 넓이는?

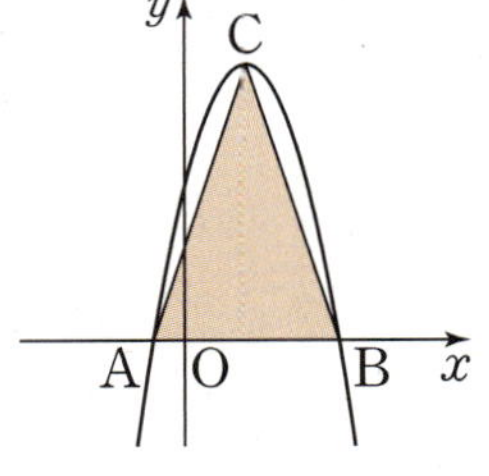

① 18   ② 21   ③ 24
④ 27   ⑤ 30

10 세 점 $(-2, 0)$, $(-1, 1)$, $(1, 6)$을 지나는 포물선이 y축과 만나는 점의 좌표는?

① $(0, 1)$ ② $(0, 2)$ ③ $(0, 3)$
④ $(0, 4)$ ⑤ $(0, 5)$

11 다음 이차함수 중 최솟값이 가장 작은 것은?

① $y=(x-2)^2-1$
② $y=2(x+1)^2+3$
③ $y=x^2-2x-2$
④ $y=\dfrac{1}{2}x^2-2x$
⑤ $y=3x^2+6x+1$

12 이차함수 $y=2(x-p)^2+(p-1)(p-2)$의 꼭짓점이 일차함수 $y=3x-7$의 그래프 위에 있을 때, 상수 p의 값은?

① 1   ② 2   ③ 3
④ 4   ⑤ 5

13 $a>0$, $b<0$, $c<0$일 때, 다음 중 이차함수 $y=ax^2+bx+c$의 그래프의 모양으로 옳은 것은?

①
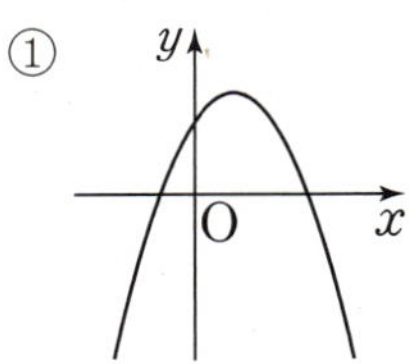

②
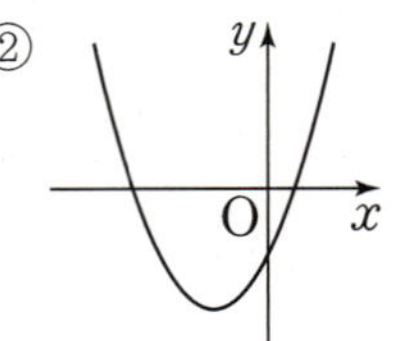

③
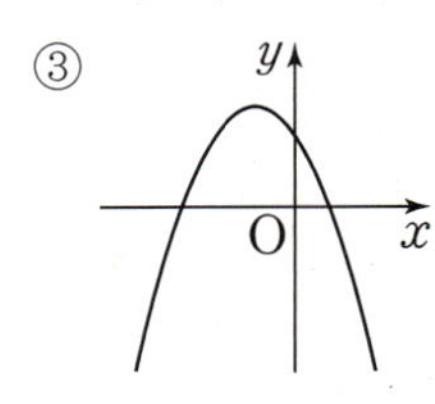

④
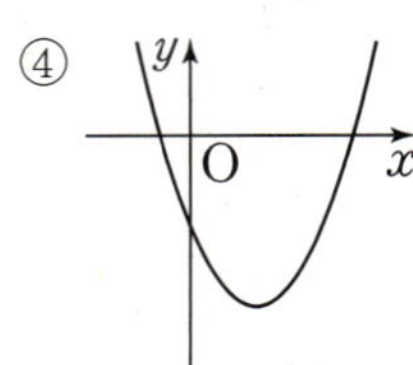

⑤

14 지면으로부터 50 m의 높이에서 위로 던져 올린 공의 x초 후 지면으로부터의 높이 y m가 $y=-5x^2+20x+50$을 만족시킬 때, 이 공이 가장 높이 올라갔을 때의 지면으로부터의 높이는?

① 60 m   ② 70 m   ③ 80 m
④ 90 m   ⑤ 100 m

5 최댓값: 0, 최솟값: 없다.

6 최댓값: -3, 최솟값: 없다.

7 ($\mathscr{Q}$ 2, 2, 1, 3, -3)

8 최댓값: 없다., 최솟값: 3

9 최댓값: 5, 최솟값: 없다.

10 최댓값: 2, 최솟값: 없다.

11 ($\mathscr{Q}$ 9, 9, 3, 4, 3, 4)

12 $x=1$에서 최솟값 -1

13 $x=-2$에서 최솟값 -3

14 $x=-1$에서 최댓값 5

15 $x=3$에서 최댓값 6

☺ p, q, 없다., p, q, 없다.

16 ①, ③

09 최댓값 또는 최솟값이 주어질 때 이차함수의 식 구하기
120쪽

1 ($\mathscr{Q}$ 2, 1, 2, 2, 2, 1)　　**2** $y=(x+1)^2-3$

3 $y=-3(x-1)^2+5$　　**4** $y=-\dfrac{1}{4}(x+3)^2+2$

☺ a, p, q

5 ($\mathscr{Q}$ 4, 4, 2, $a-4$, $a-4$, 3)

6 $\dfrac{5}{2}$　　　　　　**7** 5

8 -4　　　　　　**9** -2

10 ($\mathscr{Q}$ 1, 2, 3, 2, 3, 4, 7, -4, 7)

11 $a=2$, $b=1$　　**12** $a=-12$, $b=15$

13 $a=12$, $b=-16$　　**14** ⑤

10 이차함수의 최댓값과 최솟값의 활용
122쪽

1 (1) x　(2) $y=x(16-x)$
　(3) $y=-(x-8)^2+64$　(4) 64

2 -3, 3

3 (1) x, $2x$　(2) $y=(500+x)(1200-2x)$
　(3) $y=-2(x-50)^2+605000$　(4) 550원

4 800원

5 (1) x　(2) $y=x^2+(20-x)^2$
　(3) $y=2(x-10)^2+200$　(4) 200점

6 32점

7 (1) x　(2) $y=\dfrac{1}{2}x(28-x)$

　(3) $y=-\dfrac{1}{2}(x-14)^2+98$　(4) 98 cm^2

8 256 cm^2

9 (1) $2x$　(2) $S=x(48-2x)$
　(3) $S=-2(x-12)^2+288$　(4) 288 m^2

10 6 cm

11 (1) $h=-5(t-3)^2+45$　(2) 3초

12 2초　　　　　　**13** 3초

14 (1) $h=-5(t-4)^2+95$　(2) 95 m

15 125 m　　　　　**16** 80 m

TEST 6. 이차함수와 그 그래프 (3)
126쪽

1 ④　　**2** 2　　**3** ①

4 ③　　**5** $(5, -3)$　　**6** ④

대단원 TEST Ⅳ. 이차함수
127쪽

1 ③　　**2** -1　　**3** ③

4 ②　　**5** ①　　**6** ⑤

7 ④　　**8** -2　　**9** ④

10 ③　　**11** ③　　**12** ③

13 ④　　**14** ②

빠른 정답

1 이차방정식과 그 풀이

01 이차방정식　10쪽

1 ○　2 ×　3 ○　4 ○
5 ○　6 ×　7 ○　8 ×
9 ○　10 ○　11 ($\bigcirc$ 0, 3)
12 $a\neq-\dfrac{5}{2}$　13 $a\neq0$　14 $a\neq6$
15 $a\neq-10$　16 $a\neq4$
17 ($\bigcirc$ 2, 2, 2, 2, -3)
18 $a=1$, $b=-5$, $c=-3$
19 $a=3$, $b=6$, $c=10$
20 $a=4$, $b=-1$, $c=-30$　21 ③

02 이차방정식의 해(근)　12쪽

원리확인 ❶ ○, 0, 0, 0, $=$　❷ ○, 2, 2, 2, $=$
❸ ×, -1, -1, -1, $\neq$　❹ ○, 1, 1, $=$

1 $(-1)^2+(-1)=0$, 0, 참 / $0^2+0=0$, 0, 참 / $1^2+1=2$, 0, 거짓 / -1, 0
2 $(-2)^2+(-2)-2=0$, 0, 참 / $(-1)^2+(-1)-2=-2$, 0, 거짓 / $0^2+0-2=-2$, 0, 거짓 / $1^2+1-2=0$, 0, 참 / -2, 1
3 $\dfrac{1}{4}\times(-2)^2+(-2)=-1$, -1, 참 / $\dfrac{1}{4}\times(-1)^2+(-1)=-\dfrac{3}{4}$, -1, 거짓 / $\dfrac{1}{4}\times0^2+0=0$, -1, 거짓 / $\dfrac{1}{4}\times1^2+1=\dfrac{5}{4}$, -1, 거짓 / -2
4 ($\bigcirc$ 3, 3, 3, -3)　5 10　6 -11
7 -4　8 3　☺ p, p^2, p　9 ($\bigcirc$ 3)
10 5　11 -2　12 1　13 ②

03 인수분해를 이용한 이차방정식의 풀이　14쪽

원리확인 ❶ 0, 0, -1, 4　❷ 0, 0, $\dfrac{1}{2}$, $-\dfrac{2}{3}$

1 $x=3$ 또는 $x=-7$　2 $x=0$ 또는 $x=11$
3 $x=-8$ 또는 $x=\dfrac{1}{2}$　4 $x=-\dfrac{3}{2}$ 또는 $x=\dfrac{5}{3}$
5 ($\bigcirc$ $x+5$, 0, $x+5$, 0, -5)
6 $x=0$ 또는 $x=6$　7 $x=0$ 또는 $x=\dfrac{2}{3}$
8 $x=0$ 또는 $x=\dfrac{4}{3}$　9 $x=0$ 또는 $x=-3$
10 $x=0$ 또는 $x=2$
11 ($\bigcirc$ $x-2$, 0, $x-2$, -2, 2)
12 $x=-7$ 또는 $x=7$　13 $x=-\dfrac{8}{3}$ 또는 $x=\dfrac{8}{3}$
14 $x=-\dfrac{9}{2}$ 또는 $x=\dfrac{9}{2}$　15 $x=-\dfrac{5}{4}$ 또는 $x=\dfrac{5}{4}$
16 $x=-\dfrac{1}{3}$ 또는 $x=\dfrac{1}{3}$
17 ($\bigcirc$ $x-4$, 0, $x-4$, -1, 4)
18 $x=-7$ 또는 $x=-5$　19 $x=3$ 또는 $x=6$
20 $x=-2$ 또는 $x=9$　21 $x=2$ 또는 $x=8$
22 $x=-3$ 또는 $x=12$　23 $x=-4$ 또는 $x=2$
24 ($\bigcirc$ $3x-2$, 0, $3x-2$, -1, $\dfrac{2}{3}$)
25 $x=-\dfrac{1}{4}$ 또는 $x=\dfrac{3}{2}$　26 $x=-6$ 또는 $x=\dfrac{1}{2}$
27 $x=-\dfrac{2}{3}$ 또는 $x=-\dfrac{1}{2}$
28 $x=\dfrac{5}{2}$ 또는 $x=7$　29 $x=-\dfrac{1}{3}$ 또는 $x=7$
30 $x=-6$ 또는 $x=\dfrac{9}{2}$　☺ a, $-a$, a, b, $\dfrac{b}{a}$, $\dfrac{d}{c}$
31 ($\bigcirc$ -3, 1　-3, 2, -3)
32 $x=4$　33 $x=9$　34 $x=-5$　35 $x=2$
36 ($\bigcirc$ 6, 6, 5, -5, -5)　37 $x=2$
38 $x=3$　39 ①

04 이차방정식의 중근　18쪽

원리확인 ❶ ○　❷ ×　❸ ○　❹ ×

1 $x=-3$　2 $x=\dfrac{1}{5}$　3 $x=8$　4 $x=\dfrac{1}{3}$
5 $x=\dfrac{5}{6}$　6 ($\bigcirc$ -4, 4)　7 36
8 $\dfrac{9}{4}$　9 32　10 12
☺ 2, $2p$, p^2, $-2p$　11 ($\bigcirc$ 4, 2)
12 ±6　13 ±4　14 $\pm\dfrac{1}{3}$　15 ±10
16 ⑤

05 제곱근을 이용한 이차방정식의 풀이　20쪽

원리확인 ❶ 5, $\sqrt{5}$　❷ $\pm\sqrt{7}$, $1\pm\sqrt{7}$
❸ 3, 3, -4, -2

1 $x=\pm2\sqrt{2}$　2 $x=\pm7$
3 $x=\pm\sqrt{13}$　4 $x=\pm10$
5 $x=\pm\sqrt{7}$　6 $x=\pm2\sqrt{3}$
7 $x=\pm5$　8 $x=2\pm2\sqrt{2}$
9 $x=-10\pm\sqrt{10}$　10 $x=4$ 또는 $x=12$
11 $x=-3\pm3\sqrt{3}$　12 $x=6\pm\sqrt{15}$
13 $x=4\pm\sqrt{6}$　14 $x=-2\pm\sqrt{5}$
15 $x=-2\pm3\sqrt{2}$　16 $x=1\pm2\sqrt{2}$
☺ $\sqrt{q}$, p, $\sqrt{q}$　17 ⑤

06 완전제곱식을 이용한 이차방정식의 풀이　22쪽

원리확인 ❶ 16, 15, 4, 15, 4, $\sqrt{15}$, $4\pm\sqrt{15}$
❷ $\dfrac{7}{2}$, 9, $\dfrac{25}{2}$, 3, $\dfrac{25}{2}$, 3, $5\sqrt{2}$, $3\pm\dfrac{5\sqrt{2}}{2}$
❸ 1, $\dfrac{1}{16}$, $\dfrac{17}{16}$, $\dfrac{1}{4}$, $\dfrac{17}{16}$, $\dfrac{1}{4}$, $\dfrac{\sqrt{17}}{4}$, $1\pm\sqrt{17}$

1 ($\bigcirc$ -22, 25, 3, 5, 3, 5, 3)
2 $p=2$, $q=10$　3 $p=-1$, $q=10$
4 $p=-\dfrac{1}{2}$, $q=\dfrac{13}{4}$　5 $p=-3$, $q=11$
6 $p=-1$, $q=6$　7 $p=2$, $q=7$
8 $p=3$, $q=8$　9 $p=\dfrac{3}{2}$, $q=\dfrac{3}{4}$

10 $p=-\dfrac{1}{4}$, $q=\dfrac{5}{16}$　11 ②
12 ($\bigcirc$ 7, 4, 11, 2, 11, 2, 11, $2\pm\sqrt{11}$)
13 $x=-3\pm\sqrt{2}$　14 $x=4\pm\sqrt{13}$
15 $x=\dfrac{-5\pm\sqrt{5}}{2}$
16 ($\bigcirc$ -2, 9, 7, 3, 7, 3, 7, $3\pm\sqrt{7}$)
17 $x=-2\pm\sqrt{10}$　18 $x=1\pm2\sqrt{2}$
19 $x=\dfrac{-3\pm\sqrt{29}}{2}$　20 ④

2 이차방정식의 근의 공식

01 이차방정식의 근의 공식 (1)　30쪽

1 7, 7, 7, 1, 2, 1, -7, 41, 2
2 -3, -3, -3, 1, 1, 3, 5, 2
3 5, -2, 5, 5, 1, -2, 1, -5, 33, 2
4 $x=\dfrac{-1\pm\sqrt{13}}{2}$　5 $x=\dfrac{-11\pm\sqrt{101}}{2}$
6 $x=\dfrac{-3\pm\sqrt{17}}{2}$　7 $x=\dfrac{9\pm\sqrt{37}}{2}$
8 $x=\dfrac{1\pm\sqrt{33}}{2}$　9 $x=\dfrac{5\pm\sqrt{29}}{2}$
10 $x=\dfrac{7\pm\sqrt{69}}{2}$　11 $x=\dfrac{15\pm\sqrt{105}}{2}$
12 $x=\dfrac{-9\pm\sqrt{73}}{2}$　13 $x=1\pm\sqrt{2}$
☺ b, $4c$, 2　14 ③
15 9, 1, 9, 9, 6, 1, 6, -9, 57, 12
16 1, -5, 1, 1, 3, -5, 3, -1, 61, 6
17 -7, 4, -7, -7, 4, 2, 7, 17, 4
18 -1, -2, -1, -1, 4, 4, 1, 33, 8
19 3, -5, 3, 3, 5, -5, 5, -3, 109, 10
20 -13, 3, -13, -13, 3, 8, 13, 73, 16
21 $x=\dfrac{-9\pm\sqrt{41}}{4}$　22 $x=\dfrac{7\pm\sqrt{97}}{4}$
23 $x=\dfrac{7\pm\sqrt{17}}{8}$　24 $x=\dfrac{1\pm\sqrt{61}}{6}$
25 $x=\dfrac{11\pm\sqrt{93}}{14}$　26 $x=\dfrac{-5\pm\sqrt{17}}{4}$
27 $x=\dfrac{5\pm\sqrt{97}}{12}$　28 $x=\dfrac{-2\pm\sqrt{7}}{3}$
29 $x=\dfrac{3\pm2\sqrt{6}}{5}$　30 $x=\dfrac{1\pm\sqrt{10}}{3}$
☺ b, b^2-4ac, $2a$　31 ③

04 이차함수 $y=a(x-p)^2+q$의 그래프에서 a, p, q의 부호 96쪽

1 ($\diagup$ >, >, <) **2** <, <, >
3 <, >, = **4** >, <, <
5 <, >, >

TEST 5. 이차함수와 그 그래프(2) 97쪽

1 ① **2** ⑤ **3** 14
4 4 **5** ④ **6** ②

6 이차함수와 그 그래프(3)

01 이차함수 $y=ax^2+bx+c$의 그래프(1) 100쪽

원리확인 9, 9, 3, −3, −3, 5

1 ($\diagup$ 4, 4, 2, 1)
2 $y=(x-1)^2+3$
3 $y=3(x+2)^2-3$
4 $y=-3(x+3)^2+28$
5 $y=\frac{1}{2}(x-1)^2+\frac{5}{2}$
6 $y=-(x-6)^2+29$
7 $y=\frac{1}{3}(x+6)^2+3$
8 $y=-\frac{1}{4}(x-4)^2-1$
9 $x=1$, $(1, 10)$, $(0, 8)$
10 $x=-1$, $(-1, 4)$, $(0, 7)$
11 $x=-2$, $(-2, -1)$, $(0, -17)$
12 $x=2$, $(2, -7)$, $(0, -5)$
13 $x=-2$, $(-2, -3)$, $\left(0, -\frac{19}{5}\right)$
14 $x=\frac{1}{2}$, $\left(\frac{1}{2}, -2\right)$, $(0, -1)$
15 $x=-3$, $(-3, -2)$, $(0, -5)$
16 ③
17 (1) $y=(x+2)^2-2$ (2) $(-2, -2)$ (3) $x=-2$ (4) $(0, 2)$ (5) [그래프]
18 (1) $y=-(x-1)^2-3$ (2) $(1, -3)$ (3) $x=1$ (4) $(0, -4)$ (5) [그래프]
19 (1) $y=2(x+1)^2+2$ (2) $(-1, 2)$ (3) $x=-1$ (4) $(0, 4)$ (5) [그래프]
20 (1) $y=-3(x-2)^2+6$ (2) $(2, 6)$ (3) $x=2$ (4) $(0, -6)$ (5) [그래프]

02 이차함수 $y=ax^2+bx+c$의 그래프(2) 104쪽

1 ($\diagup$ 2, −2, −2)
2 $(-1, 0)$, $(2, 0)$ **3** $(-2, 0)$, $(-1, 0)$
4 $(-1, 0)$, $(4, 0)$ **5** $(-4, 0)$, $(3, 0)$
6 $(2, 0)$, $(4, 0)$ **7** $(-5, 0)$, $(1, 0)$
8 $(-4, 0)$, $(-2, 0)$ ☺ 0, 0, c
9 ① **10** × **11** ○ **12** ○
13 × **14** ○ **15** × **16** ○
17 × **18** ○ **19** ○ **20** ×
21 × **22** × **23** ○ **24** ×
25 ○ **26** × **27** ○ **28** ○
29 × **30** ○ **31** × **32** ○
33 ○ **34** × **35** × **36** ○
37 ○ **38** ○ **39** ×

03 이차함수 $y=ax^2+bx+c$의 그래프와 a, b, c의 부호 108쪽

원리확인 ❶ (1) > (2) <, < (3) >
❷ (1) < (2) >, < (3) <

1 >, >, < **2** <, >, >
3 <, <, > **4** >, <, =
5 <, >, < **6** >, =, >
7 >, >, > **8** <, <, =

04 꼭짓점의 좌표가 주어질 때 이차함수의 식 구하기 110쪽

1 ($\diagup$ 1, 2, 1, $(x-1)^2+2$)
2 $y=-(x+3)^2-2$ **3** $y=-(x+2)^2-3$
4 $y=2(x-1)^2+4$ **5** $y=\frac{2}{9}(x+2)^2+1$
6 $y=-2\left(x+\frac{1}{2}\right)^2+\frac{1}{2}$ ☺ p, q
7 2, −3, 0, 1, $y=(x-2)^2-3$
8 −1, 5, 0, 2, $y=-3(x+1)^2+5$
9 −3, 1, 0, 4, $y=\frac{1}{3}(x+3)^2+1$
10 1, 0, 0, −2, $y=-2(x-1)^2$
11 $y=2x^2-12x+16$ **12** $y=-\frac{2}{3}x^2-4x-4$
13 $y=2x^2+3$ **14** $y=-\frac{3}{4}x^2+3x+2$

05 축의 방정식이 주어질 때 이차함수의 식 구하기 112쪽

1 ($\diagup$ 1, $a+q$, q, −1, 4, $-(x-1)^2+4$)
2 $y=(x-2)^2-3$ **3** $y=2(x+2)^2+1$
4 $y=3(x+1)^2-5$ **5** $y=-2(x-3)^2+4$
6 $y=4(x+3)^2-1$ ☺ p
7 2, 3, 3, 0, $y=(x-2)^2-1$
8 1, 8, 4, 0, $y=-(x-1)^2+9$
9 −1, $-\frac{5}{2}$, 1, 0, $y=\frac{5}{6}(x+1)^2-\frac{10}{3}$
10 −1, 3, −3, 0, $y=-(x+1)^2+4$
11 $y=\frac{1}{3}x^2-2x-9$ **12** $y=-\frac{1}{2}x^2-x+4$
13 $y=-x^2+2x+3$ **14** $y=x^2+2x-3$

06 세 점의 좌표가 주어질 때 이차함수의 식 구하기 114쪽

1 ($\diagup$ $a+b-2$, $a-b-2$, 1, −3, x^2-3x-2)
2 $y=x^2-6x+3$ **3** $y=4x^2+x-5$
4 $y=3x^2+4x-4$ **5** $y=-\frac{2}{3}x^2-\frac{16}{3}x-4$
6 $y=2x^2+4x-8$ ☺ 0, c, c
7 0, $(-4, 0)$, $(1, 5)$, $y=x^2+4x$
8 2, $(-1, 0)$, $(3, 0)$, $y=-\frac{2}{3}x^2+\frac{4}{3}x+2$
9 6, $(1, 3)$, $(4, 6)$, $y=x^2-4x+6$
10 0, $(-3, -9)$, $(1, -9)$, $y=-3x^2-6x$
11 $y=2x^2+4x-3$ **12** $y=-x^2+4x-3$
13 $y=-4x^2-x+6$ **14** ④

07 x축과의 교점이 주어질 때 이차함수의 식 구하기 116쪽

1 ($\diagup$ a, 2, 1, 3, 3, $3x^2-9x+6$)
2 $y=-3x^2+36x-96$ **3** $y=-2x^2+2x+12$
4 $y=-x^2-3x+4$ **5** $y=x^2-4x-12$
6 $y=4x^2-4x-8$ ☺ α, β
7 $y=x^2-6x+5$ **8** $y=\frac{1}{5}x^2+\frac{4}{5}x-1$
9 $y=-x^2+2x+3$ **10** $y=-2x^2+12x-10$
11 $y=\frac{3}{2}x^2-3x-12$ **12** $y=\frac{3}{4}x^2+\frac{15}{4}x+3$
13 $y=-\frac{1}{2}x^2-x+4$ **14** ②

08 이차함수의 최댓값과 최솟값 118쪽

원리확인 ❶ −1, 최솟값, 2 ❷ 2, 최댓값, 1

1 ($\diagup$ 0, 0)
2 최댓값: 없다., 최솟값: −1
3 최댓값: 없다., 최솟값: 3
4 최댓값: 0, 최솟값: 없다.

1 $3, -3, 3, -2, -3, 11$

2 $-4, 2, 4, -4, 2, 4, 14$

3 $9, 5, -9, 9, 5, -9, 76, -9, 19$

4 $-1, -5, 1, -1, -5, 1, 11$

5 $x=1\pm\sqrt{6}$　　　**6** $x=6\pm\sqrt{33}$

7 $x=-7\pm2\sqrt{13}$　　**8** $x=-2\pm\sqrt{3}$

9 $x=\dfrac{-2\pm\sqrt{19}}{5}$　　😊 $-b', b'^2-ac, a$

10 $x=\dfrac{-8\pm\sqrt{59}}{5}$　　**11** $x=\dfrac{-1\pm\sqrt{10}}{3}$

12 $x=\dfrac{4\pm\sqrt{58}}{6}$　　**13** $x=\dfrac{2\pm\sqrt{2}}{2}$

14 $x=\dfrac{10\pm2\sqrt{11}}{7}$　　**15** ②

03 복잡한 이차방정식의 풀이　36쪽

1 $x^2-2x, x^2-2x-15, 3, 5, -3, 5$

2 $x^2+6x+9, x^2+8x+12, 6, -6$

3 $x^2-3x-10, x^2-6x-10, 3, 19$

4 $x^2-8x+16, 15, x^2-20x+1, 10\pm3\sqrt{11}$

5 $x=-1$ 또는 $x=4$　　**6** $x=6$ 또는 $x=7$

7 $x=-6$ 또는 $x=-3$　**8** $x=4\pm2\sqrt{5}$

9 $x=1\pm\sqrt{3}$　　　**10** $x=\dfrac{13\pm\sqrt{249}}{4}$

11 $12, 4x^2-3x-1, 4, 1, -\dfrac{1}{4}, 1$

12 $15, 3x^2+10x-3, -5, 34$

13 $6, 3x^2-6x+1, 3, 6$　**14** $x=-3$ 또는 $x=\dfrac{1}{2}$

15 $x=-3\pm\sqrt{6}$　　**16** $x=\dfrac{7\pm\sqrt{61}}{3}$

17 $x=\dfrac{5\pm2\sqrt{10}}{5}$　　**18** $x=7\pm\sqrt{41}$

19 $x=-5\pm\sqrt{19}$

20 $10, x^2-2x-3, 1, 3, -1, 3$

21 $100, x^2-7x-18, 2, 9, -2, 9$

22 $10, 5x^2-6x-7, 3, 11$

23 $x=-4$ 또는 $x=-2$　**24** $x=5$ 또는 $x=7$

25 $x=\dfrac{-5\pm\sqrt{19}}{2}$　　**26** $x=\dfrac{5\pm\sqrt{185}}{20}$

27 $x=\dfrac{-2\pm\sqrt{7}}{3}$　　**28** $x=\dfrac{5\pm\sqrt{65}}{20}$

29 $x=-1$ 또는 $x=\dfrac{2}{5}$　**30** $x=\dfrac{3\pm\sqrt{21}}{6}$

31 $x=\dfrac{3\pm\sqrt{15}}{2}$　　**32** $x=5\pm\sqrt{21}$

33 ⑤

04 공통인 식이 있는 이차방정식의 풀이　40쪽

원리확인 ❶ $A^2-4A-5, 1, 5, -1, 5, -1, 5,$
　　　$-8, -2$

❷ $A^2-2A+1, 1, 1, 1, -2$

❸ $6A^2-5A+1, 1, 1, \dfrac{1}{3}, \dfrac{1}{2}, \dfrac{1}{3}, \dfrac{1}{2}, \dfrac{16}{3}, \dfrac{11}{2}$

❹ $A^2-A-12, 3, 4, -3, 4, -3, 4, -2, 5,$
　　　$-1, \dfrac{5}{2}$

1 $x=-1$ 또는 $x=2$　　**2** $x=-1$ 또는 $x=1$

3 $x=-3$ 또는 $x=0$　　**4** $x=-4$

5 $x=\dfrac{17}{3}$　　　**6** $x=\dfrac{4}{3}$ 또는 $x=6$

7 $x=-2$ 또는 $x=0$　　**8** $x=\dfrac{1}{2}$ 또는 $x=\dfrac{11}{8}$

9 $x=3$ 또는 $x=\dfrac{7}{2}$　　**10** ④

05 이차방정식의 근의 개수　42쪽

1 $(✎ 3, 1, 5, >, 2)$　　**2** $<, 0$

3 $=, 1$　　　　**4** $>, 2$

5 $=, 1$　　　　**6** $<, 0$

😊 $2, 1, 0$

7 (1) $k<\dfrac{9}{4}$　(2) $\dfrac{9}{4}$　(3) $k>\dfrac{9}{4}$

8 (1) $k<\dfrac{25}{4}$　(2) $\dfrac{25}{4}$　(3) $k>\dfrac{25}{4}$

9 (1) $k<\dfrac{1}{12}$　(2) $\dfrac{1}{12}$　(3) $k>\dfrac{1}{12}$

10 (1) $-\dfrac{25}{4}<k<0$ 또는 $k>0$

　　(2) $-\dfrac{25}{4}$　(3) $k<-\dfrac{25}{4}$

11 (1) $0<k<\dfrac{9}{16}$ 또는 $k<0$

　　(2) $\dfrac{9}{16}$　(3) $k>\dfrac{9}{16}$

12 (1) $-2<k<0$ 또는 $k>0$

　　(2) -2　(3) $k<-2$

13 $(✎ 2, 1)$　　　**14** $k>-\dfrac{25}{4}$

15 $k<\dfrac{9}{2}$　　　**16** $k<\dfrac{13}{8}$

17 $k>-\dfrac{9}{8}$

18 $-5<k<-1$ 또는 $k>-1$

19 $\left(✎ -3, \dfrac{9}{4}\right)$　　**20** 0

21 $\dfrac{16}{3}$　　　　**22** $\dfrac{3}{2}$

23 $\dfrac{49}{12}$　　　　😊 $\geq$

24 $\left(✎ -1, \dfrac{1}{4}\right)$　　**25** $k\leq17$

26 $k\geq-\dfrac{1}{24}$　　**27** $0<k\leq3$ 또는 $k<0$

28 $-\dfrac{5}{3}<k\leq-1$ 또는 $k<-\dfrac{5}{3}$

29 ①　　　　**30** $\left(✎ 1, -\dfrac{1}{4}\right)$

31 $k>\dfrac{21}{4}$　　　**32** $k>\dfrac{2}{5}$

33 $k>3$　　　　**34** $k<1$

06 이차방정식 구하기　46쪽

1 $(✎ 3, 4, x^2+x-12)$

2 $4x^2+28x+40=0$　**3** $-x^2+13x-40=0$

4 $6x^2-5x+1=0$　**5** $2x^2-x-10=0$

6 $(✎ 2, 3x^2-12x+12)$

7 $5x^2+30x+45=0$　**8** $-3x^2+30x-75=0$

9 $-2x^2-32x-128=0$

10 $3x^2-24x+48=0$

11 $25x^2+10x+1=0$

12 $(✎ 5, -4, x^2-5x-4)$

13 $2x^2+12x+16=0$　**14** $3x^2-39x+33=0$

15 $-x^2-7x+1=0$　**16** ④

07 계수가 유리수인 이차방정식의 해(근)　48쪽

원리확인 ❶ $2-\sqrt{3}$　❷ $-5-2\sqrt{5}$　❸ $11+3\sqrt{7}$

❹ $-1+\sqrt{15}$

1 (1) $2+3\sqrt{5}$　(2) 4　(3) -41

2 (1) $-6-2\sqrt{2}$　(2) -12　(3) 28

3 (1) $-1+\sqrt{13}$　(2) -2　(3) -12

4 ②

TEST 2. 이차방정식의 근의 공식　49쪽

1 ③　　　　　**2** $1+6\sqrt{7}$

3 ㉢, $x=0$ 또는 $x=2$　**4** $m=-4$ 또는 $m=8$

5 ④　　　　　**6** 120

3 이차방정식의 활용

01 이차방정식의 활용　52쪽

1 (1) $(✎ 210)$　(2) $n=20$ 또는 $n=-21$

　　(3) 20

2 (1) $\dfrac{n(n-3)}{2}=90$　(2) $n=15$ 또는 $n=-12$

　　(3) 15, 십오각형

3 16명

4 (1) $x+1$　(2) $x(x+1)=132$

　　(3) $x=-12$ 또는 $x=11$　(4) $11, 12$

5 $10, 11$

6 (1) $x-1, x+1$

　　(2) $(x-1)^2+x^2=10(x+1)+23$

　　(3) $x=-2$ 또는 $x=8$　(4) $7, 8, 9$

7 $8, 9, 10$

8 (1) 4　(2) $x(x-4)=252$

　　(3) $x=-14$ 또는 $x=18$　(4) 18세

9 6세

10 (1) 5　(2) $x^2+(x+5)^2=493$

　　(3) $x=-18$ 또는 $x=13$　(4) 13세

11 3년 후

12 (1) $x-3$　(2) $x(x-3)=180$

　　(3) $x=-12$ 또는 $x=15$　(4) 15명

13 18명

14 (1) $x+5$　(2) $x(x+5)=126$

　　(3) $x=-14$ 또는 $x=9$　(4) 9

15 7

02 쏘아 올린 물체에 대한 활용 56쪽

1 (1) $-5x^2+40x=0$ (2) $x=0$ 또는 $x=8$
  (3) 8초 후
2 10초 후
3 (1) $-5x^2+15x+20=0$ (2) $x=-1$ 또는 $x=4$
  (3) 4초 후
4 2초 후
5 (1) $-5x^2+45x=90$ (2) $x=3$ 또는 $x=6$
  (3) 3초 후
6 5초 후

03 도형에 활용 58쪽

1 (1) $(x-3)$cm (2) $\frac{1}{2}(x-3)x=35$
  (3) $x=-7$ 또는 $x=10$ (4) 10 cm
2 8 cm
3 (1) 가로의 길이: $(12+x)$m,
    세로의 길이: $(7+x)$m
  (2) $(12+x)(7+x)=150$
  (3) $x=-22$ 또는 $x=3$ (4) 3 m
4 13 cm
5 (1) 가로의 길이: $(x+3)$cm
    세로의 길이: $(x-2)$cm
  (2) $(x+3)(x-2)=84$
  (3) $x=-10$ 또는 $x=9$ (4) 9 cm
6 12 cm
7 (1) 가로의 길이: $(25-x)$m
    세로의 길이: $(20-x)$m
  (2) $(25-x)(20-x)=300$
  (3) $x=5$ 또는 $x=40$ (4) 5 m
8 3 m
9 (1) $(x+5)$cm (2) $\pi(x+5)^2=4\pi x^2$
  (3) $x=-\frac{5}{3}$ 또는 $x=5$ (4) 5 cm
10 12 cm

TEST 3. 이차방정식의 활용 61쪽

1 ③   **2** 9세   **3** 9
4 ②   **5** 4 m   **6** 1 cm

대단원 TEST Ⅲ. 이차방정식 62쪽

1 ④   **2** ③   **3** ①
4 ①   **5** ②   **6** ①
7 ⑤   **8** ①   **9** 3
10 ②   **11** ③   **12** 6 m
13 1   **14** ④   **15** ⑤

4 이차함수와 그 그래프 (1)
01 이차함수의 뜻 70쪽

1 ×   **2** ○   **3** ×   **4** ×
5 ○   **6** ×   **7** ×
8 $y=x^2-1$, ○   **9** $y=6x^2$, ○
10 $y=2\pi x$, ×   **11** $y=80x$, ×
12 $y=8x$, ×   **13** $y=6x^2$, ○
14 (✎ 0, 0, 2)   **15** $a\neq0$
16 $a\neq3$ **17** $a\neq2$ **18** $a\neq\frac{5}{2}$
☺ 0, 1   **19** ④

02 이차함수의 함숫값 72쪽

1 14   **2** $-\frac{3}{2}$ **3** -4 **4** 34
5 1   **6** -4
7 (✎ $1, 1, -2+a, -2+a, 2$)
8 3   **9** -1 **10** -2 **11** 4
12 -3 **13** -2 **14** 7   **15** -3
16 4   ☺ $2, 2, 2, 2, 5$ **17** ④

03 이차함수 $y=x^2$의 그래프 74쪽

1 9, 4, 1, 0, 1, 4, 9 /
   $-9, -4, -1, 0, -1, -4, -9$

2 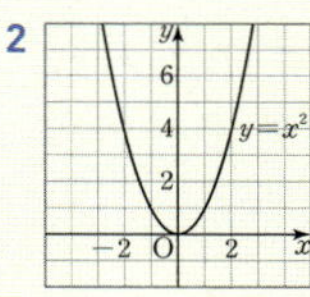 **3**

4 아래   **5** y **6** 1, 2   **7** $<$
8 증가   **9** x **10** 위   **11** y
12 3, 4   **13** 증가   **14** $>$ **15** x
16 ⑤

04 이차함수 $y=ax^2$의 그래프 76쪽

❷ 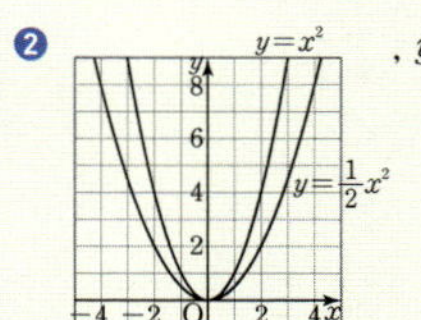 , y

1 3, 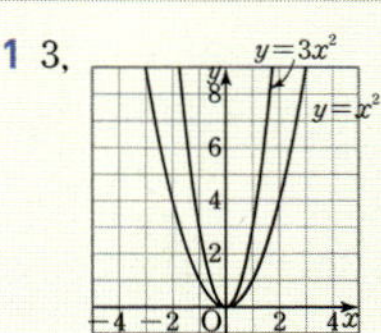

2 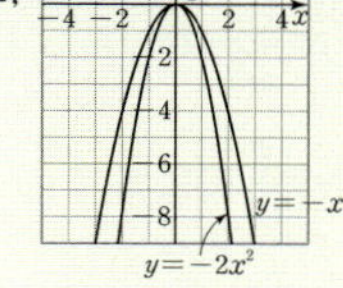 2,

3 $x,$ 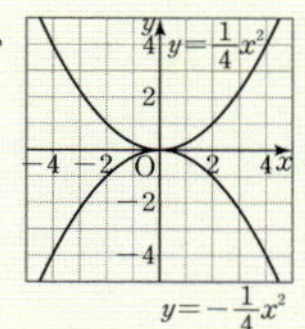

4 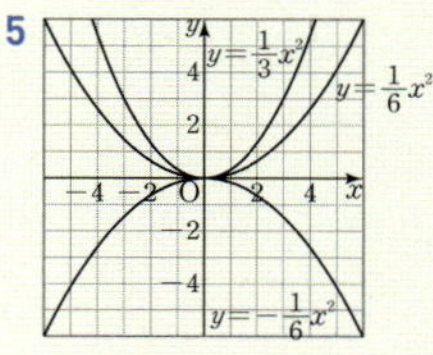

5

6 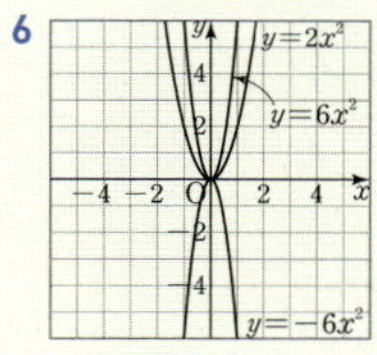

7 아래, 4, $-$, 위, 4, $\frac{1}{6}$, 넓다, $+$, 아래, 좁다,
  위, $-$, $\frac{1}{4}$
☺ x, 클

05 이차함수 $y=ax^2$의 그래프의 성질 78쪽

1 0, 0   **2** 아래   **3** $x=0$ **4** 감소
5 1, 2   **6** $-3x^2$ **7** 12   **8** 0, 0
9 위   **10** $x=0$ **11** 증가   **12** 3, 4
13 $\frac{2}{5}x^2$ **14** -10 **15** ㉢, ㉠, ㉣, ㉤
16 ㉠, ㉣   **17** ㉡, ㉢   **18** ㉠, ㉣   **19** ㉤, ㉢
20 ㉤, ㉢   **21** ㉤과 ㉣   **22** ㉠   **23** ④
24 (✎ 4, 1)   **25** -6
26 3   **27** $a=-\frac{2}{3}, b=-6$
28 $a=\frac{3}{4}, b=3$ **29** ①

TEST 4. 이차함수와 그 그래프 (1) 81쪽

1 ①, ⑤   **2** ④   **3** 2
4 ④   **5** ④   **6** $y=-\frac{1}{3}x^2$

01 이차함수 $y=ax^2+q$의 그래프 84쪽

원리확인 ❶ y, 3 ❷ 아래 ❸ 0, 3, $x=0$

1 y, 4	**2** y, -2	**3** y, 5	**4** y, -6
5 y, 8	**6** -3	**7** 1	**8** -2
9 5	**10** $\dfrac{1}{2}$	**11** $-\dfrac{3}{4}$	**12** $\dfrac{2}{5}$

13 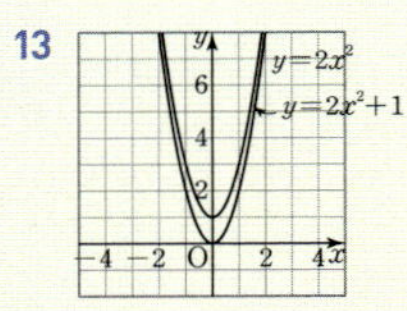
(1) $(0, 1)$ (2) $x=0$

14 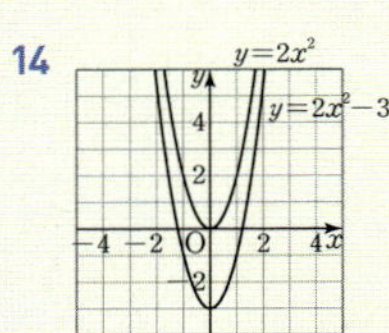
(1) $(0, -3)$ (2) $x=0$

15 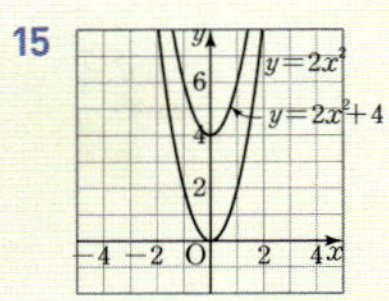
(1) $(0, 4)$ (2) $x=0$

16 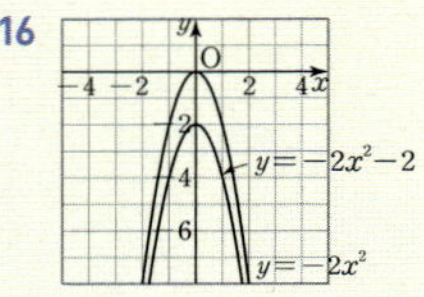
(1) $(0, -2)$ (2) $x=0$

17 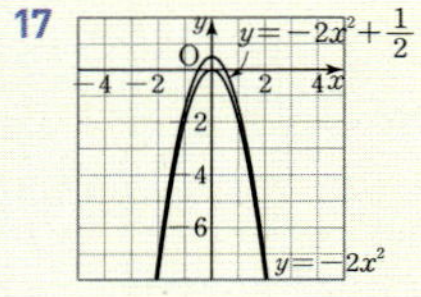
(1) $\left(0, \dfrac{1}{2}\right)$ (2) $x=0$

18 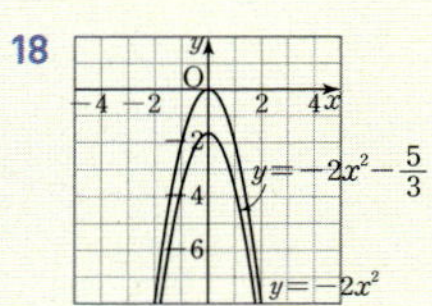
(1) $\left(0, -\dfrac{5}{3}\right)$ (2) $x=0$

19 $x=0$, $(0, -7)$ **20** $x=0$, $(0, 8)$

21 $x=0$, $\left(0, -\dfrac{2}{3}\right)$ **22** $x=0$, $\left(0, \dfrac{7}{2}\right)$

23 $x=0$, $(0, -3)$ **24** $x=0$, $\left(0, -\dfrac{1}{5}\right)$

25 $x=0$, $\left(0, \dfrac{3}{4}\right)$ ☺ y, q, q, $x=0$

26 × **27** ×

28 ○ **29** ×

30 ○ **31** ⑤

32 (✏ 3, 3, 1, 1) **33** -8

34 10 **35** -2

36 ①

02 이차함수 $y=a(x-p)^2$의 그래프 88쪽

원리확인 ❶ x, 2 ❷ 아래 ❸ 2, 0, $x=2$

1 x, -4	**2** x, -5	**3** x, 6	**4** x, -3
5 x, 1	**6** -5	**7** 2	**8** -7
9 $-\dfrac{1}{3}$	**10** $\dfrac{2}{5}$	**11** -10	**12** $-\dfrac{2}{9}$

13 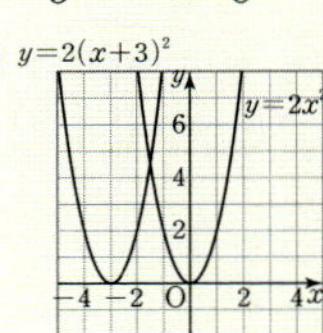
(1) $(-3, 0)$ (2) $x=-3$

14 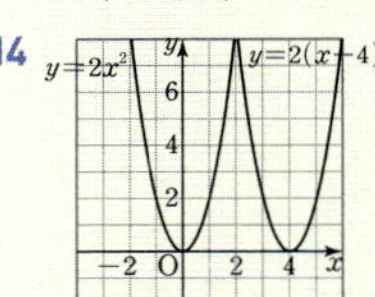
(1) $(4, 0)$ (2) $x=4$

15 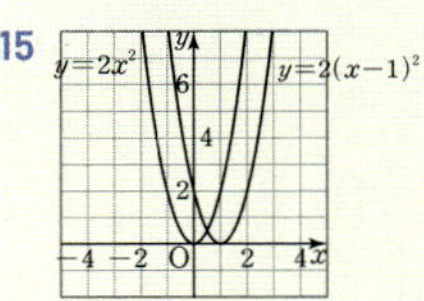
(1) $(1, 0)$ (2) $x=1$

16 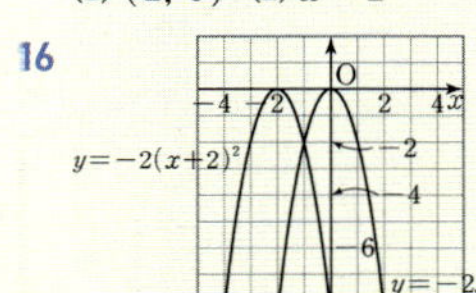
(1) $(-2, 0)$ (2) $x=-2$

17 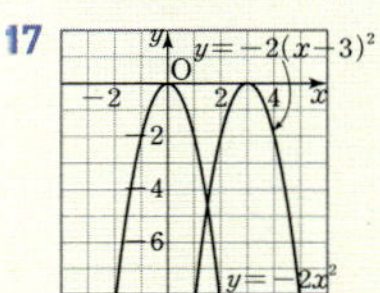
(1) $(3, 0)$ (2) $x=3$

18 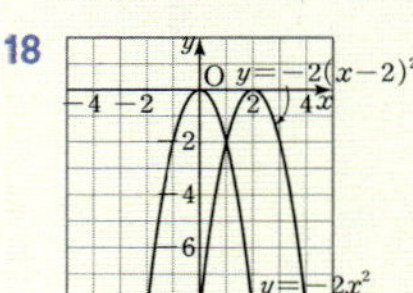
(1) $(2, 0)$ (2) $x=2$

19 $x=2$, $(2, 0)$ **20** $x=3$, $(3, 0)$

21 $x=-6$, $(-6, 0)$ **22** $x=-2$, $(-2, 0)$

23 $x=-\dfrac{3}{4}$, $\left(-\dfrac{3}{4}, 0\right)$ **24** $x=9$, $(9, 0)$

25 $x=\dfrac{3}{7}$, $\left(\dfrac{3}{7}, 0\right)$ ☺ x, p, p, $x=p$

26 ○ **27** ○

28 × **29** ×

30 × **31** ④

32 (✏ 4, 4, 2, 0) **33** 2

34 2 **35** 2 또는 6

36 ③, ⑤

03 이차함수 $y=a(x-p)^2+q$의 그래프 92쪽

원리확인 ❶ 3, 1 ❷ 위 ❸ 3, 1, $x=3$

1 -3, -7 **2** -5, 6

3 $\dfrac{1}{2}$, 4 **4** -1, $-\dfrac{7}{10}$

5 $\dfrac{1}{7}$, $\dfrac{5}{6}$ **6** $y=(x+3)^2+1$

7 $y=-(x-5)^2-2$ **8** $y=6(x+7)^2-4$

9 $y=\dfrac{1}{2}(x-1)^2+8$ **10** $y=-5\left(x-\dfrac{2}{3}\right)^2-3$

11 $y=-\dfrac{5}{6}\left(x+\dfrac{2}{5}\right)^2+\dfrac{2}{3}$

12 $y=\dfrac{7}{10}(x-4)^2-10$

13 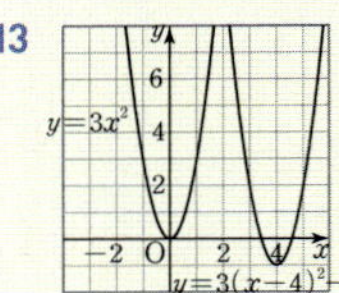
(1) $(4, -1)$ (2) $x=4$

14 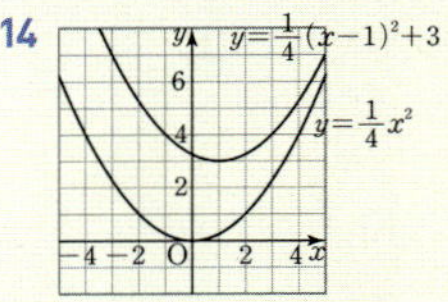
(1) $(1, 3)$ (2) $x=1$

15 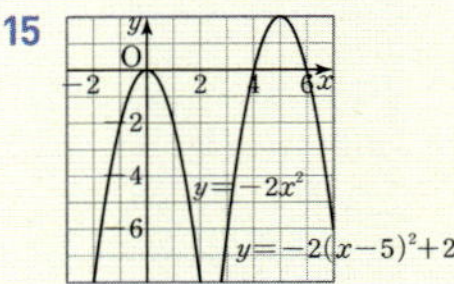
(1) $(5, 2)$ (2) $x=5$

16 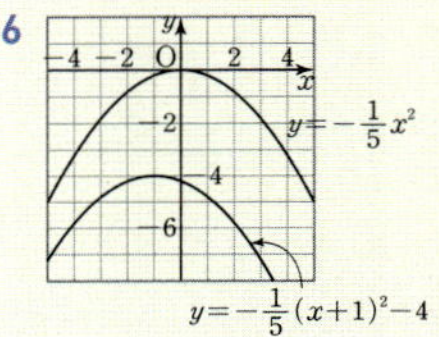
(1) $(-1, -4)$ (2) $x=-1$

17 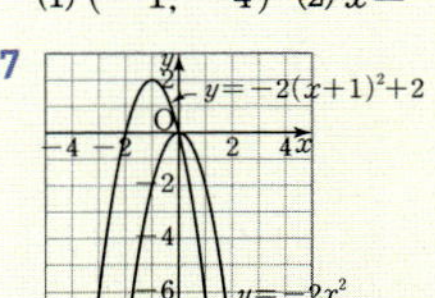
(1) $(-1, 2)$ (2) $x=-1$

18 $x=2$, $(2, 4)$ **19** $x=-2$, $(-2, -7)$

20 $x=-\dfrac{1}{3}$, $\left(-\dfrac{1}{3}, -5\right)$

21 $x=\dfrac{2}{5}$, $\left(\dfrac{2}{5}, 6\right)$ **22** $x=2$, $\left(2, -\dfrac{5}{4}\right)$

23 $x=-\dfrac{5}{6}$, $\left(-\dfrac{5}{6}, -3\right)$

24 $x=-\dfrac{3}{8}$, $\left(-\dfrac{3}{8}, \dfrac{8}{3}\right)$

☺ p, q, p, q, $x=p$

25 × **26** ○

27 × **28** ○

29 × **30** ③

31 (✏ 7, 7, 4, 2, 0) **32** -1

33 2 **34** 4 또는 8

35 ①

수학은 개념이다!

디딤돌의 중학 수학 시리즈는
여러분의 수학 자신감을 높여 줍니다.

개념 이해
디딤돌수학 개념연산

다양한 이미지와 단계별 접근을 통해
개념이 쉽게 이해되는 교재

개념 적용
디딤돌수학 개념기본

개념 이해, 개념 적용, 개념 완성으로
개념에 강해질 수 있는 교재

개념 응용
최상위수학 라이트

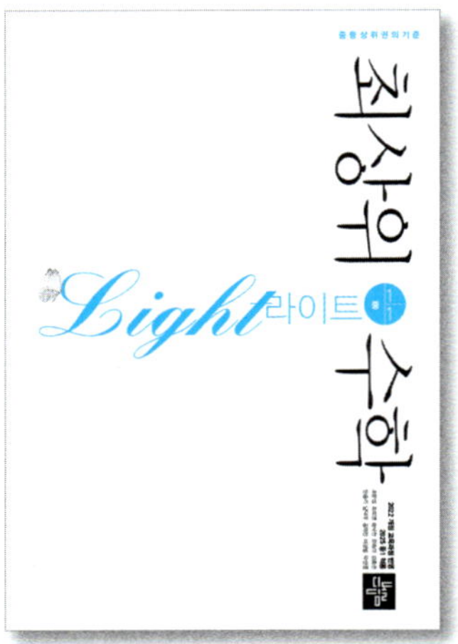

개념을 다양하게 응용하여
문제해결력을 키워주는 교재

개념 완성

디딤돌수학 개념연산과 개념기본은 동일한 학습 흐름으로 구성되어 있습니다.
연계 학습이 가능한 개념연산과 개념기본을 통해
중학 수학 개념을 완성할 수 있습니다.

1 이차방정식과 그 풀이

01

본문 10쪽

이차방정식

1 ◯ **2** × **3** ◯ **4** ◯

5 ◯ **6** × **7** ◯ **8** ×

9 ◯ **10** ◯ **11** (✎ 0, 3)

12 $a \neq -\dfrac{5}{2}$ **13** $a \neq 0$ **14** $a \neq 6$ **15** $a \neq -10$

16 $a \neq 4$ **17** (✎ 2, 2, 2, 2, −3)

18 $a=1,\ b=-5,\ c=-3$

19 $a=3,\ b=6,\ c=10$

20 $a=4,\ b=-1,\ c=-30$ **21** ③

2 등식이 아니므로 이차방정식이 아니다.

4 $3x^2+x+3=0$이므로 이차방정식이다.

5 $3x^2+6x-1=0$이므로 이차방정식이다.

6 $2x^2+5x+3=2x^2+4x$에서
$x+3=0$이므로 이차방정식이 아니다.

7 $x^2-x=0$이므로 이차방정식이다.

8 $x^2-4x+4=x^2+4x$에서
$8x-4=0$이므로 이차방정식이 아니다.

9 $-2x^2-2x=2x^2+5x+1$에서
$4x^2+7x+1=0$이므로 이차방정식이다.

10 $2x^2-2x-5=0$이므로 이차방정식이다.

12 이차방정식이 되려면 (x^2의 계수)$\neq 0$이어야 하므로
$2a+5 \neq 0$

따라서 $a \neq -\dfrac{5}{2}$

13 $ax^2-11x+1=7x+2$에서
$ax^2-18x-1=0$
이 등식이 이차방정식이 되려면 (x^2의 계수)$\neq 0$이어야
하므로 $a \neq 0$

14 $ax^2+5x-9=6x^2$에서
$(a-6)x^2+5x-9=0$
이 등식이 이차방정식이 되려면 (x^2의 계수)$\neq 0$이어야
하므로 $a \neq 6$

15 $ax^2+4x-17=-10x^2+x+2$에서
$(a+10)x^2+3x-19=0$
이 등식이 이차방정식이 되려면 (x^2의 계수)$\neq 0$이어야
하므로 $a \neq -10$

16 $2ax^2+3x+1=8x^2-4x-3$에서
$(2a-8)x^2+7x+4=0$
이 등식이 이차방정식이 되려면 (x^2의 계수)$\neq 0$이어야
하므로 $2a \neq 8$
따라서 $a \neq 4$

18 $5(x^2+2)=6x^2-5x+7$에서
$5x^2+10=6x^2-5x+7$
$x^2-5x-3=0$
따라서 $a=1,\ b=-5,\ c=-3$

19 $(x+3)(3x-1)=2x-13$에서
$3x^2+8x-3=2x-13$
$3x^2+6x+10=0$
따라서 $a=3,\ b=6,\ c=10$

20 $(x+4)(x-5)=-3x^2+10$에서
$x^2-x-20=-3x^2+10$
$4x^2-x-30=0$
따라서 $a=4,\ b=-1,\ c=-30$

21 $(2x-3)(x+8)=ax^2+5x-1$에서
$2x^2+13x-24=ax^2+5x-1$
$(2-a)x^2+8x-23=0$
이 등식이 이차방정식이 되려면 (x^2의 계수)$\neq 0$이어야
하므로 $2-a \neq 0$
따라서 $a \neq 2$

이차방정식의 해(근)

원리확인

❶ ◯, 0, 0, 0, $=$　　　❷ ◯, 2, 2, 2, $=$
❸ ×, -1, -1, -1, $\neq$　　❹ ◯, 1, 1, $=$

1 $(-1)^2+(-1)=0$, 0, 참 / $0^2+0=0$, 0, 참 /
$1^2+1=2$, 0, 거짓 / -1, 0

2 $(-2)^2+(-2)-2=0$, 0, 참 /
$(-1)^2+(-1)-2=-2$, 0, 거짓 /
$0^2+0-2=-2$, 0, 거짓 /
$1^2+1-2=0$, 0, 참 / -2, 1

3 $\dfrac{1}{4}\times(-2)^2+(-2)=-1$, -1, 참 /
$\dfrac{1}{4}\times(-1)^2+(-1)=-\dfrac{3}{4}$, -1, 거짓 /
$\dfrac{1}{4}\times0^2+0=0$, -1, 거짓 /
$\dfrac{1}{4}\times1^2+1=\dfrac{5}{4}$, -1, 거짓 / -2

4 ($\mathbb{Z}$ 3, 3, 3, -3)　　**5** 10　　**6** -11

7 -4　　**8** 3　　☺ p, p^2, p　　**9** ($\mathbb{Z}$ 3)

10 5　　**11** -2　　**12** 1　　**13** ②

5　$3x^2+x-a=0$에 $x=-2$를 대입하면
$3\times(-2)^2+(-2)-a=0$
$10-a=0$
따라서 $a=10$

6　$x^2+ax+10=0$에 $x=1$을 대입하면
$1^2+a\times1+10=0$
$a+11=0$
따라서 $a=-11$

7　$6x^2-ax-2=0$에 $x=-1$을 대입하면
$6\times(-1)^2-a\times(-1)-2=0$
$a+4=0$
따라서 $a=-4$

8　$ax^2-7x+2=0$에 $x=2$를 대입하면
$a\times2^2-7\times2+2=0$
$4a-12=0$
따라서 $a=3$

10　$3x^2-x-5=0$에 $x=b$를 대입하면
$3b^2-b-5=0$
따라서 $3b^2-b=5$

11　$x^2-5x+1=0$에 $x=m$을 대입하면
$m^2-5m+1=0$
$m^2-5m=-1$
따라서 $2m^2-10m=2(m^2-5m)=-2$

12　$\dfrac{1}{2}x^2+2x-\dfrac{1}{8}=0$에 $x=k$를 대입하면
$\dfrac{1}{2}k^2+2k-\dfrac{1}{8}=0$
$\dfrac{1}{2}k^2+2k=\dfrac{1}{8}$
따라서 $4k^2+16k=8\left(\dfrac{1}{2}k^2+2k\right)=1$

13　$x^2+ax+6=0$에 $x=-1$을 대입하면
$(-1)^2+a\times(-1)+6=0$
$-a+7=0$이므로 $a=7$
$2x^2+5x-3=0$에 $x=b$를 대입하면
$2b^2+5b-3=0$이므로 $2b^2+5b=3$
따라서 $a^2+2b^2+5b=7^2+3=52$

03

인수분해를 이용한 이차방정식의 풀이

원리확인

❶ $0,\ 0,\ -1,\ 4$ 　　❷ $0,\ 0,\ \dfrac{1}{2},\ -\dfrac{2}{3}$

1 $x=3$ 또는 $x=-7$　　**2** $x=0$ 또는 $x=11$

3 $x=-8$ 또는 $x=\dfrac{1}{2}$　　**4** $x=-\dfrac{3}{2}$ 또는 $x=\dfrac{5}{3}$

5 ($\mathscr{l}\,x+5,\ 0,\ x+5,\ 0,\ -5$)

6 $x=0$ 또는 $x=6$　　**7** $x=0$ 또는 $x=\dfrac{2}{3}$

8 $x=0$ 또는 $x=\dfrac{4}{3}$　　**9** $x=0$ 또는 $x=-3$

10 $x=0$ 또는 $x=2$

11 ($\mathscr{l}\,x-2,\ 0,\ x-2,\ -2,\ 2$)

12 $x=-7$ 또는 $x=7$　　**13** $x=-\dfrac{8}{3}$ 또는 $x=\dfrac{8}{3}$

14 $x=-\dfrac{9}{2}$ 또는 $x=\dfrac{9}{2}$　　**15** $x=-\dfrac{5}{4}$ 또는 $x=\dfrac{5}{4}$

16 $x=-\dfrac{1}{3}$ 또는 $x=\dfrac{1}{3}$

17 ($\mathscr{l}\,x-4,\ 0,\ x-4,\ -1,\ 4$)

18 $x=-7$ 또는 $x=-5$　　**19** $x=3$ 또는 $x=6$

20 $x=-2$ 또는 $x=9$　　**21** $x=2$ 또는 $x=8$

22 $x=-3$ 또는 $x=12$　　**23** $x=-4$ 또는 $x=2$

24 ($\mathscr{l}\,3x-2,\ 0,\ 3x-2,\ -1,\ \dfrac{2}{3}$)

25 $x=-\dfrac{1}{4}$ 또는 $x=\dfrac{3}{2}$　　**26** $x=-6$ 또는 $x=\dfrac{1}{2}$

27 $x=-\dfrac{2}{3}$ 또는 $x=-\dfrac{1}{2}$

28 $x=\dfrac{5}{2}$ 또는 $x=7$　　**29** $x=-\dfrac{1}{3}$ 또는 $x=7$

30 $x=-6$ 또는 $x=\dfrac{9}{2}$　　☺ $a,\ -a,\ a,\ b,\ \dfrac{b}{a},\ \dfrac{d}{c}$

31 ($\mathscr{l}\,-3,\ 1,\ -3,\ 2,\ -3$)

32 $x=4$　　**33** $x=9$　　**34** $x=-5$　　**35** $x=2$

36 ($\mathscr{l}\,6,\ 6,\ 5,\ -5,\ -5$)　　**37** $x=2$

38 $x=3$　　**39** ①

1 $(x-3)(x+7)=0$에서
$x-3=0$ 또는 $x+7=0$
따라서 $x=3$ 또는 $x=-7$

2 $x(x-11)=0$에서
$x=0$ 또는 $x-11=0$
따라서 $x=0$ 또는 $x=11$

3 $(x+8)(2x-1)=0$에서
$x+8=0$ 또는 $2x-1=0$
따라서 $x=-8$ 또는 $x=\dfrac{1}{2}$

4 $(2x+3)(3x-5)=0$에서
$2x+3=0$ 또는 $3x-5=0$
따라서 $x=-\dfrac{3}{2}$ 또는 $x=\dfrac{5}{3}$

6 $x^2-6x=0$에서 $x(x-6)=0$
$x=0$ 또는 $x-6=0$
따라서 $x=0$ 또는 $x=6$

7 $15x^2-10x=0$에서 $5x(3x-2)=0$
$x=0$ 또는 $3x-2=0$
따라서 $x=0$ 또는 $x=\dfrac{2}{3}$

8 $6x^2=8x$에서 $6x^2-8x=0$
$2x(3x-4)=0$
$x=0$ 또는 $3x-4=0$
따라서 $x=0$ 또는 $x=\dfrac{4}{3}$

9 $7x^2=-21x$에서 $7x^2+21x=0$
$7x(x+3)=0$
$x=0$ 또는 $x+3=0$
따라서 $x=0$ 또는 $x=-3$

10 $-2x=-x^2$에서 $x^2-2x=0$
$x(x-2)=0$
$x=0$ 또는 $x-2=0$
따라서 $x=0$ 또는 $x=2$

12 $x^2-49=0$에서 $(x+7)(x-7)=0$
$x+7=0$ 또는 $x-7=0$
따라서 $x=-7$ 또는 $x=7$

13 $9x^2-64=0$에서 $(3x+8)(3x-8)=0$
$3x+8=0$ 또는 $3x-8=0$
따라서 $x=-\dfrac{8}{3}$ 또는 $x=\dfrac{8}{3}$

14 $81-4x^2=0$에서 $(9+2x)(9-2x)=0$

$9+2x=0$ 또는 $9-2x=0$

따라서 $x=-\dfrac{9}{2}$ 또는 $x=\dfrac{9}{2}$

15 $16x^2=25$에서 $16x^2-25=0$

$(4x+5)(4x-5)=0$

$4x+5=0$ 또는 $4x-5=0$

따라서 $x=-\dfrac{5}{4}$ 또는 $x=\dfrac{5}{4}$

16 $9(x^2+1)=10$에서 $9x^2-1=0$

$(3x+1)(3x-1)=0$

$3x+1=0$ 또는 $3x-1=0$

따라서 $x=-\dfrac{1}{3}$ 또는 $x=\dfrac{1}{3}$

18 $x^2+12x+35=0$에서 $(x+7)(x+5)=0$

$x+7=0$ 또는 $x+5=0$

따라서 $x=-7$ 또는 $x=-5$

19 $x^2-9x+18=0$에서 $(x-3)(x-6)=0$

$x-3=0$ 또는 $x-6=0$

따라서 $x=3$ 또는 $x=6$

20 $x^2-7x-18=0$에서 $(x+2)(x-9)=0$

$x+2=0$ 또는 $x-9=0$

따라서 $x=-2$ 또는 $x=9$

21 $x^2-10x+16=0$에서 $(x-2)(x-8)=0$

$x-2=0$ 또는 $x-8=0$

따라서 $x=2$ 또는 $x=8$

22 $x^2-9x-36=0$에서 $(x+3)(x-12)=0$

$x+3=0$ 또는 $x-12=0$

따라서 $x=-3$ 또는 $x=12$

23 $(x+4)(x-4)=-2x-8$에서 $x^2-16=-2x-8$

$x^2+2x-8=0$, $(x+4)(x-2)=0$

$x+4=0$ 또는 $x-2=0$

따라서 $x=-4$ 또는 $x=2$

25 $8x^2-10x-3=0$에서 $(4x+1)(2x-3)=0$

$4x+1=0$ 또는 $2x-3=0$

따라서 $x=-\dfrac{1}{4}$ 또는 $x=\dfrac{3}{2}$

26 $2x^2+11x-6=0$에서 $(x+6)(2x-1)=0$

$x+6=0$ 또는 $2x-1=0$

따라서 $x=-6$ 또는 $x=\dfrac{1}{2}$

27 $6x^2+7x+2=0$에서 $(3x+2)(2x+1)=0$

$3x+2=0$ 또는 $2x+1=0$

따라서 $x=-\dfrac{2}{3}$ 또는 $x=-\dfrac{1}{2}$

28 $2x^2-19x+35=0$에서 $(2x-5)(x-7)=0$

$2x-5=0$ 또는 $x-7=0$

따라서 $x=\dfrac{5}{2}$ 또는 $x=7$

29 $3x^2-20x-7=0$에서 $(3x+1)(x-7)=0$

$3x+1=0$ 또는 $x-7=0$

따라서 $x=-\dfrac{1}{3}$ 또는 $x=7$

30 $2x(x-6)=-15x+54$에서

$2x^2-12x=-15x+54$

$2x^2+3x-54=0$, $(x+6)(2x-9)=0$

$x+6=0$ 또는 $2x-9=0$

따라서 $x=-6$ 또는 $x=\dfrac{9}{2}$

32 $x^2-2x-8=0$에서 $(x+2)(x-4)=0$

이므로 $x=-2$ 또는 $x=4$

$x^2-7x+12=0$에서 $(x-3)(x-4)=0$

이므로 $x=3$ 또는 $x=4$

따라서 두 이차방정식의 공통근은 $x=4$

33 $x^2-8x-9=0$에서 $(x+1)(x-9)=0$

이므로 $x=-1$ 또는 $x=9$

$x^2-6x-27=0$에서 $(x+3)(x-9)=0$

이므로 $x=-3$ 또는 $x=9$

따라서 두 이차방정식의 공통근은 $x=9$

34 $x^2+4x-5=0$에서 $(x+5)(x-1)=0$

이므로 $x=-5$ 또는 $x=1$

$2x^2+9x-5=0$에서 $(x+5)(2x-1)=0$

이므로 $x=-5$ 또는 $x=\dfrac{1}{2}$

따라서 두 이차방정식의 공통근은 $x=-5$

35 $x^2-8x+12=0$에서 $(x-2)(x-6)=0$

이므로 $x=2$ 또는 $x=6$

$3x^2-x-10=0$에서 $(3x+5)(x-2)=0$

이므로 $x=-\dfrac{5}{3}$ 또는 $x=2$

따라서 두 이차방정식의 공통근은 $x=2$

37 $x^2-5x+a=0$에 $x=3$을 대입하면 $a=6$
주어진 이차방정식은 $x^2-5x+6=0$이므로
인수분해하면 $(x-2)(x-3)=0$에서
$x=2$ 또는 $x=3$
따라서 다른 한 근은 $x=2$

38 $x^2+2x+a=0$에 $x=-5$를 대입하면 $a=-15$
주어진 이차방정식은 $x^2+2x-15=0$이므로
인수분해하면 $(x+5)(x-3)=0$에서
$x=-5$ 또는 $x=3$
따라서 다른 한 근은 $x=3$

39 $x^2+ax+3=0$에 $x=1$을 대입하면
$1+a+3=0$에서 $a=-4$
$x^2-4x+3=0$을 인수분해하면 $(x-1)(x-3)=0$이
므로
$x=1$ 또는 $x=3$
즉 다른 한 근은 $x=3$이므로
$2x^2-5x+b=0$에 $x=3$을 대입하면 $b=-3$
따라서 $a+b=-7$

04

이차방정식의 중근

원리확인

❶ ○　　❷ ×　　❸ ○　　❹ ×

1 $x=-3$　　**2** $x=\dfrac{1}{5}$　　**3** $x=8$　　**4** $x=\dfrac{1}{3}$

5 $x=\dfrac{5}{6}$　　**6** ($\mathscr{P}$ -4, 4)　　**7** 36

8 $\dfrac{9}{4}$　　**9** 32　　**10** 12

☺ 2, $2p$, p^2, $-2p$　　**11** ($\mathscr{P}$ 4, 2)

12 ± 6　　**13** ± 4　　**14** $\pm\dfrac{1}{3}$　　**15** ± 10

16 ⑤

3 $(x-8)^2=0$
따라서 $x=8$

4 $(3x-1)^2=0$
따라서 $x=\dfrac{1}{3}$

5 $36x^2-60x+25=0$
$(6x-5)^2=0$
따라서 $x=\dfrac{5}{6}$

7 $a=\left(\dfrac{12}{2}\right)^2=36$

8 $a=\left(\dfrac{3}{2}\right)^2=\dfrac{9}{4}$

9 $2a=\left(\dfrac{-16}{2}\right)^2=64$이므로
$a=32$

10 $x^2=10x-2a-1$에서
$x^2-10x+2a+1=0$
이 이차방정식이 중근을 가지려면
$2a+1=\left(\dfrac{-10}{2}\right)^2$
$2a+1=25$, $2a=24$
따라서 $a=12$

12 $\left(\dfrac{-a}{2}\right)^2=9$이므로 $a^2=36$
따라서 $a=\pm 6$

13 $x^2+ax+4=0$이 중근을 가지려면
$\left(\dfrac{a}{2}\right)^2=4$이므로 $a^2=16$
따라서 $a=\pm 4$

14 $x^2+ax+\dfrac{1}{36}=0$이 중근을 가지려면
$\left(\dfrac{a}{2}\right)^2=\dfrac{1}{36}$이므로 $a^2=\dfrac{1}{9}$
따라서 $a=\pm\dfrac{1}{3}$

15 $x^2-ax+25=0$이 중근을 가지려면
$\left(\dfrac{-a}{2}\right)^2=25$이므로 $a^2=100$
따라서 $a=\pm 10$

16 $2a-3=\left(\dfrac{-10}{2}\right)^2$이므로

$2a-3=25,\ 2a=28$

따라서 $a=14$

제곱근을 이용한 이차방정식의 풀이

원리확인

❶ $5,\ \sqrt{5}$ ❷ $\pm\sqrt{7},\ 1\pm\sqrt{7}$

❸ $3,\ 3,\ -4,\ -2$

1 $x=\pm2\sqrt{2}$ **2** $x=\pm7$

3 $x=\pm\sqrt{13}$ **4** $x=\pm10$

5 $x=\pm\sqrt{7}$ **6** $x=\pm2\sqrt{3}$

7 $x=\pm5$ **8** $x=2\pm2\sqrt{2}$

9 $x=-10\pm\sqrt{10}$ **10** $x=4$ 또는 $x=12$

11 $x=-3\pm3\sqrt{3}$ **12** $x=6\pm\sqrt{15}$

13 $x=4\pm\sqrt{6}$ **14** $x=-2\pm\sqrt{5}$

15 $x=-2\pm3\sqrt{2}$ **16** $x=1\pm2\sqrt{2}$

☺ $\sqrt{q},\ p,\ \sqrt{q}$ **17** ⑤

2 $x^2-49=0$에서 $x^2=49$이므로

$x=\pm7$

3 $x^2-13=0$에서 $x^2=13$이므로

$x=\pm\sqrt{13}$

4 $x^2-100=0$에서 $x^2=100$이므로

$x=\pm10$

5 $4x^2=28$에서 $x^2=7$이므로

$x=\pm\sqrt{7}$

6 $5x^2=60$에서 $x^2=12$이므로

$x=\pm2\sqrt{3}$

7 $6x^2-150=0$에서 $6x^2=150$이므로

$x^2=25$

따라서 $x=\pm5$

8 $(x-2)^2=8$에서 $x-2=\pm2\sqrt{2}$이므로

$x=2\pm2\sqrt{2}$

9 $(x+10)^2=10$에서 $x+10=\pm\sqrt{10}$이므로

$x=-10\pm\sqrt{10}$

10 $(x-8)^2=16$에서 $x-8=\pm4$이므로

$x=8\pm4$

따라서 $x=4$ 또는 $x=12$

11 $(x+3)^2-27=0$에서 $(x+3)^2=27$

$x+3=\pm3\sqrt{3}$이므로

$x=-3\pm3\sqrt{3}$

12 $(x-6)^2-15=0$에서 $(x-6)^2=15$

$x-6=\pm\sqrt{15}$이므로

$x=6\pm\sqrt{15}$

13 $5(x-4)^2=30$에서 $(x-4)^2=6$

$x-4=\pm\sqrt{6}$이므로

$x=4\pm\sqrt{6}$

14 $3(x+2)^2=15$에서 $(x+2)^2=5$

$x+2=\pm\sqrt{5}$이므로

$x=-2\pm\sqrt{5}$

15 $2(x+2)^2-36=0$에서 $2(x+2)^2=36$

$(x+2)^2=18,\ x+2=\pm3\sqrt{2}$

이므로 $x=-2\pm3\sqrt{2}$

16 $4(x-1)^2-32=0$에서 $4(x-1)^2=32$

$(x-1)^2=8,\ x-1=\pm2\sqrt{2}$

이므로 $x=1\pm2\sqrt{2}$

17 $7(x-4)^2-56=0$에서 $7(x-4)^2=56$

$(x-4)^2=8,\ x-4=\pm2\sqrt{2}$

이므로 $x=4\pm2\sqrt{2}$

따라서 두 근의 합은 $(4+2\sqrt{2})+(4-2\sqrt{2})=8$

06

완전제곱식을 이용한 이차방정식의 풀이

원리확인

❶ 16, 15, 4, 15, 4, $\sqrt{15}$, $4\pm\sqrt{15}$

❷ $\dfrac{7}{2}$, 9, $\dfrac{25}{2}$, 3, $\dfrac{25}{2}$, 3, $5\sqrt{2}$, $3\pm\dfrac{5\sqrt{2}}{2}$

❸ 1, $\dfrac{1}{16}$, $\dfrac{17}{16}$, $\dfrac{1}{4}$, $\dfrac{17}{16}$, $\dfrac{1}{4}$, $\dfrac{\sqrt{17}}{4}$, $1\pm\sqrt{17}$

1 ($\mathscr{O}$ -22, 25, 3, 5, 3, 5, 3)

2 $p=2$, $q=10$　　　**3** $p=-1$, $q=10$

4 $p=-\dfrac{1}{2}$, $q=\dfrac{13}{4}$　　**5** $p=-3$, $q=11$

6 $p=-1$, $q=6$　　　**7** $p=2$, $q=7$

8 $p=3$, $q=8$　　　**9** $p=\dfrac{3}{2}$, $q=\dfrac{3}{4}$

10 $p=-\dfrac{1}{4}$, $q=\dfrac{5}{16}$　　**11** ②

12 ($\mathscr{O}$ 7, 4, 11, 2, 11, 2, 11, $2\pm\sqrt{11}$)

13 $x=-3\pm\sqrt{2}$　　**14** $x=4\pm\sqrt{13}$

15 $x=\dfrac{-5\pm\sqrt{5}}{2}$

16 ($\mathscr{O}$ -2, 9, 7, 3, 7, 3, 7, $3\pm\sqrt{7}$)

17 $x=-2\pm\sqrt{10}$　　**18** $x=1\pm2\sqrt{2}$

19 $x=\dfrac{-3\pm\sqrt{29}}{2}$　　**20** ④

2 $x^2+4x-6=0$에서 $x^2+4x=6$
$x^2+4x+4=10$, $(x+2)^2=10$
따라서 $p=2$, $q=10$

3 $x^2-2x-9=0$에서 $x^2-2x=9$
$x^2-2x+1=10$, $(x-1)^2=10$
따라서 $p=-1$, $q=10$

4 $x^2-x-3=0$에서 $x^2-x=3$
$x^2-x+\dfrac{1}{4}=\dfrac{13}{4}$, $\left(x-\dfrac{1}{2}\right)^2=\dfrac{13}{4}$
따라서 $p=-\dfrac{1}{2}$, $q=\dfrac{13}{4}$

5 $x^2-6x-2=0$에서 $x^2-6x=2$
$x^2-6x+9=11$, $(x-3)^2=11$
따라서 $p=-3$, $q=11$

6 $3x^2-6x-15=0$에서 $x^2-2x-5=0$
$x^2-2x=5$, $x^2-2x+1=6$, $(x-1)^2=6$
따라서 $p=-1$, $q=6$

7 $2x^2+8x-6=0$에서 $x^2+4x-3=0$
$x^2+4x=3$, $x^2+4x+4=7$, $(x+2)^2=7$
따라서 $p=2$, $q=7$

8 $5x^2+30x+5=0$에서 $x^2+6x+1=0$
$x^2+6x=-1$, $x^2+6x+9=8$, $(x+3)^2=8$
따라서 $p=3$, $q=8$

9 $4x^2+12x+6=0$에서 $x^2+3x+\dfrac{3}{2}=0$
$x^2+3x=-\dfrac{3}{2}$, $x^2+3x+\dfrac{9}{4}=\dfrac{3}{4}$, $\left(x+\dfrac{3}{2}\right)^2=\dfrac{3}{4}$
따라서 $p=\dfrac{3}{2}$, $q=\dfrac{3}{4}$

10 $16x^2-8x-4=0$에서 $x^2-\dfrac{1}{2}x-\dfrac{1}{4}=0$
$x^2-\dfrac{1}{2}x=\dfrac{1}{4}$, $x^2-\dfrac{1}{2}x+\dfrac{1}{16}=\dfrac{5}{16}$, $\left(x-\dfrac{1}{4}\right)^2=\dfrac{5}{16}$
따라서 $p=-\dfrac{1}{4}$, $q=\dfrac{5}{16}$

11 $3x^2-12x+1=0$에서 $x^2-4x+\dfrac{1}{3}=0$
$x^2-4x=-\dfrac{1}{3}$, $x^2-4x+4=\dfrac{11}{3}$, $(x-2)^2=\dfrac{11}{3}$
따라서 $p=-2$, $q=\dfrac{11}{3}$이므로
$3pq=3\times(-2)\times\dfrac{11}{3}=-22$

13 $x^2+6x+7=0$에서 $x^2+6x=-7$
$x^2+6x+9=2$, $(x+3)^2=2$, $x+3=\pm\sqrt{2}$
따라서 $x=-3\pm\sqrt{2}$

14 $x^2-8x+3=0$에서 $x^2-8x=-3$
$x^2-8x+16=13$, $(x-4)^2=13$, $x-4=\pm\sqrt{13}$
따라서 $x=4\pm\sqrt{13}$

15 $x^2+5x+5=0$에서 $x^2+5x=-5$
$x^2+5x+\dfrac{25}{4}=\dfrac{5}{4}$, $\left(x+\dfrac{5}{2}\right)^2=\dfrac{5}{4}$
$x+\dfrac{5}{2}=\pm\dfrac{\sqrt{5}}{2}$
따라서 $x=\dfrac{-5\pm\sqrt{5}}{2}$

17 $2x^2+8x-12=0$에서 $x^2+4x-6=0$

$x^2+4x=6$, $x^2+4x+4=10$

$(x+2)^2=10$, $x+2=\pm\sqrt{10}$

따라서 $x=-2\pm\sqrt{10}$

18 $5x^2-10x-35=0$에서 $x^2-2x-7=0$

$x^2-2x=7$, $x^2-2x+1=8$

$(x-1)^2=8$, $x-1=\pm2\sqrt{2}$

따라서 $x=1\pm2\sqrt{2}$

19 $7x^2+21x-35=0$에서 $x^2+3x-5=0$

$x^2+3x=5$, $x^2+3x+\dfrac{9}{4}=\dfrac{29}{4}$

$\left(x+\dfrac{3}{2}\right)^2=\dfrac{29}{4}$, $x+\dfrac{3}{2}=\pm\dfrac{\sqrt{29}}{2}$

따라서 $x=\dfrac{-3\pm\sqrt{29}}{2}$

20 $16x^2-8x-12=0$에서 $x^2-\dfrac{1}{2}x-\dfrac{3}{4}=0$

$x^2-\dfrac{1}{2}x=\dfrac{3}{4}$, $x^2-\dfrac{1}{2}x+\dfrac{1}{16}=\dfrac{13}{16}$

$\left(x-\dfrac{1}{4}\right)^2=\dfrac{13}{16}$, $x-\dfrac{1}{4}=\pm\dfrac{\sqrt{13}}{4}$

이므로 $x=\dfrac{1\pm\sqrt{13}}{4}$

이때 $\alpha>\beta$이므로 $\alpha=\dfrac{1+\sqrt{13}}{4}$, $\beta=\dfrac{1-\sqrt{13}}{4}$

따라서 $\alpha-\beta=\dfrac{1+\sqrt{13}}{4}-\dfrac{1-\sqrt{13}}{4}=\dfrac{\sqrt{13}}{2}$

TEST 1. 이차방정식과 그 풀이

1 ④	**2** ④	**3** 13
4 ③	**5** -3	**6** ②

1 ㄱ. 일차방정식

ㄴ. 식을 정리하면 $-3x+5=0$이므로 일차방정식이다.

ㄷ. 이차방정식

ㄹ. 식을 정리하면 $x^2+13x-31=0$이므로 이차방정식
이다.

2 $2x^2-3x+6=0$의 한 근이 $x=a$이므로

$x=a$를 $2x^2-3x+6=0$에 대입하면

$2a^2-3a+6=0$에서

$2a^2-3a=-6$

따라서 $2a^2-3a+11=-6+11=5$

3 $(x+4)(x-2)=7$에서

$x^2+2x-15=0$, $(x+5)(x-3)=0$

$x=-5$ 또는 $x=3$

따라서 $\alpha=3$, $\beta=-5$이므로

$\alpha-2\beta=3-2\times(-5)=13$

4 $x^2+12x-a=-11$에서 $x^2+12x-a+11=0$

이 이차방정식이 중근을 가지려면

$-a+11=\left(\dfrac{12}{2}\right)^2$, $-a+11=36$

$-a=25$

따라서 $a=-25$

5 $x^2+20x-3=0$에서 $x^2+20x=3$

$x^2+20x+100=103$, $(x+10)^2=103$

따라서 $p=10$, $q=103$이므로

$10p-q=100-103=-3$

6 ① $(x+8)^2=19$에서 $x+8=\pm\sqrt{19}$이므로

　　　$x=-8\pm\sqrt{19}$

② $4(x-3)^2=20$에서 $(x-3)^2=5$

　　　$x-3=\pm\sqrt{5}$이므로 $x=3\pm\sqrt{5}$

③ $7(x-11)^2=49$에서 $(x-11)^2=7$

　　　$x-11=\pm\sqrt{7}$이므로 $x=11\pm\sqrt{7}$

④ $x^2+14x+7=0$에서 $x^2+14x=-7$

　　　$x^2+14x+49=42$, $(x+7)^2=42$

　　　$x+7=\pm\sqrt{42}$이므로 $x=-7\pm\sqrt{42}$

⑤ $3x^2+3x-1=0$에서 $x^2+x-\dfrac{1}{3}=0$

　　　$x^2+x=\dfrac{1}{3}$, $x^2+x+\dfrac{1}{4}=\dfrac{7}{12}$

　　　$\left(x+\dfrac{1}{2}\right)^2=\dfrac{7}{12}$, $x+\dfrac{1}{2}=\pm\dfrac{\sqrt{21}}{6}$

　　　이므로 $x=-\dfrac{1}{2}\pm\dfrac{\sqrt{21}}{6}$

따라서 이차방정식과 그 해가 잘못 짝지어진 것은 ②이다.

2 이차방정식의 근의 공식

01

이차방정식의 근의 공식 (1)

1 $7, 7, 7, 1, 2, 1, -7, 41, 2$

2 $-3, -3, -3, 1, 1, 3, 5, 2$

3 $5, -2, 5, 5, 1, -2, 1, -5, 33, 2$

4 $x=\dfrac{-1\pm\sqrt{13}}{2}$ **5** $x=\dfrac{-11\pm\sqrt{101}}{2}$

6 $x=\dfrac{-3\pm\sqrt{17}}{2}$ **7** $x=\dfrac{9\pm\sqrt{37}}{2}$

8 $x=\dfrac{1\pm\sqrt{33}}{2}$ **9** $x=\dfrac{5\pm\sqrt{29}}{2}$

10 $x=\dfrac{7\pm\sqrt{69}}{2}$ **11** $x=\dfrac{15\pm\sqrt{105}}{2}$

12 $x=\dfrac{-9\pm\sqrt{73}}{2}$ **13** $x=1\pm\sqrt{2}$

☺ $b, 4c, 2$ **14** ③

15 $9, 1, 9, 9, 6, 1, 6, -9, 57, 12$

16 $1, -5, 1, 1, 3, -5, 3, -1, 61, 6$

17 $-7, 4, -7, -7, 4, 2, 7, 17, 4$

18 $-1, -2, -1, -1, 4, 4, 1, 33, 8$

19 $3, -5, 3, 3, 5, -5, 5, -3, 109, 10$

20 $-13, 3, -13, -13, 3, 8, 13, 73, 16$

21 $x=\dfrac{-9\pm\sqrt{41}}{4}$ **22** $x=\dfrac{7\pm\sqrt{97}}{4}$

23 $x=\dfrac{7\pm\sqrt{17}}{8}$ **24** $x=\dfrac{1\pm\sqrt{61}}{6}$

25 $x=\dfrac{11\pm\sqrt{93}}{14}$ **26** $x=\dfrac{-5\pm\sqrt{17}}{4}$

27 $x=\dfrac{5\pm\sqrt{97}}{12}$ **28** $x=\dfrac{-2\pm\sqrt{7}}{3}$

29 $x=\dfrac{3\pm2\sqrt{6}}{5}$ **30** $x=\dfrac{1\pm\sqrt{10}}{3}$

☺ $b, b^2-4ac, 2a$ **31** ③

4 $x=\dfrac{-1\pm\sqrt{1^2-4\times1\times(-3)}}{2\times1}=\dfrac{-1\pm\sqrt{13}}{2}$

5 $x=\dfrac{-11\pm\sqrt{11^2-4\times1\times5}}{2\times1}=\dfrac{-11\pm\sqrt{101}}{2}$

6 $x=\dfrac{-3\pm\sqrt{3^2-4\times1\times(-2)}}{2\times1}=\dfrac{-3\pm\sqrt{17}}{2}$

7 $x=\dfrac{-(-9)\pm\sqrt{(-9)^2-4\times1\times11}}{2\times1}=\dfrac{9\pm\sqrt{37}}{2}$

8 $x=\dfrac{-(-1)\pm\sqrt{(-1)^2-4\times1\times(-8)}}{2\times1}$
$=\dfrac{1\pm\sqrt{33}}{2}$

9 $x=\dfrac{-(-5)\pm\sqrt{(-5)^2-4\times1\times(-1)}}{2\times1}$
$=\dfrac{5\pm\sqrt{29}}{2}$

10 $x=\dfrac{-(-7)\pm\sqrt{(-7)^2-4\times1\times(-5)}}{2\times1}$
$=\dfrac{7\pm\sqrt{69}}{2}$

11 $x=\dfrac{-(-15)\pm\sqrt{(-15)^2-4\times1\times30}}{2\times1}$
$=\dfrac{15\pm\sqrt{105}}{2}$

12 $x=\dfrac{-9\pm\sqrt{9^2-4\times1\times2}}{2\times1}=\dfrac{-9\pm\sqrt{73}}{2}$

13 $x=\dfrac{-(-2)\pm\sqrt{(-2)^2-4\times1\times(-1)}}{2\times1}$
$=\dfrac{2\pm\sqrt{8}}{2}$
$=\dfrac{2\pm2\sqrt{2}}{2}$
$=1\pm\sqrt{2}$

14 $x=\dfrac{-1\pm\sqrt{1^2-4\times1\times(-10)}}{2\times1}=\dfrac{-1\pm\sqrt{41}}{2}$
따라서 $A=41$, $B=2$이므로
$A-10B=41-20=21$

21 $x=\dfrac{-9\pm\sqrt{9^2-4\times2\times5}}{2\times2}=\dfrac{-9\pm\sqrt{41}}{4}$

22 $x=\dfrac{-(-7)\pm\sqrt{(-7)^2-4\times2\times(-6)}}{2\times2}$
$=\dfrac{7\pm\sqrt{97}}{4}$

23 $x=\dfrac{-(-7)\pm\sqrt{(-7)^2-4\times4\times2}}{2\times4}=\dfrac{7\pm\sqrt{17}}{8}$

24 $x=\dfrac{-(-1)\pm\sqrt{(-1)^2-4\times3\times(-5)}}{2\times3}$

$=\dfrac{1\pm\sqrt{61}}{6}$

25 $x=\dfrac{-(-11)\pm\sqrt{(-11)^2-4\times7\times1}}{2\times7}$

$=\dfrac{11\pm\sqrt{93}}{14}$

26 $x=\dfrac{-5\pm\sqrt{5^2-4\times2\times1}}{2\times2}=\dfrac{-5\pm\sqrt{17}}{4}$

27 $x=\dfrac{-(-5)\pm\sqrt{(-5)^2-4\times6\times(-3)}}{2\times6}$

$=\dfrac{5\pm\sqrt{97}}{12}$

28 $x=\dfrac{-4\pm\sqrt{4^2-4\times3\times(-1)}}{2\times3}=\dfrac{-4\pm\sqrt{28}}{6}$

$=\dfrac{-4\pm2\sqrt{7}}{6}$

$=\dfrac{-2\pm\sqrt{7}}{3}$

29 $x=\dfrac{-(-6)\pm\sqrt{(-6)^2-4\times5\times(-3)}}{2\times5}$

$=\dfrac{6\pm\sqrt{96}}{10}$

$=\dfrac{6\pm4\sqrt{6}}{10}$

$=\dfrac{3\pm2\sqrt{6}}{5}$

30 $x=\dfrac{-(-2)\pm\sqrt{(-2)^2-4\times3\times(-3)}}{2\times3}$

$=\dfrac{2\pm\sqrt{40}}{6}$

$=\dfrac{2\pm2\sqrt{10}}{6}$

$=\dfrac{1\pm\sqrt{10}}{3}$

31 $4x^2-3x-2=0$의 근은

$x=\dfrac{-(-3)\pm\sqrt{(-3)^2-4\times4\times(-2)}}{2\times4}$

$=\dfrac{3\pm\sqrt{41}}{8}$

따라서 $A=3$, $B=41$이므로

$A+B=3+41=44$

02

이차방정식의 근의 공식 (2)

1 $3,\ -3,\ 3,\ -2,\ -3,\ 11$

2 $-4,\ 2,\ 4,\ -4,\ 2,\ 4,\ 14$

3 $9,\ 5,\ -9,\ 9,\ 5,\ -9,\ 76,\ -9,\ 19$

4 $-1,\ -5,\ 1,\ -1,\ -5,\ 1,\ 11$

5 $x=1\pm\sqrt{6}$ 6 $x=6\pm\sqrt{33}$

7 $x=-7\pm2\sqrt{13}$ 8 $x=-2\pm\sqrt{3}$

9 $x=\dfrac{-2\pm\sqrt{19}}{5}$ ☺ $-b',\ b'^2-ac,\ a$

10 $x=\dfrac{-8\pm\sqrt{59}}{5}$ 11 $x=\dfrac{-1\pm\sqrt{10}}{3}$

12 $x=\dfrac{4\pm\sqrt{58}}{6}$ 13 $x=\dfrac{2\pm\sqrt{2}}{2}$

14 $x=\dfrac{10\pm2\sqrt{11}}{7}$ 15 ②

5 $x=\dfrac{-(-1)\pm\sqrt{(-1)^2-1\times(-5)}}{1}=1\pm\sqrt{6}$

6 $x=\dfrac{-(-6)\pm\sqrt{(-6)^2-1\times3}}{1}=6\pm\sqrt{33}$

7 $x=\dfrac{-7\pm\sqrt{7^2-1\times(-3)}}{1}$

$=-7\pm\sqrt{52}=-7\pm2\sqrt{13}$

8 $x=\dfrac{-2\pm\sqrt{2^2-1\times1}}{1}=-2\pm\sqrt{3}$

9 $x=\dfrac{-2\pm\sqrt{2^2-5\times(-3)}}{5}=\dfrac{-2\pm\sqrt{19}}{5}$

10 $x=\dfrac{-8\pm\sqrt{8^2-5\times1}}{5}=\dfrac{-8\pm\sqrt{59}}{5}$

11 $x=\dfrac{-1\pm\sqrt{1^2-3\times(-3)}}{3}=\dfrac{-1\pm\sqrt{10}}{3}$

12 $x=\dfrac{-(-4)\pm\sqrt{(-4)^2-6\times(-7)}}{6}=\dfrac{4\pm\sqrt{58}}{6}$

13 $x=\dfrac{-(-2)\pm\sqrt{(-2)^2-2\times1}}{2}=\dfrac{2\pm\sqrt{2}}{2}$

14 $x=\dfrac{-(-10)\pm\sqrt{(-10)^2-7\times8}}{7}$

$\quad =\dfrac{10\pm\sqrt{44}}{7}=\dfrac{10\pm2\sqrt{11}}{7}$

15 $4x^2+4x-5=0$의 근은

$\quad x=\dfrac{-2\pm\sqrt{2^2-4\times(-5)}}{4}=\dfrac{-2\pm\sqrt{24}}{4}$

$\qquad =\dfrac{-2\pm2\sqrt6}{4}=\dfrac{-1\pm\sqrt6}{2}$

따라서 $A=2,\ B=6$이므로

$A+B=2+6=8$

03

복잡한 이차방정식의 풀이

1 $x^2-2x,\ x^2-2x-15,\ 3,\ 5,\ -3,\ 5$

2 $x^2+6x+9,\ x^2+8x+12,\ 6,\ -6$

3 $x^2-3x-10,\ x^2-6x-10,\ 3,\ 19$

4 $x^2-8x+16,\ 15,\ x^2-20x+1,\ 10\pm3\sqrt{11}$

5 $x=-1$ 또는 $x=4$ **6** $x=6$ 또는 $x=7$

7 $x=-6$ 또는 $x=-3$ **8** $x=4\pm2\sqrt5$

9 $x=1\pm\sqrt3$ **10** $x=\dfrac{13\pm\sqrt{249}}{4}$

11 $12,\ 4x^2-3x-1,\ 4,\ 1,\ -\dfrac14,\ 1$

12 $15,\ 3x^2+10x-3,\ -5,\ 34$

13 $6,\ 3x^2-6x+1,\ 3,\ 6$ **14** $x=-3$ 또는 $x=\dfrac12$

15 $x=-3\pm\sqrt6$ **16** $x=\dfrac{7\pm\sqrt{61}}{3}$

17 $x=\dfrac{5\pm2\sqrt{10}}{5}$ **18** $x=7\pm\sqrt{41}$

19 $x=-5\pm\sqrt{19}$

20 $10,\ x^2-2x-3,\ 1,\ 3,\ -1,\ 3$

21 $100,\ x^2-7x-18,\ 2,\ 9,\ -2,\ 9$

22 $10,\ 5x^2-6x-7,\ 3,\ 11$

23 $x=-4$ 또는 $x=-2$ **24** $x=5$ 또는 $x=7$

25 $x=\dfrac{-5\pm\sqrt{19}}{2}$ **26** $x=\dfrac{5\pm\sqrt{185}}{20}$

27 $x=\dfrac{-2\pm\sqrt7}{3}$ **28** $x=\dfrac{5\pm\sqrt{65}}{20}$

---

29 $x=-1$ 또는 $x=\dfrac25$ **30** $x=\dfrac{3\pm\sqrt{21}}{6}$

31 $x=\dfrac{3\pm\sqrt{15}}{2}$ **32** $x=5\pm\sqrt{21}$

33 ⑤

5 $(x+2)(x-7)=-2(x+5)$에서

$x^2-5x-14=-2x-10$

$x^2-3x-4=0,\ (x+1)(x-4)=0$이므로

$x=-1$ 또는 $x=4$

6 $(2x+1)(x-3)=x^2+8x-45$에서

$2x^2-5x-3=x^2+8x-45$

$x^2-13x+42=0,\ (x-6)(x-7)=0$이므로

$x=6$ 또는 $x=7$

7 $(x+5)^2=x+7$에서

$x^2+10x+25=x+7$

$x^2+9x+18=0,\ (x+6)(x+3)=0$이므로

$x=-6$ 또는 $x=-3$

8 $2x^2-3x=(x+1)(x+4)$에서

$2x^2-3x=x^2+5x+4$

$x^2-8x-4=0$이므로

$x=\dfrac{-(-4)\pm\sqrt{(-4)^2-1\times(-4)}}{1}$

$\quad =4\pm\sqrt{20}=4\pm2\sqrt5$

9 $x(x+5)=(2x-1)(x+2)$에서

$x^2+5x=2x^2+3x-2$

$x^2-2x-2=0$이므로

$x=\dfrac{-(-1)\pm\sqrt{(-1)^2-1\times(-2)}}{1}$

$\quad =1\pm\sqrt3$

10 $4(x+1)^2=(2x-3)(3x+2)$에서

$4x^2+8x+4=6x^2-5x-6$

$2x^2-13x-10=0$이므로

$x=\dfrac{-(-13)\pm\sqrt{(-13)^2-4\times2\times(-10)}}{2\times2}$

$\quad =\dfrac{13\pm\sqrt{249}}{4}$

14 $\dfrac15x^2+\dfrac12x-\dfrac{3}{10}=0$의 양변에 10을 곱하면

$$2x^2+5x-3=0$$
$$(x+3)(2x-1)=0 \text{이므로}$$
$$x=-3 \text{ 또는 } x=\frac{1}{2}$$

15 $\frac{1}{6}x^2+x+\frac{1}{2}=0$의 양변에 6을 곱하면
$$x^2+6x+3=0 \text{이므로}$$
$$x=-3\pm\sqrt{6}$$

16 $\frac{1}{7}x^2-\frac{2}{3}x=\frac{4}{21}$에서 $\frac{1}{7}x^2-\frac{2}{3}x-\frac{4}{21}=0$
양변에 21을 곱하면
$$3x^2-14x-4=0 \text{이므로}$$
$$x=\frac{7\pm\sqrt{61}}{3}$$

17 $\frac{1}{3}x^2-\frac{2}{3}x=\frac{1}{5}$에서 $\frac{1}{3}x^2-\frac{2}{3}x-\frac{1}{5}=0$
양변에 15를 곱하면
$$5x^2-10x-3=0 \text{이므로}$$
$$x=\frac{5\pm\sqrt{40}}{5}=\frac{5\pm2\sqrt{10}}{5}$$

18 $\frac{x^2-4x}{6}=\frac{5x-4}{3}$의 양변에 6을 곱하면
$$x^2-4x=10x-8$$
$$x^2-14x+8=0 \text{이므로}$$
$$x=7\pm\sqrt{41}$$

19 $\frac{x^2-2x-3}{3}=\frac{x^2+2x}{2}$의 양변에 6을 곱하면
$$2x^2-4x-6=3x^2+6x,\ x^2+10x+6=0 \text{이므로}$$
$$x=-5\pm\sqrt{19}$$

23 $0.1x^2+0.6x+0.8=0$의 양변에 10을 곱하면
$$x^2+6x+8=0,\ (x+4)(x+2)=0 \text{이므로}$$
$$x=-4 \text{ 또는 } x=-2$$

24 $0.01x^2-0.12x+0.35=0$의 양변에 100을 곱하면
$$x^2-12x+35=0,\ (x-5)(x-7)=0 \text{이므로}$$
$$x=5 \text{ 또는 } x=7$$

25 $0.2x^2+x+0.3=0$의 양변에 10을 곱하면
$$2x^2+10x+3=0$$
$$x=\frac{-5\pm\sqrt{19}}{2}$$

26 $x^2-0.5x-0.4=0$의 양변에 10을 곱하면
$$10x^2-5x-4=0$$
$$x=\frac{5\pm\sqrt{185}}{20}$$

27 $0.3x^2+0.8x=0.4x+0.1x$의 양변에 10을 곱하면
$$3x^2+8x=4x+1,\ 3x^2+4x-1=0$$
$$x=\frac{-2\pm\sqrt{7}}{3}$$

28 $1.4x^2-0.9x=-0.2x+0.14$의 양변에 100을 곱하면
$$140x^2-90x=-20x+14,\ 140x^2-70x-14=0$$
$$10x^2-5x-1=0$$
$$x=\frac{5\pm\sqrt{65}}{20}$$

29 $\frac{1}{2}x^2+0.3x-\frac{1}{5}=0$의 양변에 10을 곱하면
$$5x^2+3x-2=0,\ (x+1)(5x-2)=0 \text{이므로}$$
$$x=-1 \text{ 또는 } x=\frac{2}{5}$$

30 $0.2x^2-\frac{1}{5}x-\frac{1}{15}=0$에서 $\frac{1}{5}x^2-\frac{1}{5}x-\frac{1}{15}=0$
양변에 15를 곱하면 $3x^2-3x-1=0$이므로
$$x=\frac{-(-3)\pm\sqrt{(-3)^2-4\times3\times(-1)}}{2\times3}$$
$$=\frac{3\pm\sqrt{21}}{6}$$

31 $\frac{1}{3}x^2-0.5=x$에서 $\frac{1}{3}x^2-x-\frac{1}{2}=0$
양변에 6을 곱하면 $2x^2-6x-3=0$이므로
$$x=\frac{-(-3)\pm\sqrt{(-3)^2-2\times(-3)}}{2}$$
$$=\frac{3\pm\sqrt{15}}{2}$$

32 $0.6x^2-2\left(3x-\frac{5}{4}\right)=0.1$의 양변에 10을 곱하면
$$6x^2-20\left(3x-\frac{5}{4}\right)=1,\ 6x^2-60x+24=0$$
$$x^2-10x+4=0 \text{이므로}$$
$$x=\frac{-(-5)\pm\sqrt{(-5)^2-1\times4}}{1}=5\pm\sqrt{21}$$

33 $\frac{1}{5}x^2-\frac{1}{2}x=0.3$에서 $\frac{1}{5}x^2-\frac{1}{2}x-0.3=0$

양변에 10을 곱하면

$2x^2-5x-3=0$, $(2x+1)(x-3)=0$이므로

$x=-\frac{1}{2}$ 또는 $x=3$

$0.3x^2-1.1x+0.6=0$의 양변에 10을 곱하면

$3x^2-11x+6=0$, $(3x-2)(x-3)=0$이므로

$x=\frac{2}{3}$ 또는 $x=3$

따라서 주어진 두 이차방정식을 동시에 만족시키는 x의 값은 3이다.

04

공통인 식이 있는 이차방정식의 풀이

원리확인

❶ A^2-4A-5, 1, 5, -1, 5, -1, 5, -8, -2

❷ A^2-2A+1, 1, 1, 1, -2

❸ $6A^2-5A+1$, 1, 1, $\frac{1}{3}$, $\frac{1}{2}$, $\frac{1}{3}$, $\frac{1}{2}$, $\frac{16}{3}$, $\frac{11}{2}$

❹ A^2-A-12, 3, 4, -3, 4, -3, 4, -2, 5, -1, $\frac{5}{2}$

1 $x=-1$ 또는 $x=2$　　**2** $x=-1$ 또는 $x=1$

3 $x=-3$ 또는 $x=0$　　**4** $x=-4$

5 $x=\frac{17}{3}$　　**6** $x=\frac{4}{3}$ 또는 $x=6$

7 $x=-2$ 또는 $x=0$　　**8** $x=\frac{1}{2}$ 또는 $x=\frac{11}{8}$

9 $x=3$ 또는 $x=\frac{7}{2}$　　**10** ④

1 $x+2=A$로 치환하면 $A^2-5A+4=0$
$(A-1)(A-4)=0$에서 $A=1$ 또는 $A=4$
$x+2=1$ 또는 $x+2=4$
따라서 $x=-1$ 또는 $x=2$

2 $3-x=A$로 치환하면 $A^2-6A+8=0$
$(A-4)(A-2)=0$에서 $A=4$ 또는 $A=2$
$3-x=4$ 또는 $3-x=2$
따라서 $x=-1$ 또는 $x=1$

3 $3x+2=A$로 치환하면 $A^2+5A-14=0$
$(A+7)(A-2)=0$에서 $A=-7$ 또는 $A=2$
$3x+2=-7$ 또는 $3x+2=2$
따라서 $x=-3$ 또는 $x=0$

4 $2x-1=A$로 치환하면 $A^2+18A+81=0$
$(A+9)^2=0$에서 $A=-9$
$2x-1=-9$
따라서 $x=-4$

5 $x-6=A$로 치환하면 $9A^2+6A+1=0$
$(3A+1)^2=0$에서 $A=-\frac{1}{3}$
$x-6=-\frac{1}{3}$
따라서 $x=\frac{17}{3}$

6 $x-1=A$로 치환하면 $3A^2-16A+5=0$
$(3A-1)(A-5)=0$에서 $A=\frac{1}{3}$ 또는 $A=5$
$x-1=\frac{1}{3}$ 또는 $x-1=5$
따라서 $x=\frac{4}{3}$ 또는 $x=6$

7 $x+\frac{1}{2}=A$로 치환하면 $4A^2+4A-3=0$
$(2A+3)(2A-1)=0$에서 $A=-\frac{3}{2}$ 또는 $A=\frac{1}{2}$
$x+\frac{1}{2}=-\frac{3}{2}$ 또는 $x+\frac{1}{2}=\frac{1}{2}$
따라서 $x=-2$ 또는 $x=0$

8 $4x-3=A$로 치환하면 $2A^2-3A-5=0$
$(A+1)(2A-5)=0$에서 $A=-1$ 또는 $A=\frac{5}{2}$
$4x-3=-1$ 또는 $4x-3=\frac{5}{2}$
따라서 $x=\frac{1}{2}$ 또는 $x=\frac{11}{8}$

9 $x-1=A$로 치환하면 $2A^2-9A+10=0$
$(A-2)(2A-5)=0$에서 $A=2$ 또는 $A=\frac{5}{2}$
$x-1=2$ 또는 $x-1=\frac{5}{2}$
따라서 $x=3$ 또는 $x=\frac{7}{2}$

10 $a+b=A$로 치환하면 $A(A-3)=40$

$A^2-3A-40=0$, $(A+5)(A-8)=0$에서

$A=-5$ 또는 $A=8$

따라서 $a+b=-5$ 또는 $a+b=8$이고,

a, b는 양수이므로

$a+b=8$

05

이차방정식의 근의 개수

1 ($\diagdown$ 3, 1, 5, $>$, 2) **2** $<$, 0

3 $=$, 1   **4** $>$, 2   **5** $=$, 1

6 $<$, 0   ☺ 2, 1, 0

7 (1) $k<\dfrac{9}{4}$ (2) $\dfrac{9}{4}$ (3) $k>\dfrac{9}{4}$

8 (1) $k<\dfrac{25}{4}$ (2) $\dfrac{25}{4}$ (3) $k>\dfrac{25}{4}$

9 (1) $k<\dfrac{1}{12}$ (2) $\dfrac{1}{12}$ (3) $k>\dfrac{1}{12}$

10 (1) $-\dfrac{25}{4}<k<0$ 또는 $k>0$

(2) $-\dfrac{25}{4}$ (3) $k<-\dfrac{25}{4}$

11 (1) $0<k<\dfrac{9}{16}$ 또는 $k<0$

(2) $\dfrac{9}{16}$ (3) $k>\dfrac{9}{16}$

12 (1) $-2<k<0$ 또는 $k>0$

(2) -2 (3) $k<-2$

13 ($\diagdown$ 2, 1)   **14** $k>-\dfrac{25}{4}$ **15** $k<\dfrac{9}{2}$

16 $k<\dfrac{13}{8}$ **17** $k>-\dfrac{9}{8}$

18 $-5<k<-1$ 또는 $k>-1$

19 ($\diagdown$ -3, $\dfrac{9}{4}$) **20** 0   **21** $\dfrac{16}{3}$

22 $\dfrac{3}{2}$ **23** $\dfrac{49}{12}$ ☺ $\geq$

24 ($\diagdown$ -1, $\dfrac{1}{4}$) **25** $k\leq 17$ **26** $k\geq-\dfrac{1}{24}$

27 $0<k\leq 3$ 또는 $k<0$

28 $-\dfrac{5}{3}<k\leq -1$ 또는 $k<-\dfrac{5}{3}$ **29** ①

30 ($\diagdown$ 1, $-\dfrac{1}{4}$) **31** $k>\dfrac{21}{4}$ **32** $k>\dfrac{2}{5}$

33 $k>3$ **34** $k<1$

2 $b^2-4ac=(-1)^2-4\times1\times5=-19<0$이므로 근의 개수는 0이다.

3 $b^2-4ac=12^2-4\times9\times4=0$이므로 근의 개수는 1이다.

4 $b^2-4ac=(-7)^2-4\times2\times(-3)=73>0$이므로 근의 개수는 2이다.

5 $b^2-4ac=\left(\dfrac{2}{3}\right)^2-4\times1\times\dfrac{1}{9}=0$이므로 근의 개수는 1이다.

6 $b^2-4ac=(-8)^2-4\times5\times7=-76<0$이므로 근의 개수는 0이다.

7 (1) $b^2-4ac=3^2-4\times1\times k>0$이므로 $9-4k>0$

따라서 $k<\dfrac{9}{4}$

(2) $b^2-4ac=3^2-4\times1\times k=0$이므로 $9-4k=0$

따라서 $k=\dfrac{9}{4}$

(3) $b^2-4ac=3^2-4\times1\times k<0$이므로 $9-4k<0$

따라서 $k>\dfrac{9}{4}$

8 (1) $b^2-4ac=(-5)^2-4\times1\times k>0$이므로 $25-4k>0$

따라서 $k<\dfrac{25}{4}$

(2) $b^2-4ac=(-5)^2-4\times1\times k=0$이므로 $25-4k=0$

따라서 $k=\dfrac{25}{4}$

(3) $b^2-4ac=(-5)^2-4\times1\times k<0$이므로 $25-4k<0$

따라서 $k>\dfrac{25}{4}$

9 (1) $b^2-4ac=1^2-4\times3\times k>0$이므로 $1-12k>0$

따라서 $k<\dfrac{1}{12}$

(2) $b^2-4ac=1^2-4\times3\times k=0$이므로 $1-12k=0$

따라서 $k=\dfrac{1}{12}$

(3) $b^2-4ac=1^2-4\times3\times k<0$이므로 $1-12k<0$

따라서 $k>\dfrac{1}{12}$

10 (1) $b^2-4ac=5^2-4\times k\times(-1)>0$이므로

$25+4k>0$에서 $k>-\dfrac{25}{4}$

이때 $k\neq0$이므로 $-\dfrac{25}{4}<k<0$ 또는 $k>0$

(2) $b^2-4ac=5^2-4\times k\times(-1)=0$이므로

$25+4k=0$

따라서 $k=-\dfrac{25}{4}$

(3) $b^2-4ac=5^2-4\times k\times(-1)<0$이므로

$25+4k<0$

따라서 $k<-\dfrac{25}{4}$

11 (1) $b^2-4ac=(-3)^2-4\times k\times4>0$이므로

$9-16k>0$에서 $k<\dfrac{9}{16}$

이때 $k\neq0$이므로 $0<k<\dfrac{9}{16}$ 또는 $k<0$

(2) $b^2-4ac=(-3)^2-4\times k\times4=0$이므로

$9-16k=0$

따라서 $k=\dfrac{9}{16}$

(3) $b^2-4ac=(-3)^2-4\times k\times4<0$이므로

$9-16k<0$

따라서 $k>\dfrac{9}{16}$

12 (1) $b^2-4ac=4^2-4\times2k\times(-1)>0$이므로

$16+8k>0$에서 $k>-2$

이때 $k\neq0$이므로 $-2<k<0$ 또는 $k>0$

(2) $b^2-4ac=4^2-4\times2k\times(-1)=0$이므로 $16+8k=0$

따라서 $k=-2$

(3) $b^2-4ac=4^2-4\times2k\times(-1)<0$이므로

$16+8k<0$

따라서 $k<-2$

14 $b^2-4ac=5^2-4\times1\times(-k)>0$이므로 $25+4k>0$

따라서 $k>-\dfrac{25}{4}$

15 $b^2-4ac=(-6)^2-4\times1\times2k>0$이므로 $-8k+36>0$

따라서 $k<\dfrac{9}{2}$

16 $b^2-4ac=(-3)^2-4\times1\times(2k-1)>0$이므로

$-8k+13>0$

따라서 $k<\dfrac{13}{8}$

17 $b^2-4ac=3^2-4\times2\times(-k)>0$이므로

$8k+9>0$

따라서 $k>-\dfrac{9}{8}$

18 $b^2-4ac=4^2-4\times(k+1)\times(-1)>0$이므로

$4k+20>0$에서 $k>-5$

이때 $k+1\neq0$이므로 $k\neq-1$이어야 한다.

따라서 $-5<k<-1$ 또는 $k>-1$

20 $b^2-4ac=2^2-4\times1\times(1-k)=0$이므로

$4k=0$

따라서 $k=0$

21 $b^2-4ac=(-8)^2-4\times3\times k=0$이므로

$64-12k=0$

따라서 $k=\dfrac{16}{3}$

22 $b^2-4ac=(-6)^2-4\times2\times(k+3)=0$이므로

$12-8k=0$

따라서 $k=\dfrac{3}{2}$

23 $b^2-4ac=7^2-4\times k\times3=0$이므로 $49-12k=0$

따라서 $k=\dfrac{49}{12}$

25 $b^2-4ac=8^2-4\times1\times(k-1)\geq0$이므로 $68-4k\geq0$

따라서 $k\leq17$

26 $b^2-4ac=1^2-4\times3\times(-2k)\geq0$이므로 $24k+1\geq0$

따라서 $k\geq-\dfrac{1}{24}$

27 $b^2-4ac=6^2-4\times3k\times1\geq0$이므로 $36-12k\geq0$에서

$k\leq3$

이때 $k\neq0$이므로 $0<k\leq3$ 또는 $k<0$

28 $b^2-4ac=4^2-4\times(3k+5)\times2\geq0$이므로

$-24k-24\geq0$에서 $k\leq-1$

이때 $3k+5\neq0$에서 $k\neq-\dfrac{5}{3}$이므로

$-\dfrac{5}{3}<k\leq-1$ 또는 $k<-\dfrac{5}{3}$

29 $a^2-4\times1\times7>0$이므로 $a^2>28$
따라서 상수 a의 값으로 적당하지 않은 것은 ①이다.

31 $b^2-4ac=(-5)^2-4\times1\times(k+1)<0$이므로
$21-4k<0$
따라서 $k>\dfrac{21}{4}$

32 $b^2-4ac=4^2-4\times5\times2k<0$이므로
$16-40k<0$
따라서 $k>\dfrac{2}{5}$

33 $b^2-4ac=(-4)^2-4\times2\times(k-1)<0$이므로
$24-8k<0$
따라서 $k>3$

34 $b^2-4ac=2^2-4\times(2k-3)\times(-1)<0$이므로
$8k-8<0$에서 $k<1$
이때 $2k-3\neq0$이므로 $k\neq\dfrac{3}{2}$
따라서 $k<1$

06

본문 46쪽

이차방정식 구하기

1 ($\mathscr{Q}$ 3, 4, x^2+x-12)
2 $4x^2+28x+40=0$ **3** $-x^2+13x-40=0$
4 $6x^2-5x+1=0$ **5** $2x^2-x-10=0$
6 ($\mathscr{Q}$ 2, $3x^2-12x+12$)
7 $5x^2+30x+45=0$ **8** $-3x^2+30x-75=0$
9 $-2x^2-32x-128=0$ **10** $3x^2-24x+48=0$
11 $25x^2+10x+1=0$
12 ($\mathscr{Q}$ 5, -4, x^2-5x-4)
13 $2x^2+12x+16=0$ **14** $3x^2-39x+33=0$
15 $-x^2-7x+1=0$ **16** ④

2 $4(x+5)(x+2)=0$에서
$4(x^2+7x+10)=0$
따라서 $4x^2+28x+40=0$

3 $-(x-5)(x-8)=0$에서
$-(x^2-13x+40)=0$
따라서 $-x^2+13x-40=0$

4 $6\left(x-\dfrac{1}{2}\right)\left(x-\dfrac{1}{3}\right)=0$에서
$6\left(x^2-\dfrac{5}{6}x+\dfrac{1}{6}\right)=0$
따라서 $6x^2-5x+1=0$

5 $2(x+2)\left(x-\dfrac{5}{2}\right)=0$에서
$2\left(x^2-\dfrac{1}{2}x-5\right)=0$
따라서 $2x^2-x-10=0$

7 $5(x+3)^2=0$에서
$5(x^2+6x+9)=0$
따라서 $5x^2+30x+45=0$

8 $-3(x-5)^2=0$에서
$-3(x^2-10x+25)=0$
따라서 $-3x^2+30x-75=0$

9 $-2(x+8)^2=0$에서
$-2(x^2+16x+64)=0$
따라서 $-2x^2-32x-128=0$

10 $3(x-4)^2=0$에서
$3(x^2-8x+16)=0$
따라서 $3x^2-24x+48=0$

11 $25\left(x+\dfrac{1}{5}\right)^2=0$에서
$25\left(x^2+\dfrac{2}{5}x+\dfrac{1}{25}\right)=0$
따라서 $25x^2+10x+1=0$

13 $2\{x^2-(-6)x+8\}=0$에서
$2x^2+12x+16=0$

14 $3(x^2-13x+11)=0$에서
$3x^2-39x+33=0$

15 $-\{x^2-(-7)x-1\}=0$에서
$-x^2-7x+1=0$

16 $x^2-9x-12=0$에서
(두 근의 합)$=9$, (두 근의 곱)$=-12$이므로
$m=9$, $n=-12$
따라서 9, -12를 두 근으로 하고 x^2의 계수가 1인 이차
방정식은
$(x-9)(x+12)=0$에서 $x^2+3x-108=0$

07

계수가 유리수인 이차방정식의 해(근)

원리확인

❶ $2-\sqrt{3}$ 　　　　❷ $-5-2\sqrt{5}$

❸ $11+3\sqrt{7}$ 　　　　❹ $-1+\sqrt{15}$

1 (1) $2+3\sqrt{5}$ (2) 4 (3) -41

2 (1) $-6-2\sqrt{2}$ (2) -12 (3) 28

3 (1) $-1+\sqrt{13}$ (2) -2 (3) -12

4 ②

1 (2) $(2-3\sqrt{5})+(2+3\sqrt{5})=4$
　(3) $(2-3\sqrt{5})(2+3\sqrt{5})=-41$

2 (2) $(-6+2\sqrt{2})+(-6-2\sqrt{2})=-12$
　(3) $(-6+2\sqrt{2})(-6-2\sqrt{2})=28$

3 (2) $(-1-\sqrt{13})+(-1+\sqrt{13})=-2$
　(3) $(-1-\sqrt{13})(-1+\sqrt{13})=-12$

4 한 근이 $7+5\sqrt{2}$이므로 다른 한 근은 $7-5\sqrt{2}$이다.
　(두 근의 합)$=(7+5\sqrt{2})+(7-5\sqrt{2})=14$
　(두 근의 곱)$=(7+5\sqrt{2})(7-5\sqrt{2})=-1$
　이므로 이차방정식은 $x^2-14x-1=0$
　따라서 $a=-14$, $b=-1$

---

1 ③ 　　　　**2** $1+6\sqrt{7}$

3 ㉢, $x=0$ 또는 $x=2$ 　　**4** $m=-4$ 또는 $m=8$

5 ④ 　　　　**6** 120

1 $x=\dfrac{-(-7)\pm\sqrt{(-7)^2-4\times3\times1}}{2\times3}=\dfrac{7\pm\sqrt{37}}{6}$
　이므로 $a=7$, $b=37$에서
　$a+b=44$

2 $4x(x-2)=(x-3)^2$에서
　$4x^2-8x=x^2-6x+9$
　$3x^2-2x-9=0$이므로
　$x=\dfrac{-(-1)\pm\sqrt{(-1)^2-3\times(-9)}}{3}$
　$=\dfrac{1\pm\sqrt{28}}{3}=\dfrac{1\pm2\sqrt{7}}{3}$
　따라서 $\alpha=\dfrac{1+2\sqrt{7}}{3}$, $\beta=\dfrac{1-2\sqrt{7}}{3}$이므로
　$6\alpha-3\beta=6\times\dfrac{1+2\sqrt{7}}{3}-3\times\dfrac{1-2\sqrt{7}}{3}$
　$=2(1+2\sqrt{7})-(1-2\sqrt{7})$
　$=2+4\sqrt{7}-1+2\sqrt{7}$
　$=1+6\sqrt{7}$

3 $(x+3)^2-8(x+3)+15=0$에서
　$x+3=A$로 치환하면
　$A^2-8A+15=0$, $(A-3)(A-5)=0$
　$A=x+3$을 대입하면
　$x(x-2)=0$에서 $x=0$ 또는 $x=2$
　따라서 처음으로 잘못 푼 곳의 기호는 ㉢이다.

4 $(-m)^2-4\times1\times(m+8)=0$이므로
　$m^2-4m-32=0$, $(m+4)(m-8)=0$에서
　$m=-4$ 또는 $m=8$

5 $2(x+3)(x-5)=0$에서
　$2(x^2-2x-15)=0$
　따라서 $2x^2-4x-30=0$

6 한 근이 $5+2\sqrt{7}$이므로 다른 한 근은 $5-2\sqrt{7}$이다.
　(두 근의 합)$=(5+2\sqrt{7})+(5-2\sqrt{7})=10$
　(두 근의 곱)$=(5+2\sqrt{7})(5-2\sqrt{7})=-3$
　이므로 이차방정식은
　$2(x^2-10x-3)=0$, $2x^2-20x-6=0$
　따라서 $a=-20$, $b=-6$이므로 $ab=120$

3 이차방정식의 활용

01

본문 52쪽

이차방정식의 활용

1 (1) ($\mathscr{O}$ 210) (2) $n=20$ 또는 $n=-21$ (3) 20

2 (1) $\dfrac{n(n-3)}{2}=90$ (2) $n=15$ 또는 $n=-12$

  (3) 15, 십오각형

3 16명

4 (1) $x+1$ (2) $x(x+1)=132$

  (3) $x=-12$ 또는 $x=11$ (4) 11, 12

5 10, 11

6 (1) $x-1$, $x+1$ (2) $(x-1)^2+x^2=10(x+1)+23$

  (3) $x=-2$ 또는 $x=8$ (4) 7, 8, 9

7 8, 9, 10

8 (1) 4 (2) $x(x-4)=252$

  (3) $x=-14$ 또는 $x=18$ (4) 18세

9 6세

10 (1) 5 (2) $x^2+(x+5)^2=493$

  (3) $x=-18$ 또는 $x=13$ (4) 13세

11 3년 후

12 (1) $x-3$ (2) $x(x-3)=180$

  (3) $x=-12$ 또는 $x=15$ (4) 15명

13 18명

14 (1) $x+5$ (2) $x(x+5)=126$

  (3) $x=-14$ 또는 $x=9$ (4) 9

15 7

---

1 (2) $\dfrac{n(n+1)}{2}=210$에서 $n^2+n-420=0$

  $(n-20)(n+21)=0$이므로

  $n=20$ 또는 $n=-21$

  (3) n은 자연수이므로 $n=20$

2 (2) $\dfrac{n(n-3)}{2}=90$에서 $n^2-3n-180=0$

  $(n-15)(n+12)=0$이므로

  $n=15$ 또는 $n=-12$

  (3) n은 자연수이므로 $n=15$

따라서 구하는 다각형은 십오각형이다.

3 이 반 학생 수를 n명이라 하면

$\dfrac{n(n-1)}{2}=120$에서 $n^2-n-240=0$

$(n-16)(n+15)=0$이므로 $n=16$ 또는 $n=-15$

n은 자연수이므로 $n=16$

따라서 이 반 학생 수는 16명이다.

4 (3) $x(x+1)=132$에서 $x^2+x-132=0$

  $(x+12)(x-11)=0$이므로

  $x=-12$ 또는 $x=11$

  (4) x는 자연수이므로 $x=11$

  따라서 연속하는 두 자연수는 11, 12이다.

5 연속하는 두 자연수를 x, $x+1$이라 하면

$x^2+(x+1)^2=221$

$2x^2+2x-220=0$, $x^2+x-110=0$

$(x+11)(x-10)=0$이므로 $x=-11$ 또는 $x=10$

x는 자연수이므로 $x=10$

따라서 연속하는 두 자연수는 10, 11이다.

6 (3) $(x-1)^2+x^2=10(x+1)+23$에서

  $2x^2-12x-32=0$

  $x^2-6x-16=0$, $(x+2)(x-8)=0$이므로

  $x=-2$ 또는 $x=8$

  (4) x는 자연수이므로 $x=8$

  따라서 연속하는 세 자연수는 7, 8, 9이다.

7 연속하는 세 자연수를 $x-1$, x, $x+1$이라 하면

$(x+1)^2+(x-1)=12x$, $x^2-9x=0$

$x(x-9)=0$이므로 $x=0$ 또는 $x=9$

x는 자연수이므로 $x=9$

따라서 연속하는 세 자연수는 8, 9, 10이다.

8 (3) $x(x-4)=252$에서 $x^2-4x-252=0$

  $(x+14)(x-18)=0$이므로

  $x=-14$ 또는 $x=18$

  (4) x는 자연수이므로 $x=18$

  따라서 하연이의 나이는 18세이다.

9 수빈이의 나이를 x세라 하면 오빠의 나이는 $(x+2)$세이므로

$x(x+2)=48$, $x^2+2x-48=0$

$(x+8)(x-6)=0$이므로

10 (3) $x^2+(x+5)^2=493$에서 $2x^2+10x-468=0$

$x^2+5x-234=0$, $(x+18)(x-13)=0$이므로

$x=-18$ 또는 $x=13$

(4) x는 자연수이므로 $x=13$

따라서 민규의 나이는 13세이다.

11 x년 후의 아버지의 나이는 $(41+x)$세이고, 딸의 나이는 $(10+x)$세이므로

$(10+x)^2=4(41+x)-7$

$x^2+16x-57=0$, $(x+19)(x-3)=0$이므로

$x=-19$ 또는 $x=3$

x는 자연수이므로 $x=3$

따라서 3년 후에 딸의 나이의 제곱이 아버지의 나이의 4배보다 7세 적어진다.

12 (3) $x(x-3)=180$에서 $x^2-3x-180=0$

$(x+12)(x-15)=0$이므로

$x=-12$ 또는 $x=15$

(4) x는 자연수이므로 $x=15$

따라서 학생 수는 15명이다.

13 학생 수를 x명이라 할 때, 한 학생이 받는 사과의 개수는 $(x-7)$개이므로

$x(x-7)=198$, $x^2-7x-198=0$

$(x+11)(x-18)=0$이므로

$x=-11$ 또는 $x=18$

x는 자연수이므로 $x=18$

따라서 학생 수는 18명이다.

14 (3) $x(x+5)=126$에서 $x^2+5x-126=0$

$(x+14)(x-9)=0$이므로

$x=-14$ 또는 $x=9$

(4) x는 자연수이므로 $x=9$

따라서 한 접시에 담긴 바나나의 개수는 9이다.

15 모둠의 수를 x라 할 때, 각 모둠의 학생 수는 $(x+2)$명이므로

$x(x+2)=63$, $x^2+2x-63=0$

$(x+9)(x-7)=0$이므로 $x=-9$ 또는 $x=7$

x는 자연수이므로 $x=7$

따라서 모둠의 수는 7이다.

쏘아 올린 물체에 대한 활용

원리확인

❶ 0   ❷ 50

1 (1) $-5x^2+40x=0$ (2) $x=0$ 또는 $x=8$ (3) 8초 후

2 10초 후

3 (1) $-5x^2+15x+20=0$ (2) $x=-1$ 또는 $x=4$

(3) 4초 후

4 2초 후

5 (1) $-5x^2+45x=90$ (2) $x=3$ 또는 $x=6$ (3) 3초 후

6 5초 후

1 (2) $-5x^2+40x=0$에서 $x^2-8x=0$

$x(x-8)=0$이므로

$x=0$ 또는 $x=8$

(3) $x>0$이므로 $x=8$

따라서 공을 던져 올린 지 8초 후에 던진 공이 지면에 떨어진다.

2 $-5x^2+50x=0$에서 $x^2-10x=0$

$x(x-10)=0$이므로

$x=0$ 또는 $x=10$

$x>0$이므로 $x=10$

따라서 공을 던져 올린 지 10초 후에 던진 공이 지면에 떨어진다.

3 (2) $-5x^2+15x+20=0$에서 $x^2-3x-4=0$

$(x+1)(x-4)=0$이므로

$x=-1$ 또는 $x=4$

(3) $x>0$이므로 $x=4$

따라서 공을 던져 올린 지 4초 후에 던진 공이 지면에 떨어진다.

4 $-5x^2+5x+10=0$에서 $x^2-x-2=0$

$(x+1)(x-2)=0$이므로

$x=-1$ 또는 $x=2$

$x>0$이므로 $x=2$

따라서 공을 던져 올린 지 2초 후에 던진 공이 지면에 떨어진다.

5 (2) $-5x^2+45x=90$에서 $-5x^2+45x-90=0$

$x^2-9x+18=0$, $(x-3)(x-6)=0$이므로

$x=3$ 또는 $x=6$

(3) 공을 던져 올린 지 3초 후에 공의 지면으로부터의 높이가 처음으로 90 m가 된다.

6 $-5x^2+10x+100=25$에서
$-5x^2+10x+75=0$, $x^2-2x-15=0$
$(x+3)(x-5)=0$이므로
$x=-3$ 또는 $x=5$
$x>0$이므로 $x=5$
따라서 물체를 쏘아 올린 지 5초 후에 물체의 지면으로부터의 높이가 25 m가 된다.

---

03 본문 58쪽

도형에 활용

원리확인

❶ $x+2$　　　　❷ $x-4$

---

1 (1) $(x-3)$cm　(2) $\dfrac{1}{2}(x-3)x=35$

　(3) $x=-7$ 또는 $x=10$　(4) 10 cm

2 8 cm

3 (1) 가로의 길이: $(12+x)$m,
　　세로의 길이: $(7+x)$m

　(2) $(12+x)(7+x)=150$　(3) $x=-22$ 또는 $x=3$

　(4) 3 m

4 13 cm

5 (1) 가로의 길이: $(x+3)$cm
　　세로의 길이: $(x-2)$cm

　(2) $(x+3)(x-2)=84$　(3) $x=-10$ 또는 $x=9$

　(4) 9 cm

6 12 cm

7 (1) 가로의 길이: $(25-x)$m
　　세로의 길이: $(20-x)$m

　(2) $(25-x)(20-x)=300$　(3) $x=5$ 또는 $x=40$

　(4) 5 m

8 3 m

9 (1) $(x+5)$cm　(2) $\pi(x+5)^2=4\pi x^2$

　(3) $x=-\dfrac{5}{3}$ 또는 $x=5$　(4) 5 cm

10 12 cm

---

1 (3) $\dfrac{1}{2}(x-3)x=35$, $x^2-3x-70=0$

　　$(x+7)(x-10)=0$이므로

　　$x=-7$ 또는 $x=10$

　(4) $x>0$이므로 $x=10$

　　따라서 이 삼각형의 높이는 10 cm이다.

2 높이를 x cm라 하면 밑변의 길이는 $(x+6)$ cm이므로

　$\dfrac{1}{2}(x+6)x=56$, $x^2+6x-112=0$

　$(x+14)(x-8)=0$이므로 $x=-14$ 또는 $x=8$

　$x>0$이므로 $x=8$

　따라서 이 삼각형의 높이는 8 cm이다.

3 (2) $(12+x)(7+x)=12\times7+66=150$

　(3) $(12+x)(7+x)=150$에서 $x^2+19x-66=0$

　　$(x+22)(x-3)=0$이므로

　　$x=-22$ 또는 $x=3$

　(4) $x>0$이므로 $x=3$

　　따라서 가로, 세로의 길이를 각각 3 m씩 늘였다.

4 줄인 길이를 x cm라 하면 가로의 길이는 $(15-x)$cm,
　세로의 길이는 $(8-x)$cm이므로
　$(15-x)(8-x)=78$에서 $x^2-23x+42=0$
　$(x-21)(x-2)=0$이므로 $x=2$ 또는 $x=21$
　$0<x<8$이므로 $x=2$
　따라서 새롭게 만든 직사각형의 가로의 길이는
　$15-2=13$(cm)

5 (3) $(x+3)(x-2)=84$에서 $x^2+x-90=0$

　　$(x+10)(x-9)=0$이므로

　　$x=-10$ 또는 $x=9$

　(4) $x>0$이므로 $x=9$

　　따라서 처음 정사각형의 한 변의 길이는 9 cm이다.

6 처음 정사각형의 한 변의 길이를 x cm라 하면 직사각형의 가로의 길이는 $(x-4)$cm, 세로의 길이는
　$(x+4)$cm이므로
　$(x+4)(x-4)=128$, $x^2-16=128$
　$x^2=144$이므로 $x=\pm12$

$x>0$이므로 $x=12$

따라서 처음 정사각형의 한 변의 길이는 $12\,\mathrm{cm}$이다.

7 (3) $(25-x)(20-x)=300$에서 $x^2-45x+200=0$

$(x-5)(x-40)=0$이므로

$x=5$ 또는 $x=40$

(4) $0<x<20$이므로 $x=5$

따라서 도로의 폭은 $5\,\mathrm{m}$이다.

8 도로의 폭을 $x\,\mathrm{m}$라 하면 도로를 제외한 잔디 광장의 넓이는 다음 그림의 직사각형의 넓이와 같으므로

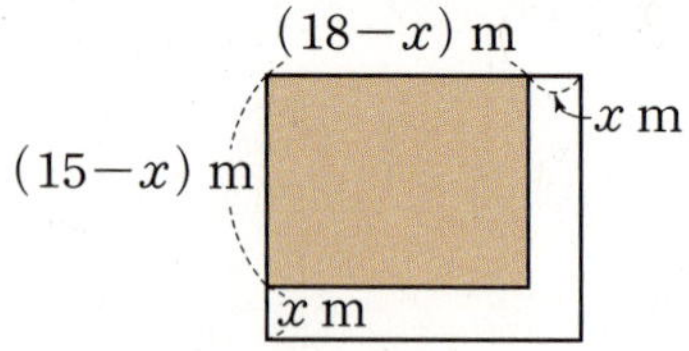

$(18-x)(15-x)=180$에서

$x^2-33x+90=0$, $(x-3)(x-30)=0$에서

$x=3$ 또는 $x=30$

$0<x<15$이므로 $x=3$

따라서 도로의 폭은 $3\,\mathrm{m}$이다.

9 (3) $\pi(x+5)^2=4\pi x^2$에서 $3x^2-10x-25=0$

$(3x+5)(x-5)=0$이므로

$x=-\dfrac{5}{3}$ 또는 $x=5$

(4) $x>0$이므로 $x=5$

따라서 처음 원의 반지름의 길이는 $5\,\mathrm{cm}$이다.

10 처음 원의 반지름의 길이를 $x\,\mathrm{cm}$라 하면

$\pi(x-6)^2=\dfrac{1}{4}\pi x^2$에서 $3x^2-48x+144=0$

$x^2-16x+48=0$, $(x-4)(x-12)=0$이므로

$x=4$ 또는 $x=12$

$x>6$이므로 $x=12$

따라서 처음 원의 반지름의 길이는 $12\,\mathrm{cm}$이다.

TEST 3. 이차방정식의 활용 본문 61쪽

1 ③	**2** 9세	**3** 9
4 ②	**5** 4 m	**6** 1 cm

1 연속하는 두 홀수 중 작은 수를 x라 하면 큰 수는 $x+2$이므로

$x(x+2)=255$, $x^2+2x-255=0$

$(x+17)(x-15)=0$에서 $x=-17$ 또는 $x=15$

x는 홀수이므로 $x=15$

따라서 연속하는 두 홀수는 15, 17이므로 합은

$15+17=32$

2 가은이의 나이를 x세라 하면 동생의 나이는 $(x-4)$세이므로

$x(x-4)=45$

$x^2-4x-45=0$에서 $(x+5)(x-9)=0$이므로

$x=-5$ 또는 $x=9$

x는 자연수이므로 $x=9$

따라서 가은이의 나이는 9세이다.

3 한 학생이 받는 볼펜의 개수를 x라 하면 학생 수는 $(x+9)$명이므로

$x(x+9)=162$, $x^2+9x-162=0$

$(x+18)(x-9)=0$에서 $x=-18$ 또는 $x=9$

x는 자연수이므로 $x=9$

따라서 한 학생이 받는 볼펜의 개수는 9이다.

4 지면에서 던져 올린 공의 x초 후의 지면으로부터의 높이가 $175\,\mathrm{m}$라 하면 $-5x^2+60x=175$

$5x^2-60x+175=0$에서 $x^2-12x+35=0$

$(x-5)(x-7)=0$이므로 $x=5$ 또는 $x=7$

따라서 공을 던져 올린 지 5초 후에 공의 지면으로부터의 높이가 처음으로 $175\,\mathrm{m}$가 된다.

5 길의 폭을 $x\,\mathrm{m}$라 하면 $(20-x)(15-x)=176$에서

$x^2-35x+124=0$, $(x-4)(x-31)=0$이므로

$x=4$ 또는 $x=31$

$0<x<15$이므로 $x=4$

따라서 길의 폭은 $4\,\mathrm{m}$이다.

6 잘라내는 정사각형의 한 변의 길이를 $x\,\mathrm{cm}$라 하면 상자의 밑면은 한 변의 길이가 $(15-2x)\,\mathrm{cm}$인 정사각형이므로

$(15-2x)^2=169$, $4x^2-60x+56=0$

$x^2-15x+14=0$, $(x-1)(x-14)=0$에서

$x=1$ 또는 $x=14$

$0<x<\dfrac{15}{2}$이므로 $x=1$

따라서 잘라내는 정사각형의 한 변의 길이는 $1\,\mathrm{cm}$이다.

1 ④	**2** ③	**3** ①
4 ①	**5** ②	**6** ①
7 ⑤	**8** ①	**9** 3
10 ②	**11** ③	**12** 6 m
13 1	**14** ④	**15** ⑤

1 ④ $4x^2+12x+9=4x^2+2x+7$에서 $10x+2=0$이므로 일차방정식이다.

2 $2x^2-7x+a=0$에 $x=2$를 대입하면
$2\times2^2-7\times2+a=0$
$a-6=0$이므로 $a=6$
$2x^2-8x-13=0$에 $x=b$를 대입하면
$2b^2-8b-13=0$이므로 $b^2-4b=\dfrac{13}{2}$
따라서 $a(b^2-4b+1)=6\times\dfrac{15}{2}=45$

3 $2x^2+x-15=0$에서 $(x+3)(2x-5)=0$이므로
$x=-3$ 또는 $x=\dfrac{5}{2}$
$3x^2+2x-21=0$에서 $(x+3)(3x-7)=0$이므로
$x=-3$ 또는 $x=\dfrac{7}{3}$
따라서 두 이차방정식을 모두 만족시키는 x의 값은 -3이다.

4 이차방정식 $ax^2+6x-6=0$이 중근을 가지려면
$6^2-4\times a\times(-6)=0$에서
$36+24a=0$, 즉 $a=-\dfrac{3}{2}$
$ax^2+6x-6=0$에 $a=-\dfrac{3}{2}$을 대입하여 정리하면
$-\dfrac{3}{2}(x-2)^2=0$이므로 $b=2$
따라서 $ab^2=\left(-\dfrac{3}{2}\right)\times2^2=-6$

5 $\dfrac{5}{3}(x-2)^2=35$에서 $(x-2)^2=21$
$x-2=\pm\sqrt{21}$이므로
$x=2\pm\sqrt{21}$
따라서 $A=2$, $B=21$이므로
$A+B=2+21=23$

6 $2x^2+6x+3=0$에서 $x^2+3x+\dfrac{3}{2}=0$
$x^2+3x=-\dfrac{3}{2}$, $x^2+3x+\dfrac{9}{4}=\dfrac{3}{4}$, $\left(x+\dfrac{3}{2}\right)^2=\dfrac{3}{4}$
따라서 $p=\dfrac{3}{2}$, $q=\dfrac{3}{4}$이므로
$\dfrac{q}{p}=\dfrac{1}{2}$

7 $9x^2-6x-4=0$의 근은
$x=\dfrac{-(-3)\pm\sqrt{(-3)^2-9\times(-4)}}{9}$
$=\dfrac{3\pm\sqrt{45}}{9}=\dfrac{3\pm3\sqrt{5}}{9}$
$=\dfrac{1\pm\sqrt{5}}{3}$
따라서 $A=3$, $B=5$이므로
$A-B=3-5=-2$

8 $\dfrac{1}{4}x^2+0.7x+0.1=\dfrac{1}{4}$의 양변에 20을 곱하면
$5x^2+14x+2=5$, $5x^2+14x-3=0$
$(5x-1)(x+3)=0$이므로
$x=\dfrac{1}{5}$ 또는 $x=-3$
$5(x+1)^2=2x+26$에서 $5x^2+10x+5=2x+26$
$5x^2+8x-21=0$, $(5x-7)(x+3)=0$이므로
$x=\dfrac{7}{5}$ 또는 $x=-3$
따라서 두 이차방정식을 동시에 만족시키는 x의 값은 -3이다.

9 $7x-5=A$로 놓으면 $A^2-11A+28=0$
$(A-4)(A-7)=0$에서 $A=4$ 또는 $A=7$
$7x-5=4$ 또는 $7x-5=7$
$x=\dfrac{9}{7}$ 또는 $x=\dfrac{12}{7}$
따라서 $\alpha+\beta=\dfrac{9}{7}+\dfrac{12}{7}=3$

10 $x^2+4x+a=0$이 중근을 가지려면
$4^2-4a=0$에서 $a=4$
이때 $(x+2)^2=0$에서 $x=-2$이므로 $b=-2$
따라서 a, b를 두 근으로 하고 x^2의 계수가 2인 이차방정식은 $2(x-4)(x+2)=0$에서 $2x^2-4x-16=0$

11 $-5x^2+20x+100=75$

$5x^2-20x-25=0$에서 $x^2-4x-5=0$

$(x-5)(x+1)=0$이므로 $x=-1$ 또는 $x=5$

이때 $x>0$이므로 $x=5$

따라서 물체의 높이가 75 m가 되는 것은 물체를 쏘아 올린 지 5초 후이다.

12 길의 폭을 x m라 하면

$30\times24-(30-x)(24-x)=288$

$x^2-54x+288=0$, $(x-6)(x-48)=0$이므로

$x=6$ 또는 $x=48$

이때 $0<x<24$이므로 $x=6$

따라서 길의 폭은 6 m이다.

13 $\{2(k+1)\}^2-4(k^2-1)\times3=0$이므로

$k^2-k-2=0$

$(k-2)(k+1)=0$에서 $k=-1$ 또는 $k=2$

주어진 방정식은 이차방정식이므로

$k^2-1\neq0$에서 $k\neq1$, $k\neq-1$

따라서 $k=2$

이때 이차방정식은 $3x^2-6x+3=0$, 즉 $3(x-1)^2=0$

이므로 주어진 이차방정식의 중근은 $x=1$이다.

14 $\sqrt{4}<\sqrt{6}<\sqrt{9}$이므로 $\sqrt{6}$의 소수 부분은 $\sqrt{6}-2$이다.

이차방정식 $x^2+ax-2=0$의 한 근이 $-2+\sqrt{6}$이므로 다른 한 근은 $-2-\sqrt{6}$이다.

(두 근의 합)$=(-2+\sqrt{6})+(-2-\sqrt{6})=-4$

(두 근의 곱)$=(-2+\sqrt{6})(-2-\sqrt{6})=-2$

이므로 이차방정식은 $x^2+4x-2=0$

따라서 $a=4$

15 학생 수를 x라 할 때, 한 학생이 받는 젤리의 개수는 $(2x-4)$개이므로

$x(2x-4)=240$, $2x^2-4x-240=0$

$x^2-2x-120=0$, $(x-12)(x+10)=0$이므로

$x=-10$ 또는 $x=12$

이때 x는 자연수이므로 $x=12$

따라서 학생 수는 12이다.

4 이차함수와 그 그래프 (1)

01 이차함수의 뜻

1 ×   **2** ○   **3** ×   **4** ×

5 ○   **6** ×   **7** ×

8 $y=x^2-1$, ○   **9** $y=6x^2$, ○

10 $y=2\pi x$, ×   **11** $y=80x$, ×

12 $y=8x$, ×   **13** $y=6x^2$, ○

14 (✎ 0, 0, 2)   **15** $a\neq0$ **16** $a\neq3$

17 $a\neq2$ **18** $a\neq\dfrac{5}{2}$ ☺ 0, 1 **19** ④

1 $x-1$은 x에 대한 일차식이므로 이차함수가 아니다.

2 x^2+2x-2는 x에 대한 이차식이므로 이차함수이다.

3 이차방정식이므로 함수가 아니다.

4 $y=ax^2+bx+c$의 꼴이 아니므로 이차함수가 아니다.

5 $\dfrac{x^2}{5}$은 x에 대한 이차식이므로 이차함수이다.

6 이차식이므로 함수가 아니다.

7 $y=(1+x)^2-x^2=1+2x$에서 $1+2x$는 x에 대한 일차식이므로 이차함수가 아니다.

8 $y=(x-1)(x+1)=x^2-1$에서 x^2-1은 x에 대한 이차식이므로 이차함수이다.

9 $y=6x^2$에서 $6x^2$은 x에 대한 이차식이므로 이차함수이다.

10 $y=2\pi x$에서 $2\pi x$는 x에 대한 일차식이므로 이차함수가 아니다.

11 $y=80x$에서 $80x$는 x에 대한 일차식이므로 이차함수가 아니다.

12 $y=\dfrac{1}{2}\times(x+3x)\times4=8x$에서 $8x$는 x에 대한 일차식이므로 이차함수가 아니다.

13 $y=3x\times2x=6x^2$에서 $6x^2$은 x에 대한 이차식이므로 이차함수이다.

15 이차함수가 되려면 (x^2의 계수)$\neq0$이어야 하므로
$a\neq0$

16 $y=3x^2-5x+1-ax^2$에서 $y=(3-a)x^2-5x+1$
이 함수가 이차함수가 되려면 (x^2의 계수)$\neq0$이어야 하므로 $3-a\neq0$
따라서 $a\neq3$

17 $y=a(x^2+x+1)-2x^2$에서 $y=(a-2)x^2+ax+a$
이 함수가 이차함수가 되려면 (x^2의 계수)$\neq0$이어야 하므로 $a-2\neq0$
따라서 $a\neq2$

18 $y=2(ax^2+3x-1)-5x^2$에서 $y=(2a-5)x^2+6x-2$
이 함수가 이차함수가 되려면 (x^2의 계수)$\neq0$이어야 하므로 $2a-5\neq0$
따라서 $a\neq\dfrac{5}{2}$

19 $y=3x^2+2-x(ax-1)=(3-a)x^2+x+2$가 x에 대한 이차함수가 되려면 $3-a\neq0$이어야 하므로 $a\neq3$

02

본문 72쪽

이차함수의 함숫값

원리확인

❶ $-1,\ -1,\ 7$ ❷ $1,\ 1,\ 3$
❸ $0,\ 0,\ 4$ ❹ $2,\ 2,\ 4$
❺ $-2,\ -2,\ 12$ ❻ $-3,\ -3,\ 19$

| 1 | 14 | 2 | $-\dfrac{3}{2}$ | 3 | -4 | 4 | 34 |
| 5 | 1 | 6 | -4 | | | | |

7 ($\mathscr{l}$ $1,\ 1,\ -2+a,\ -2+a,\ 2$)

8	3	9	-1	10	-2	11	4
12	-3	13	-2	14	7	15	-3
16	4	☺	$2,\ 2,\ 2,\ 2,\ 5$	17	④		

1 $f(2)=3\times2^2+2=12+2=14$

2 $f(-1)=-\dfrac{1}{2}\times(-1)^2-1=-\dfrac{1}{2}-1=-\dfrac{3}{2}$

3 $f(1)=2\times1^2-5\times1-1=-4$

4 $f(-1)=-\dfrac{1}{3}\times(-1)^2-2\times(-1)+4$
$\quad\quad=-\dfrac{1}{3}+2+4=\dfrac{17}{3}$
이므로 $6f(-1)=6\times\dfrac{17}{3}=34$

5 $f(2)=\dfrac{1}{2}\times2^2+2=4$이므로
$f(2)-3=4-3=1$

6 $f(1)=-4\times1^2+1=-3$
$f(0)=-4\times0^2+1=1$
이므로 $f(1)-f(0)=-3-1=-4$

8 $f(1)=1^2+a\times1+4=a+5$이므로
$a+5=8$　　따라서 $a=3$

9 $f(-1)=-2\times(-1)^2-a\times(-1)+5=3+a$이므로
$3+a=2$　　따라서 $a=-1$

10 $f(-2)=a\times(-2)^2+(-2)+6=4a+4$이므로
$4a+4=-4,\ 4a=-8$　　따라서 $a=-2$

11 $f(-1)=3\times(-1)^2-(-1)+a=4+a$이므로
$4+a=8$　　따라서 $a=4$

12 $f(2)=2\times2^2+a\times2-5=2a+3$이므로
$2a+3=-3,\ 2a=-6$　　따라서 $a=-3$

13 $f(3)=a\times3^2+4\times3+1=9a+13$이므로
$9a+13=-5,\ 9a=-18$　　따라서 $a=-2$

14 $f(1)=-5\times1^2-3\times1+a=-8+a$이므로
$-8+a=-1$　　따라서 $a=7$

15 $f(-2)=6\times(-2)^2+a\times(-2)-15=-2a+9$
이므로
$-2a+9=15,\ -2a=6$　　따라서 $a=-3$

16 $f(-1)=a\times(-1)^2-7\times(-1)-1=a+6$이므로
$a+6=10$　　따라서 $a=4$

17 $f(x)=-x^2-3x+a$에서 $f(-2)=6$이므로
$-(-2)^2-3\times(-2)+a=6$
$2+a=6$　　따라서 $a=4$

03

이차함수 $y=x^2$의 그래프

1 9, 4, 1, 0, 1, 4, 9 /
$-9, -4, -1, 0, -1, -4, -9$

2 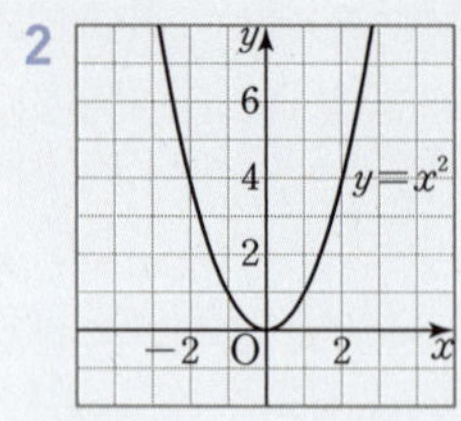 **3** 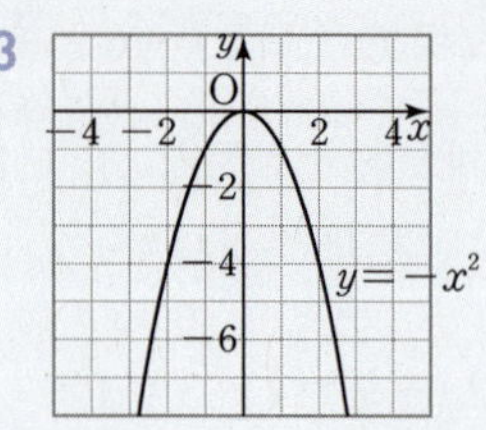

4 아래	**5** y	**6** 1, 2	**7** $<$
8 증가	**9** x	**10** 위	**11** y
12 3, 4	**13** 증가	**14** $>$	**15** x
16 ⑤			

16 ⑤ $x>0$일 때, x의 값이 증가하면 y의 값도 증가한다.

04

이차함수 $y=ax^2$의 그래프

원리확인

❶ 1, 0, 1, 4 / $\dfrac{1}{2}$, 0, $\dfrac{1}{2}$, 2 / $\dfrac{1}{2}$

❷ 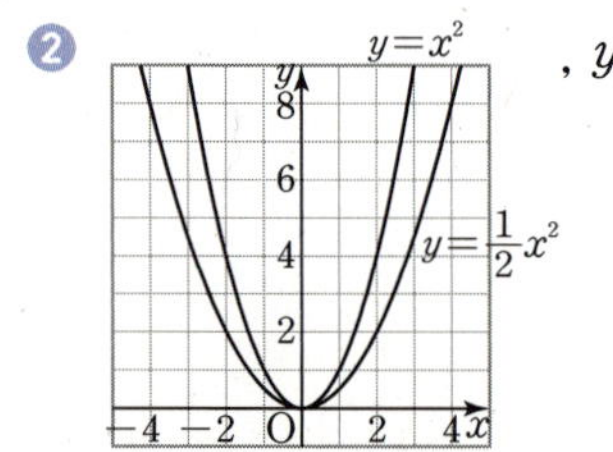 , y

1 3, 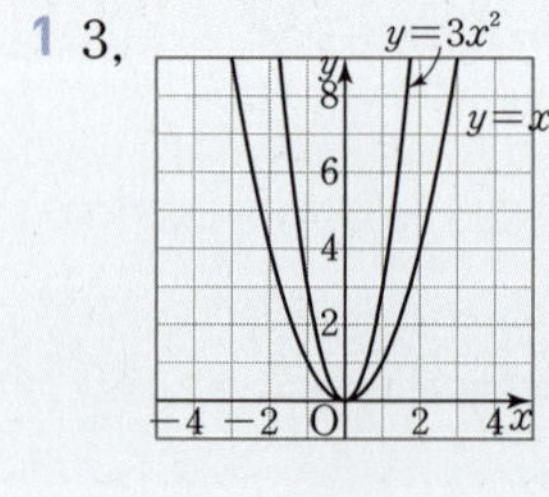 **2** 2, 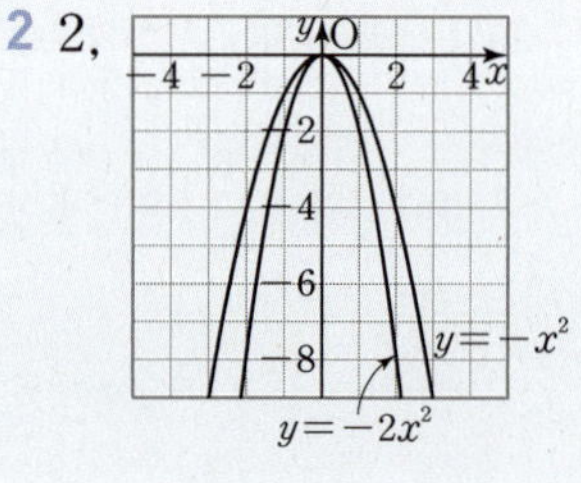

3 x, 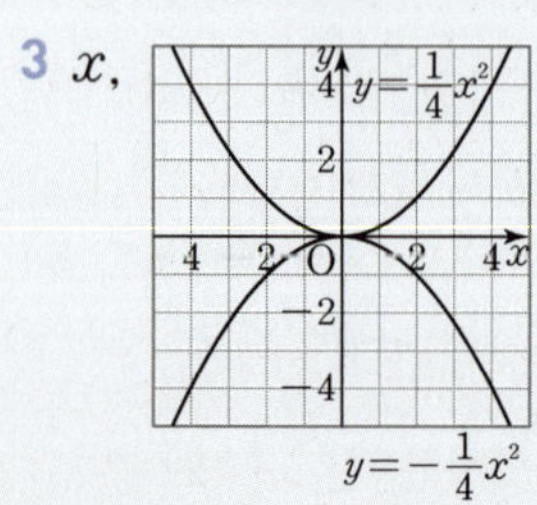 **4** 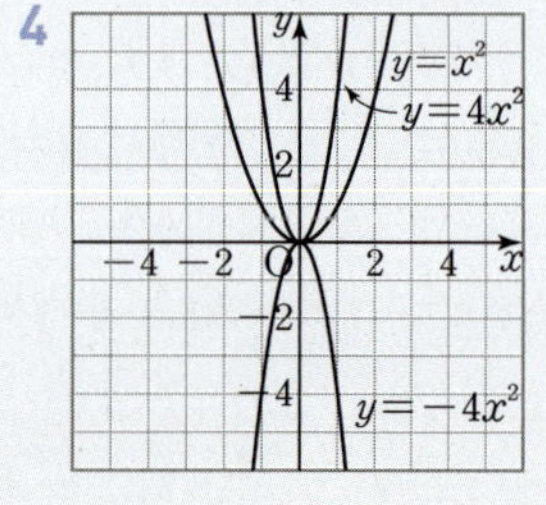

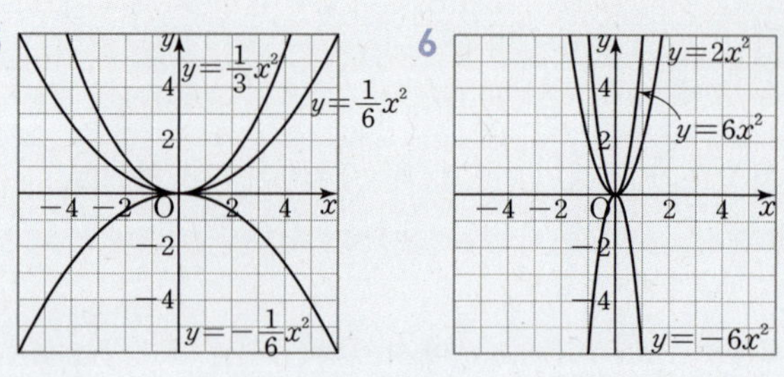

5   **6**

7 아래, 4, $-$, 위, 4, $\dfrac{1}{6}$, 넓다, $+$, 아래, 좁다,

위, $-$, $\dfrac{1}{4}$ ☺ x, 클

4 (1) $y=4x^2$의 그래프는 $y=x^2$의 그래프 위의 각 점에 대하여 y좌표를 4배로 하는 점을 잡아서 그린 것과 같다.
(2) $y=-4x^2$의 그래프는 $y=4x^2$의 그래프와 x축에 대하여 대칭이다.

5 (1) $y=\dfrac{1}{6}x^2$의 그래프는 $y=\dfrac{1}{3}x^2$의 그래프 위의 각 점에 대하여 y좌표를 $\dfrac{1}{2}$배로 하는 점을 잡아서 그린 것과 같다.
(2) $y=-\dfrac{1}{6}x^2$의 그래프는 $y=\dfrac{1}{6}x^2$의 그래프와 x축에 대하여 대칭이다.

6 (1) $y=6x^2$의 그래프는 $y=2x^2$의 그래프 위의 각 점에 대하여 y좌표를 3배로 하는 점을 잡아서 그린 것과 같다.
(2) $y=-6x^2$의 그래프는 $y=6x^2$의 그래프와 x축에 대하여 대칭이다.

05

이차함수 $y=ax^2$의 그래프의 성질

1 0, 0	**2** 아래	**3** $x=0$	**4** 감소
5 1, 2	**6** $-3x^2$	**7** 12	**8** 0, 0
9 위	**10** $x=0$	**11** 증가	**12** 3, 4
13 $\dfrac{2}{5}x^2$	**14** -10	**15** ㉢, ㉠, ㉣, ㉡	
16 ㉠, ㉣	**17** ㉡, ㉢	**18** ㉠, ㉣	**19** ㉡, ㉢
20 ㉡, ㉢	**21** ㉡과 ㉤	**22** ㉠	**23** ④
24 ($\diagup$ 4, 1)	**25** -6	**26** 3	
27 $a=-\dfrac{2}{3}, b=-6$		**28** $a=\dfrac{3}{4}, b=3$	
29 ①			

15 x^2의 계수의 절댓값은 차례대로 1, $\dfrac{1}{3}$, 4, $\dfrac{3}{4}$이다.

이때 x^2의 계수의 절댓값이 클수록 폭이 좁으므로

$$4>1>\frac{3}{4}>\frac{1}{3}$$

따라서 폭이 좁은 것부터 차례대로 쓰면 ㉢, ㉠, ㉣, ㉡이다.

16 (x^2의 계수)>0인 것을 찾으면 되므로 ㉠, ㉣이다.

17 위로 볼록한 그래프이므로 (x^2의 계수)<0인 것을 찾으면 ㉡, ㉢이다.

18 (x^2의 계수)>0인 것을 찾으면 되므로 ㉠, ㉣이다.

19 (x^2의 계수)<0인 것을 찾으면 되므로 ㉡, ㉢이다.

20 (x^2의 계수)<0인 것을 찾으면 되므로 ㉡, ㉢이다.

21 x^2의 계수의 절댓값은 같고, 부호가 다른 것을 찾으면 되므로 ㉡과 ㉣이다.

22 $y=ax^2$에서 $a>0$이어야 하고 a의 절댓값이 1보다 커야 하므로 ㉠이다.

23 ㄴ. 위로 볼록한 포물선이다.

ㄷ. 점 $(-1, -2)$를 지난다.

따라서 옳은 것은 ㄱ, ㄹ, ㅁ이다.

25 $x=-1$, $y=-6$을 $y=ax^2$에 대입하면

$-6=a\times(-1)^2$이므로 $a=-6$

26 $x=\dfrac{1}{2}$, $y=\dfrac{3}{4}$을 $y=ax^2$에 대입하면

$\dfrac{3}{4}=a\times\left(\dfrac{1}{2}\right)^2$이므로 $a=3$

27 $x=-1$, $y=-\dfrac{2}{3}$를 $y=ax^2$에 대입하면

$-\dfrac{2}{3}=a\times(-1)^2$이므로 $a=-\dfrac{2}{3}$

$y=-\dfrac{2}{3}x^2$에 $x=3$, $y=b$를 대입하면

$b=-\dfrac{2}{3}\times3^2$이므로 $b=-6$

28 $x=2$, $y=3$을 $y=ax^2$에 대입하면

$3=a\times2^2$이므로 $a=\dfrac{3}{4}$

$y=\dfrac{3}{4}x^2$에 $x=-2$, $y=b$를 대입하면

$b=\dfrac{3}{4}\times(-2)^2$이므로 $b=3$

29 원점을 꼭짓점으로 하는 포물선의 식은 $y=ax^2$

$y=ax^2$에 $x=-\dfrac{1}{3}$, $y=-1$을 대입하면

$$-1=a\times\left(-\frac{1}{3}\right)^2$$

따라서 $a=-9$이므로 구하는 이차함수의 식은

$y=-9x^2$

1 ①, ⑤	**2** ④	**3** 2
4 ④	**5** ④	**6** $y=-\dfrac{1}{3}x^2$

1 ④ $y=(x+1)^2-x^2=2x+1$에서 $2x+1$은 x에 대한 일차식이므로 이차함수가 아니다.

⑤ $y=x^2+(2-x)^2=2x^2-4x+4$에서 $2x^2-4x+4$는 x에 대한 이차식이므로 이차함수이다.

따라서 이차함수인 것은 ①, ⑤이다.

2 $y=(x+2)^2-ax^2+5x$
$=(x^2+4x+4)-ax^2+5x$
$=(1-a)x^2+9x+4$

이 함수가 이차함수가 되려면 $1-a\neq0$이어야 하므로 $a\neq1$

3 $f(-1)=-(-1)^2+3\times(-1)+6=2$

4 $f(-2)=2\times(-2)^2+a\times(-2)+1=3$
$-2a=-6$이므로 $a=3$

5 ④ $y=\dfrac{5}{2}x^2$의 그래프와 x축에 대하여 대칭이다.

6 원점을 꼭짓점으로 하는 포물선의 식은 $y=ax^2$

$y=ax^2$에 $x=3$, $y=-3$을 대입하면

$$-3=a\times3^2$$

따라서 $a=-\dfrac{1}{3}$이므로 구하는 이차함수의 식은

$y=-\dfrac{1}{3}x^2$

5 이차함수와 그 그래프 (2)

01

이차함수 $y=ax^2+q$의 그래프

원리확인

❶ y, 3   ❷ 아래   ❸ 0, 3, $x=0$

1 y, 4   **2** y, -2 **3** y, 5   **4** y, -6

5 y, 8   **6** -3 **7** 1   **8** -2

9 5   **10** $\dfrac{1}{2}$ **11** $-\dfrac{3}{4}$ **12** $\dfrac{2}{5}$

13 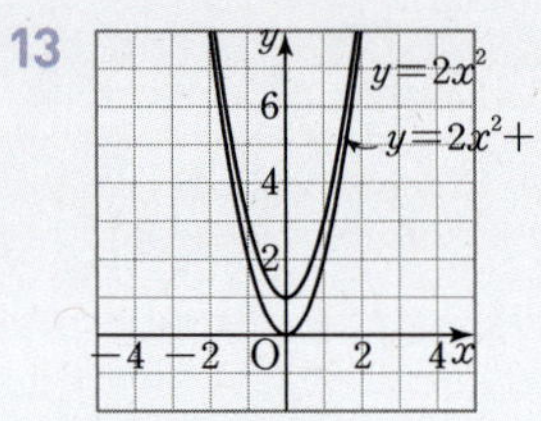
(1) $(0, 1)$ (2) $x=0$

14 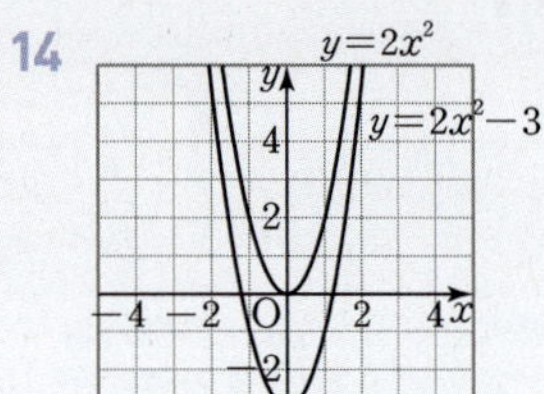
(1) $(0, -3)$ (2) $x=0$

15 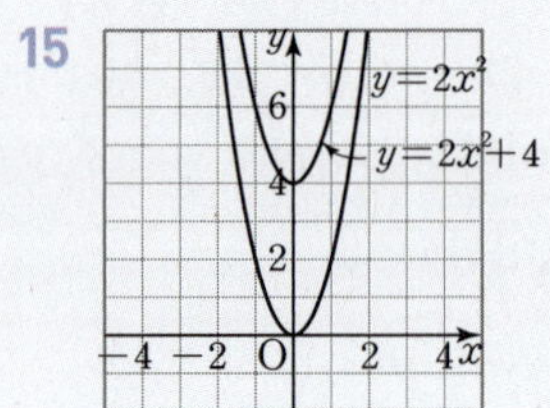
(1) $(0, 4)$ (2) $x=0$

16 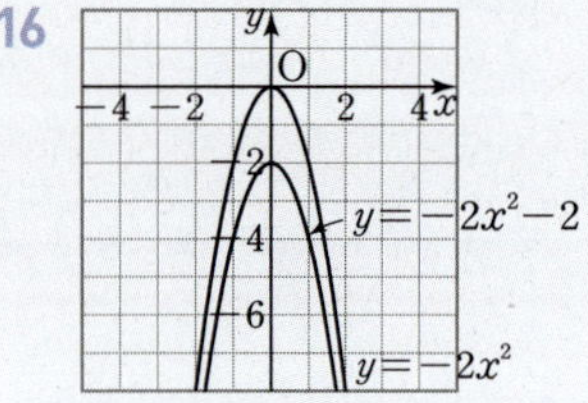
(1) $(0, -2)$ (2) $x=0$

17 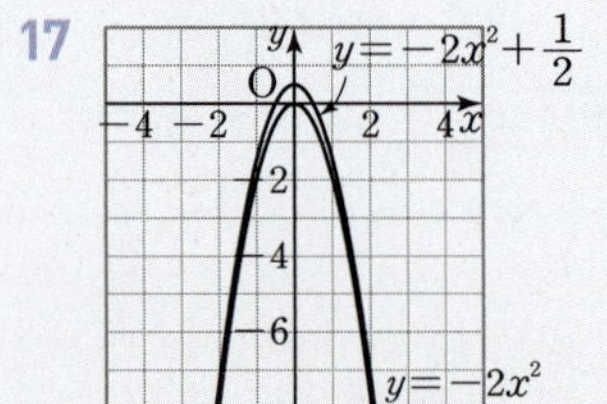
(1) $\left(0, \dfrac{1}{2}\right)$ (2) $x=0$

18 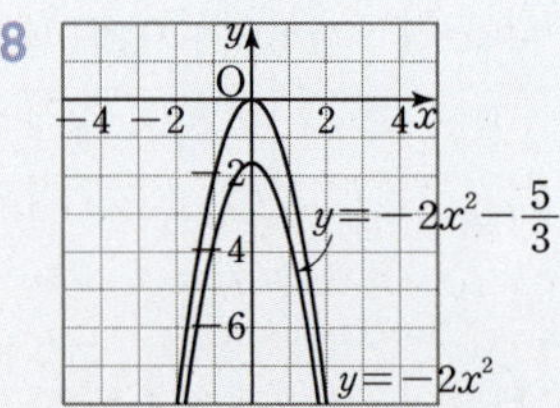
(1) $\left(0, -\dfrac{5}{3}\right)$ (2) $x=0$

19 $x=0$, $(0, -7)$ **20** $x=0$, $(0, 8)$

21 $x=0$, $\left(0, -\dfrac{2}{3}\right)$ **22** $x=0$, $\left(0, \dfrac{7}{2}\right)$

23 $x=0$, $(0, -3)$ **24** $x=0$, $\left(0, -\dfrac{1}{5}\right)$

25 $x=0$, $\left(0, \dfrac{3}{4}\right)$ ☺ y, q, q, $x=0$

26 ×   **27** ×   **28** ○   **29** ×

30 ○   **31** ⑤   **32** (✏ 3, 3, 1, 1)

33 -8 **34** 10   **35** -2 **36** ①

6 이차함수 $y=-3x^2$의 그래프를 y축의 방향으로 -3만큼 평행이동한 것이다.

7 이차함수 $y=-3x^2$의 그래프를 y축의 방향으로 1만큼 평행이동한 것이다.

8 이차함수 $y=-3x^2$의 그래프를 y축의 방향으로 -2만큼 평행이동한 것이다.

9 이차함수 $y=-3x^2$의 그래프를 y축의 방향으로 5만큼 평행이동한 것이다.

10 이차함수 $y=-3x^2$의 그래프를 y축의 방향으로 $\dfrac{1}{2}$만큼 평행이동한 것이다.

11 이차함수 $y=-3x^2$의 그래프를 y축의 방향으로 $-\dfrac{3}{4}$만큼 평행이동한 것이다.

12 이차함수 $y=-3x^2$의 그래프를 y축의 방향으로 $\dfrac{2}{5}$만큼 평행이동한 것이다.

26 꼭짓점은 $\left(0, -\dfrac{4}{3}\right)$이다.

27 축의 방정식은 $x=0$이다.

29 점 $(-1, 5)$를 지난다.

30 $y=-4x^2-2$의 그래프는 오른쪽 그림과 같으므로 제3, 4분면을 지난다.
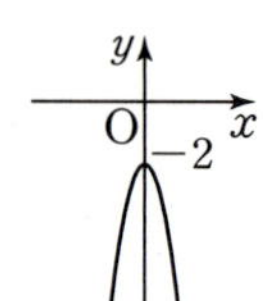

31 $y=-5x^2+1$의 그래프는 오른쪽 그림과 같다.
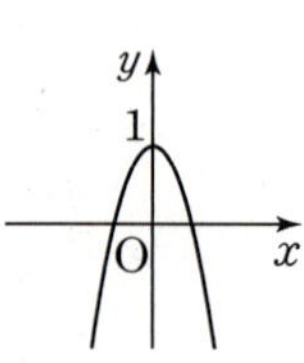
⑤ y축의 방향으로 -2만큼 평행이동하면 $y=-5x^2-1$의 그래프와 포개진다.

33 $x=-2$, $y=k$를 $y=-3x^2+4$에 대입하면 $k=-3\times(-2)^2+4$이므로 $k=-8$

34 $x=2$, $y=10$을 $y=5x^2-k$에 대입하면 $10=5\times 2^2-k$이므로 $k=10$

35 $x=-1$, $y=\dfrac{1}{2}$ 을 $y=kx^2+\dfrac{5}{2}$ 에 대입하면

$\dfrac{1}{2}=k\times(-1)^2+\dfrac{5}{2}$, $k=-2$

36 $y=3x^2$의 그래프를 y축의 방향으로 -5만큼 평행이동한 그래프의 식은 $y=3x^2-5$

이 그래프가 점 $(1,\ k)$를 지나므로 $x=1$, $y=k$를 대입하면

$k=3\times1^2-5=-2$

02

이차함수 $y=a(x-p)^2$의 그래프

원리확인

❶ x, 2　　❷ 아래　　❸ 2, 0, $x=2$

1 x, -4　　**2** x, -5　　**3** x, 6　　**4** x, -3

5 x, 1　　**6** -5　　**7** 2　　**8** -7

9 $-\dfrac{1}{3}$　　**10** $\dfrac{2}{5}$　　**11** -10　　**12** $-\dfrac{2}{9}$

13 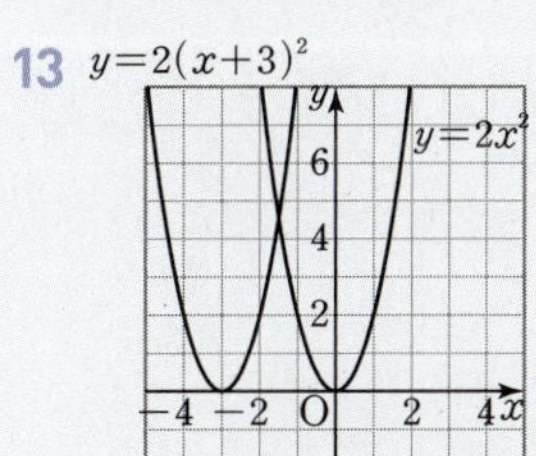　　**14** 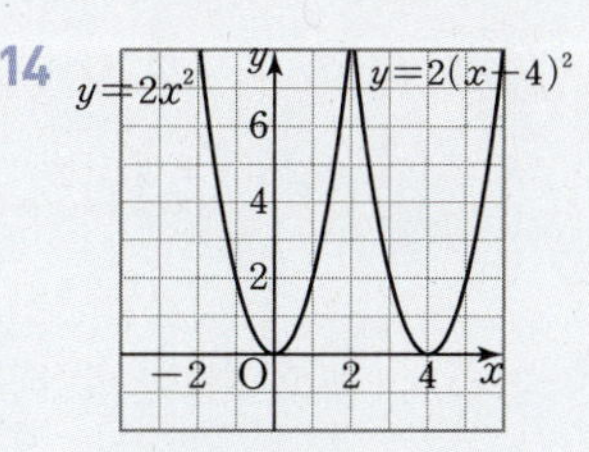

(1) $(-3,\ 0)$　(2) $x=-3$　　(1) $(4,\ 0)$　(2) $x=4$

15 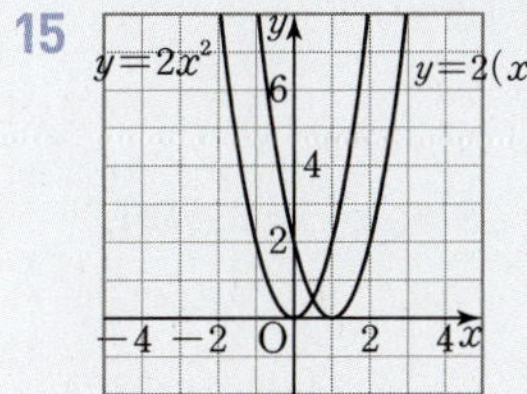　　**16** 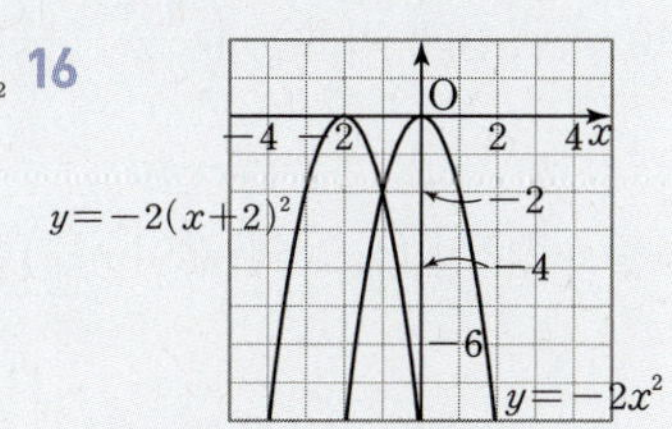

(1) $(1,\ 0)$　(2) $x=1$　　(1) $(-2,\ 0)$　(2) $x=-2$

17 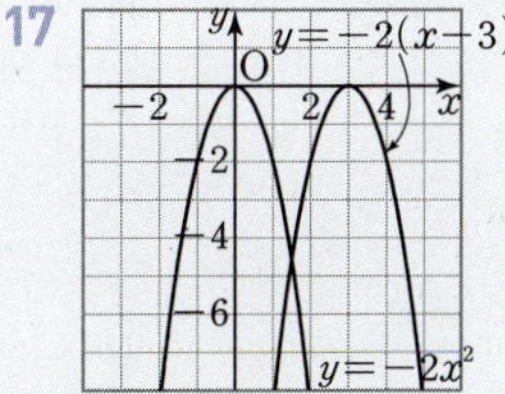　　**18** 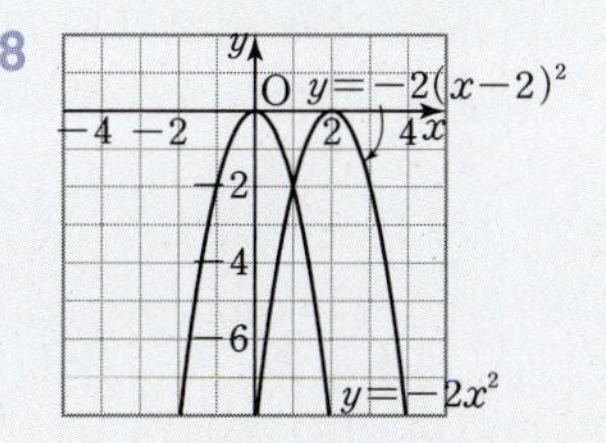

(1) $(3,\ 0)$　(2) $x=3$　　(1) $(2,\ 0)$　(2) $x=2$

19 $x=2$, $(2,\ 0)$　　**20** $x=3$, $(3,\ 0)$

21 $x=-6$, $(-6,\ 0)$　　**22** $x=-2$, $(-2,\ 0)$

23 $x=-\dfrac{3}{4}$, $\left(-\dfrac{3}{4},\ 0\right)$　　**24** $x=9$, $(9,\ 0)$

---

25 $x=\dfrac{3}{7}$, $\left(\dfrac{3}{7},\ 0\right)$　　😊 x, p, p, $x=p$

26 ○　　**27** ○　　**28** ×　　**29** ×

30 ×　　**31** ④　　**32** (✏ 4, 4, 2, 0)

33 2　　**34** 2　　**35** 2 또는 6　　**36** ③, ⑤

6 이차함수 $y=-3x^2$의 그래프를 x축의 방향으로 -5만큼 평행이동한 것이다.

7 이차함수 $y=-3x^2$의 그래프를 x축의 방향으로 2만큼 평행이동한 것이다.

8 이차함수 $y=-3x^2$의 그래프를 x축의 방향으로 -7만큼 평행이동한 것이다.

9 이차함수 $y=-3x^2$의 그래프를 x축의 방향으로 $-\dfrac{1}{3}$만큼 평행이동한 것이다.

10 이차함수 $y=-3x^2$의 그래프를 x축의 방향으로 $\dfrac{2}{5}$만큼 평행이동한 것이다.

11 이차함수 $y=-3x^2$의 그래프를 x축의 방향으로 -10만큼 평행이동한 것이다.

12 이차함수 $y=-3x^2$의 그래프를 x축의 방향으로 $-\dfrac{2}{9}$만큼 평행이동한 것이다.

28 $x<3$일 때, x의 값이 증가하면 y의 값은 감소한다.

29 점 $\left(\dfrac{2}{3},\ -\dfrac{5}{9}\right)$를 지난다.

30 $y=-\dfrac{6}{5}(x+1)^2$의 그래프는 오른쪽 그림과 같으므로 제3, 4사분면을 지난다.

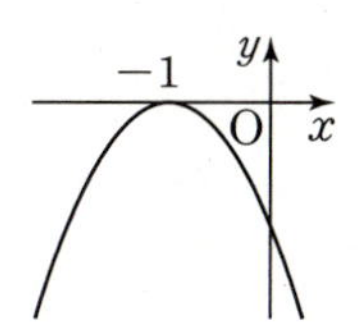

31 $y=\dfrac{1}{4}(x-2)^2$의 그래프는 오른쪽 그림과 같다.

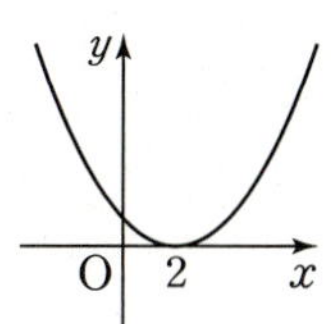

① 축의 방정식은 $x=2$이다.

② 꼭짓점의 좌표는 $(2,\ 0)$이다.

③ 점 $(4,\ 1)$을 지난다.

⑤ $x<2$일 때, x의 값이 증가하면 y의 값은 감소한다.

33 $x=1$, $y=k$를 $y=2(x-2)^2$에 대입하면
$k=2\times(-1)^2$이므로 $k=2$

34 $x=-3$, $y=8$을 $y=k(x+1)^2$에 대입하면
$8=k\times(-2)^2$, $4k=8$이므로 $k=2$

35 $x=4$, $y=-8$을 $y=-2(x-k)^2$에 대입하면
$-8=-2\times(4-k)^2$, $(4-k)^2=4$, $4-k=\pm2$
이므로 $k=2$ 또는 $k=6$

36 $y=-3x^2$의 그래프를 x축의 방향으로 p만큼 평행이동
한 그래프의 식은 $y=-3(x-p)^2$
이 그래프가 점 $(3,\ -27)$을 지나므로 $x=3$, $y=-27$
을 대입하면
$-27=-3(3-p)^2$, $9=(3-p)^2$, $3-p=\pm3$
따라서 $p=0$ 또는 $p=6$

03

본문 92쪽

이차함수 $y=a(x-p)^2+q$의 그래프

원리확인

❶ 3, 1 ❷ 위   ❸ 3, 1, $x=3$

1 -3, -7

2 -5, 6

3 $\dfrac{1}{2}$, 4

4 -1, $-\dfrac{7}{10}$

5 $\dfrac{1}{7}$, $\dfrac{5}{6}$

6 $y=(x+3)^2+1$

7 $y=-(x-5)^2-2$

8 $y=6(x+7)^2-4$

9 $y=\dfrac{1}{2}(x-1)^2+8$

10 $y=-5\left(x-\dfrac{2}{3}\right)^2-3$

11 $y=-\dfrac{5}{6}\left(x+\dfrac{2}{5}\right)^2+\dfrac{2}{3}$

12 $y=\dfrac{7}{10}(x-4)^2-10$

13 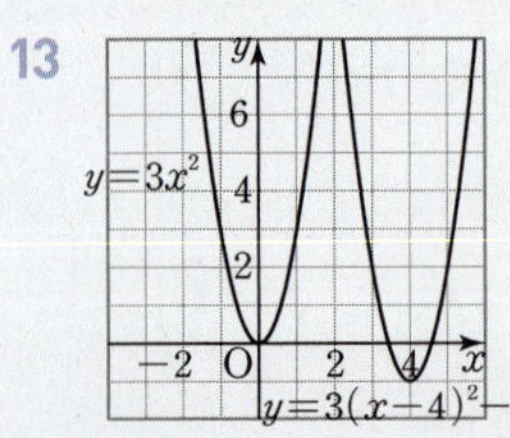

14 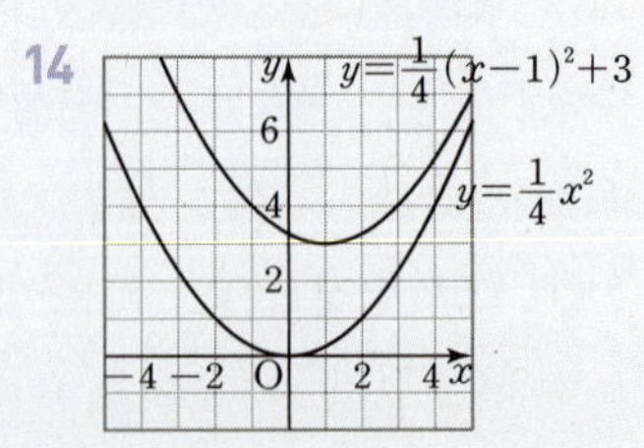

(1) $(4,\ -1)$ (2) $x=4$ (1) $(1,\ 3)$ (2) $x=1$

15 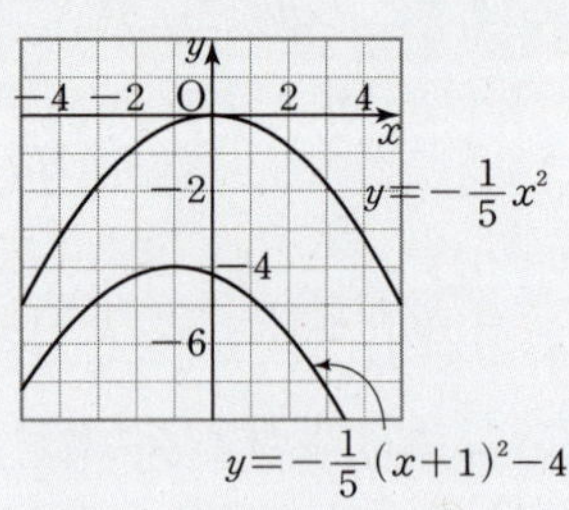

16

(1) $(5,\ 2)$ (2) $x=5$ (1) $(-1,\ -4)$ (2) $x=-1$

17 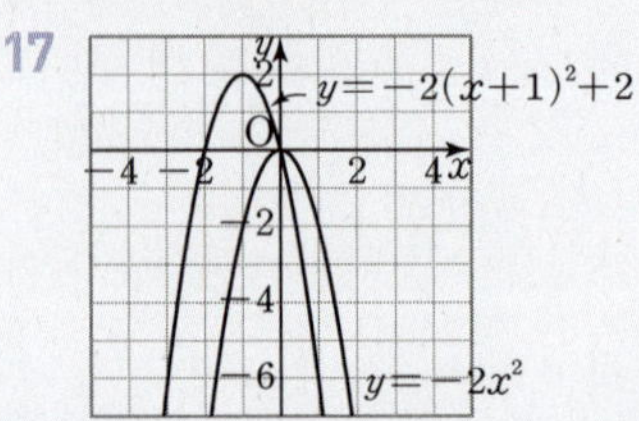

(1) $(-1,\ 2)$ (2) $x=-1$

18 $x=2$, $(2,\ 4)$ **19** $x=-2$, $(-2,\ -7)$

20 $x=-\dfrac{1}{3}$, $\left(-\dfrac{1}{3},\ -5\right)$

21 $x=\dfrac{2}{5}$, $\left(\dfrac{2}{5},\ 6\right)$ **22** $x=2$, $\left(2,\ -\dfrac{5}{4}\right)$

23 $x=-\dfrac{5}{6}$, $\left(-\dfrac{5}{6},\ -3\right)$

24 $x=-\dfrac{3}{8}$, $\left(-\dfrac{3}{8},\ \dfrac{8}{3}\right)$

☺ p, q, p, q, $x=p$

25 ×   **26** ○   **27** ×   **28** ○

29 ×   **30** ③   **31** ($\mathscr{l}$ 7, 7, 4, 2, 0)

32 -1 **33** 2 **34** 4 또는 8 **35** ①

25 꼭짓점의 좌표는 $\left(\dfrac{1}{7},\ -\dfrac{7}{2}\right)$이다.

27 $x<2$일 때, x의 값이 증가하면 y의 값은 감소한다.

29 $y=-\dfrac{3}{8}\left(x+\dfrac{2}{5}\right)^2-\dfrac{4}{3}$의 그래프는 오
른쪽 그림과 같으므로 제3, 4사분면을
지난다. 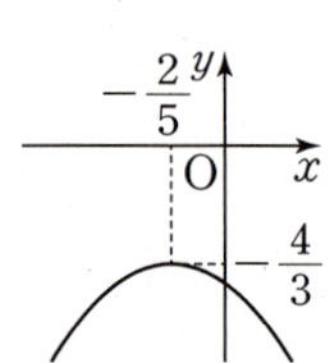

30 $y=4(x-3)^2-2$의 그래프는 오른쪽
그림과 같다. 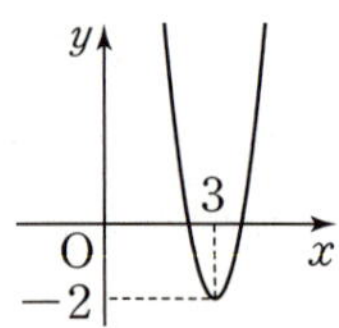
③ $y=4(x-3)^2-2$에 $x=4$, $y=-2$
를 대입하면 $-2\neq4(4-3)^2-2$

32 $x=4$, $y=k$를 $y=-2(x-5)^2+1$에 대입하면
$k=-2(4-5)^2+1$이므로 $k=-1$

33 $x=-3$, $y=-1$을 $y=k(x+4)^2-3$에 대입하면
$-1=k(-3+4)^2-3$이므로 $k=2$

34 $x=6$, $y=14$를 $y=6(x-k)^2-10$에 대입하면
$14=6(6-k)^2-10$, $(6-k)^2=4$, $6-k=\pm2$
이므로 $k=4$ 또는 $k=8$

35 $y=4x^2$의 그래프를 x축의 방향으로 3만큼, y축의 방향
으로 k만큼 평행이동한 그래프의 식은
$y=4(x-3)^2+k$
이 그래프가 점 $(5, 7)$을 지나므로 $x=5$, $y=7$을 대입
하면
$7=4(5-3)^2+k$, $k=-9$

04 본문 96쪽

이차함수 $y=a(x-p)^2+q$의 그래프에서 a, p, q의 부호

1 (✎ $>$, $>$, $<$) **2** $<$, $<$, $>$

3 $<$, $>$, $=$ **4** $>$, $<$, $<$

5 $<$, $>$, $>$

2 그래프가 위로 볼록하므로 $a<0$
꼭짓점이 제2사분면 위에 있으므로 $p<0$, $q>0$

3 그래프가 위로 볼록하므로 $a<0$
꼭짓점이 x축의 양의 부분 위에 있으므로 $p>0$, $q=0$

4 그래프가 아래로 볼록하므로 $a>0$
꼭짓점이 제3사분면 위에 있으므로 $p<0$, $q<0$

5 그래프가 위로 볼록하므로 $a<0$
꼭짓점이 제1사분면 위에 있으므로 $p>0$, $q>0$

---

1 ①	**2** ⑤	**3** 14
4 4	**5** ④	**6** ②

1 이차함수 $y=4x^2$의 그래프를 y축의 방향으로 -2만큼
평행이동한 것이다.

3 $x=7$, $y=2$를 $y=2(x-k)^2$에 대입하면
$2=2(7-k)^2$, $(7-k)^2=1$, $7-k=\pm1$
이므로 $k=6$ 또는 $k=8$
따라서 모든 k의 값의 합은 $6+8=14$

4 $y=-2x^2$의 그래프를 y축의 방향으로 6만큼 평행이동한
그래프의 식은 $y=-2x^2+6$
이 그래프가 점 $(-1, k)$를 지나므로 $x=-1$, $y=k$를
대입하면
$k=-2\times(-1)^2+6=4$

5 ① 꼭짓점의 좌표는 $(-2, -1)$이다.
② 그래프는 직선 $x=-2$를 축으로 하는 포물선이다.
③ y축과 만나는 점의 좌표는 $\left(0, -\dfrac{1}{5}\right)$이다.
⑤ 점 $(3, 4)$를 지난다.
따라서 이차함수 $y=\dfrac{1}{5}(x+2)^2-1$의 그래프에 대한 설
명 중 옳은 것은 ④이다.

6 $a>0$이므로 그래프는 아래로 볼록하고, $p<0$, $q>0$이
므로 꼭짓점 (p, q)는 제2사분면 위에 있다.
따라서 구하는 그래프는 ②이다.

6 이차함수와 그 그래프 (3)

01

이차함수 $y=ax^2+bx+c$의 그래프 (1)

원리확인

$9,\ 9,\ 3,\ -3,\ -3,\ 5$

1 ($\mathscr{l}$ $4,\ 4,\ 2,\ 1$)

2 $y=(x-1)^2+3$

3 $y=3(x+2)^2-3$

4 $y=-3(x+3)^2+28$

5 $y=\dfrac{1}{2}(x-1)^2+\dfrac{5}{2}$

6 $y=-(x-6)^2+29$

7 $y=\dfrac{1}{3}(x+6)^2+3$

8 $y=-\dfrac{1}{4}(x-4)^2-1$

9 $x=1,\ (1,\ 10),\ (0,\ 8)$

10 $x=-1,\ (-1,\ 4),\ (0,\ 7)$

11 $x=-2,\ (-2,\ -1),\ (0,\ -17)$

12 $x=2,\ (2,\ -7),\ (0,\ -5)$

13 $x=-2,\ (-2,\ -3),\ \left(0,\ -\dfrac{19}{5}\right)$

14 $x=\dfrac{1}{2},\ \left(\dfrac{1}{2},\ -2\right),\ (0,\ -1)$

15 $x=-3,\ (-3,\ -2),\ (0,\ -5)$

16 ③

17 (1) $y=(x+2)^2-2$ (2) $(-2,\ -2)$ (3) $x=-2$

(4) $(0,\ 2)$ (5) 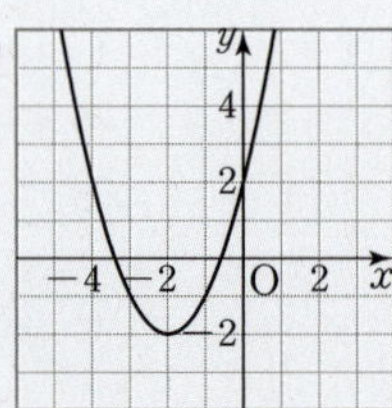

18 (1) $y=-(x-1)^2-3$ (2) $(1,\ -3)$ (3) $x=1$

(4) $(0,\ -4)$ (5) 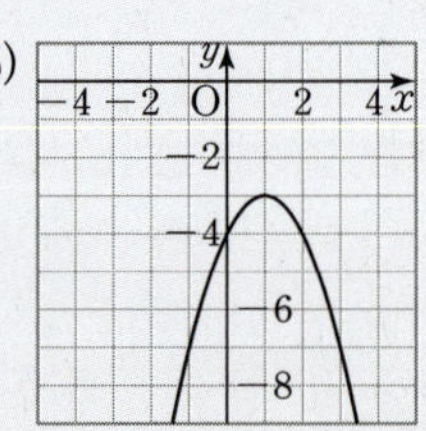

19 (1) $y=2(x+1)^2+2$ (2) $(-1,\ 2)$ (3) $x=-1$

(4) $(0,\ 4)$ (5) 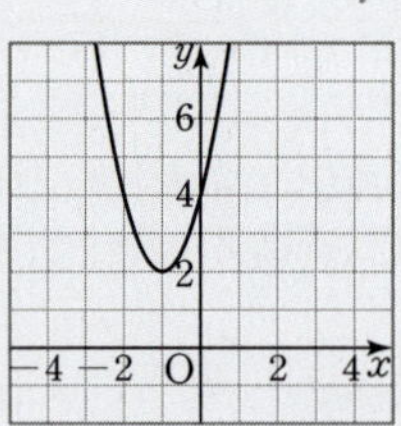

20 (1) $y=-3(x-2)^2+6$ (2) $(2,\ 6)$ (3) $x=2$

(4) $(0,\ -6)$ (5) 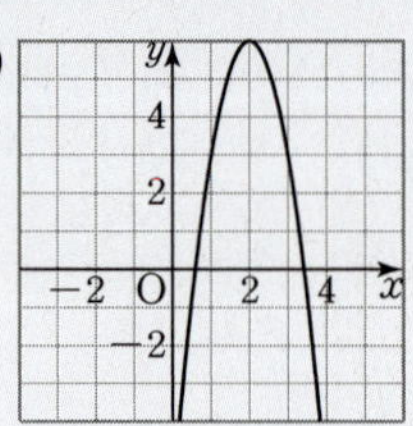

2 $\begin{aligned}y&=x^2-2x+4\\&=(x^2-2x+1-1)+4\\&=(x-1)^2+3\end{aligned}$

3 $\begin{aligned}y&=3x^2+12x+9\\&=3(x^2+4x+4-4)+9\\&=3(x+2)^2-3\end{aligned}$

4 $\begin{aligned}y&=-3x^2-18x+1\\&=-3(x^2+6x+9-9)+1\\&=-3(x+3)^2+28\end{aligned}$

5 $\begin{aligned}y&=\dfrac{1}{2}x^2-x+3\\&=\dfrac{1}{2}(x^2-2x+1-1)+3\\&=\dfrac{1}{2}(x-1)^2+\dfrac{5}{2}\end{aligned}$

6 $\begin{aligned}y&=-x^2+12x-7\\&=-(x^2-12x+36-36)-7\\&=-(x-6)^2+29\end{aligned}$

7 $\begin{aligned}y&=\dfrac{1}{3}x^2+4x+15\\&=\dfrac{1}{3}(x^2+12x+36-36)+15\\&=\dfrac{1}{3}(x+6)^2+3\end{aligned}$

8 $y=-\dfrac{1}{4}x^2+2x-5$

$\qquad =-\dfrac{1}{4}(x^2-8x+16-16)-5$

$\qquad =-\dfrac{1}{4}(x-4)^2-1$

9 $y=-2x^2+4x+8$

$\qquad =-2(x^2-2x+1-1)+8$

$\qquad =-2(x-1)^2+10$

따라서 축의 방정식: $x=1$, 꼭짓점의 좌표: $(1,\,10)$,
y축과 만나는 점: $(0,\,8)$

10 $y=3x^2+6x+7$

$\qquad =3(x^2+2x+1-1)+7$

$\qquad =3(x+1)^2+4$

따라서 축의 방정식: $x=-1$, 꼭짓점의 좌표: $(-1,\,4)$,
y축과 만나는 점: $(0,\,7)$

11 $y=-4x^2-16x-17$

$\qquad =-4(x^2+4x+4-4)-17$

$\qquad =-4(x+2)^2-1$

따라서 축의 방정식: $x=-2$,
꼭짓점의 좌표: $(-2,\,-1)$,
y축과 만나는 점: $(0,\,-17)$

12 $y=\dfrac{1}{2}x^2-2x-5$

$\qquad =\dfrac{1}{2}(x^2-4x+4-4)-5$

$\qquad =\dfrac{1}{2}(x-2)^2-7$

따라서 축의 방정식: $x=2$, 꼭짓점의 좌표: $(2,\,-7)$,
y축과 만나는 점: $(0,\,-5)$

13 $y=-\dfrac{1}{5}x^2-\dfrac{4}{5}x-\dfrac{19}{5}$

$\qquad =-\dfrac{1}{5}(x^2+4x+4-4)-\dfrac{19}{5}$

$\qquad =-\dfrac{1}{5}(x+2)^2-3$

따라서 축의 방정식: $x=-2$,
꼭짓점의 좌표: $(-2,\,-3)$,
y축과 만나는 점: $\left(0,\,-\dfrac{19}{5}\right)$

14 $y=4x^2-4x-1$

$\qquad =4\left(x^2-x+\dfrac{1}{4}-\dfrac{1}{4}\right)-1$

$\qquad =4\left(x-\dfrac{1}{2}\right)^2-2$

따라서 축의 방정식: $x=\dfrac{1}{2}$,

꼭짓점의 좌표: $\left(\dfrac{1}{2},\,-2\right)$,

y축과 만나는 점: $(0,\,-1)$

15 $y=-\dfrac{1}{3}x^2-2x-5$

$\qquad =-\dfrac{1}{3}(x^2+6x+9-9)-5$

$\qquad =-\dfrac{1}{3}(x+3)^2-2$

따라서 축의 방정식: $x=-3$,
꼭짓점의 좌표: $(-3,\,-2)$,
y축과 만나는 점: $(0,\,-5)$

16 $y=-4x^2-8x-6$

$\qquad =-4(x^2+2x+1-1)-6$

$\qquad =-4(x+1)^2-2$

이므로 이 그래프의 꼭짓점의 좌표는 $(-1,\,-2)$이고
축의 방정식은 $x=-1$이다.
따라서 $a=-1$, $b=-2$, $c=-1$이므로
$a+b+c=-1+(-2)+(-1)=-4$

17 (1) $y=x^2+4x+2$

$\qquad =(x^2+4x+4-4)+2$

$\qquad =(x+2)^2-2$

18 (1) $y=-x^2+2x-4$

$\qquad =-(x^2-2x+1-1)-4$

$\qquad =-(x-1)^2-3$

19 (1) $y=2x^2+4x+4$

$\qquad =2(x^2+2x+1-1)+4$

$\qquad =2(x+1)^2+2$

20 (1) $y=-3x^2+12x-6$

$\qquad =-3(x^2-4x+4-4)-6$

$\qquad =-3(x-2)^2+6$

02 이차함수 $y=ax^2+bx+c$의 그래프 (2)

1 ($\mathscr{p}$ 2, -2, -2) **2** $(-1, 0)$, $(2, 0)$
3 $(-2, 0)$, $(-1, 0)$ **4** $(-1, 0)$, $(4, 0)$
5 $(-4, 0)$, $(3, 0)$ **6** $(2, 0)$, $(4, 0)$
7 $(-5, 0)$, $(1, 0)$ **8** $(-4, 0)$, $(-2, 0)$
☺ 0, 0, c **9** ① **10** × **11** ○
12 ○ **13** × **14** ○ **15** ×
16 ○ **17** × **18** ○ **19** ○
20 × **21** × **22** × **23** ○
24 × **25** ○ **26** × **27** ○
28 ○ **29** × **30** × **31** ○
32 ○ **33** ○ **34** × **35** ×
36 ○ **37** ○ **38** ○ **39** ×

2 $y=0$을 대입하면 $x^2-x-2=0$
$(x+1)(x-2)=0$이므로 $x=-1$ 또는 $x=2$
따라서 구하는 점의 좌표는 $(-1, 0)$, $(2, 0)$이다.

3 $y=0$을 대입하면 $x^2+3x+2=0$
$(x+2)(x+1)=0$이므로 $x=-2$ 또는 $x=-1$
따라서 구하는 점의 좌표는 $(-2, 0)$, $(-1, 0)$이다.

4 $y=0$을 대입하면 $x^2-3x-4=0$
$(x+1)(x-4)=0$이므로 $x=-1$ 또는 $x=4$
따라서 구하는 점의 좌표는 $(-1, 0)$, $(4, 0)$이다.

5 $y=0$을 대입하면 $-x^2-x+12=0$, $x^2+x-12=0$
$(x+4)(x-3)=0$이므로 $x=-4$ 또는 $x=3$
따라서 구하는 점의 좌표는 $(-4, 0)$, $(3, 0)$이다.

6 $y=0$을 대입하면 $-x^2+6x-8=0$, $x^2-6x+8=0$
$(x-2)(x-4)=0$이므로 $x=2$ 또는 $x=4$
따라서 구하는 점의 좌표는 $(2, 0)$, $(4, 0)$이다.

7 $y=0$을 대입하면 $-x^2-4x+5=0$, $x^2+4x-5=0$
$(x+5)(x-1)=0$이므로 $x=-5$ 또는 $x=1$
따라서 구하는 점의 좌표는 $(-5, 0)$, $(1, 0)$이다.

8 $y=0$을 대입하면 $-x^2-6x-8=0$, $x^2+6x+8=0$
$(x+4)(x+2)=0$이므로 $x=-4$ 또는 $x=-2$
따라서 구하는 점의 좌표는 $(-4, 0)$, $(-2, 0)$이다.

9 $y=0$을 대입하면 $x^2+2x-15=0$
$(x+5)(x-3)=0$에서 $x=-5$ 또는 $x=3$
즉 그래프가 x축과 만나는 두 점의 좌표는 $(-5, 0)$, $(3, 0)$이다.
$y=x^2+2x-15$에 $x=0$을 대입하면 $y=-15$
즉 그래프가 y축과 만나는 점의 좌표는 $(0, -15)$이다.
따라서 $a+b+c=-5+3+(-15)=-17$

10 $y=x^2-6x-4=(x^2-6x+9-9)-4$
$\quad =(x-3)^2-13$
이므로 꼭짓점의 좌표는 $(3, -13)$이다.

11 $y=(x-3)^2-13$의 그래프는 $y=x^2$의 그래프를 x축의 방향으로 3만큼, y축의 방향으로 -13만큼 평행이동한 그래프이다.

12 꼭짓점의 좌표는 $(3, -13)$이므로 축의 방정식은 $x=3$이다.

13 $y=x^2-6x-4$에 $x=0$을 대입하면 $y=-4$
따라서 y축과의 교점의 좌표는 $(0, -4)$이다.

14 $y=x^2-6x-4$에 $x=2$, $y=-12$를 대입하면
$-12=2^2-6\times2-4$
이므로 점 $(2, -12)$를 지난다.

15 $y=(x-3)^2-13$의 그래프는 오른쪽 그림과 같으므로 모든 사분면을 지난다.

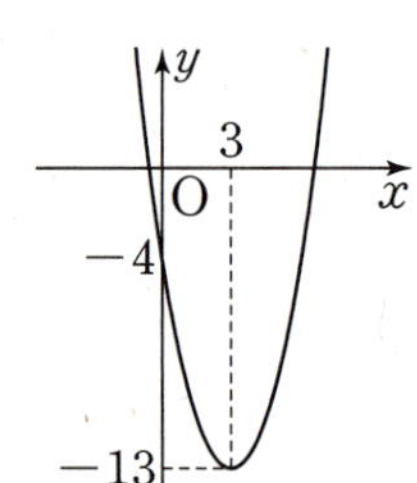

16 $y=x^2-4x-12=(x^2-4x+4-4)-12$
$\quad =(x-2)^2-16$
이므로 꼭짓점의 좌표는 $(2, -16)$이다.

17 축의 방정식은 $x=2$이다.

18 $y=x^2-4x-12$에 $x=0$을 대입하면 $y=-12$
따라서 y축과의 교점의 좌표는 $(0, -12)$이다.

19 $y=0$을 대입하면 $x^2-4x-12=0$
$(x+2)(x-6)=0$이므로 $x=-2$ 또는 $x=6$
따라서 x축과의 교점의 좌표는 $(-2, 0)$, $(6, 0)$이다.

20 $y=x^2-4x-12$에 $x=-1$, $y=7$을 대입하면
$7\neq(-1)^2-4\times(-1)-12=-7$
이므로 점 $(-1, 7)$을 지나지 않는다.

21 $y=(x-2)^2-16$의 그래프가 오른쪽과
같으므로 모든 사분면을 지난다.

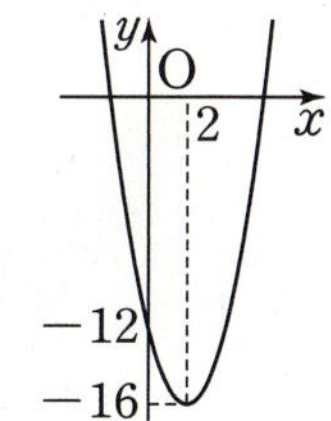

22 $y=-x^2+x+12$

$\quad =-\left(x^2-x+\dfrac{1}{4}-\dfrac{1}{4}\right)+12$

$\quad =-\left(x-\dfrac{1}{2}\right)^2+\dfrac{49}{4}$

이므로 꼭짓점의 좌표는 $\left(\dfrac{1}{2},\ \dfrac{49}{4}\right)$이다.

23 꼭짓점의 좌표는 $\left(\dfrac{1}{2},\ \dfrac{49}{4}\right)$이므로 축의 방정식은

$x=\dfrac{1}{2}$이다.

24 $y=-x^2+x+12$에 $x=0$을 대입하면 $y=12$
따라서 y축과의 교점의 좌표는 $(0,\ 12)$이다.

25 $y=0$을 대입하면 $x^2-x-12=0$
$(x+3)(x-4)=0$이므로 $x=-3$ 또는 $x=4$
따라서 x축과의 교점의 좌표는 $(-3,\ 0),\ (4,\ 0)$이다.

26 $y=-x^2+x+12$에 $x=3,\ y=9$를 대입하면
$9\neq -3^2+3+12=6$
이므로 점 $(3,\ 9)$를 지나지 않는다.

27 $y=-\left(x-\dfrac{1}{2}\right)^2+\dfrac{49}{4}$의 그래프는

오른쪽 그림과 같으므로 모든 사분
면을 지난다.

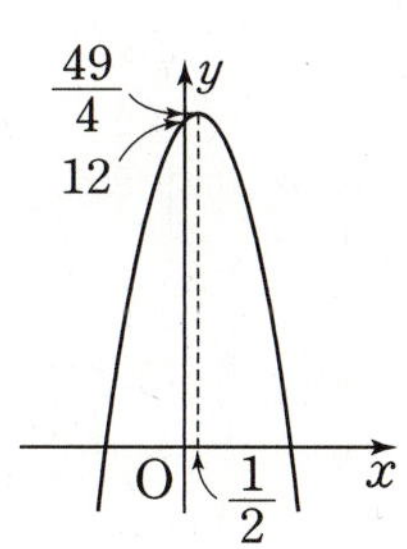

28 $y=x^2+8x+7$

$\quad =(x^2+8x+16-16)+7$

$\quad =(x+4)^2-9$

이므로 꼭짓점의 좌표는 $(-4,\ -9)$이다.

29 $y=(x+4)^2-9$의 그래프는 $y=x^2$의 그래프를 x축의
방향으로 -4만큼, y축의 방향으로 -9만큼 평행이동한
그래프이다.

30 $y=x^2+8x+7$에 $x=0$을 대입하면 $y=7$
따라서 y축과의 교점의 좌표는 $(0,\ 7)$이다.

31 $y=0$을 대입하면 $x^2+8x+7=0$
$(x+7)(x+1)=0$이므로 $x=-7$ 또는 $x=-1$
따라서 x축과의 교점의 좌표는 $(-7,\ 0),\ (-1,\ 0)$이다.

32 $y=x^2+8x+7$에 $x=-3,\ y=-8$을 대입하면
$-8=(-3)^2+8\times(-3)+7$
이므로 점 $(-3,\ -8)$을 지난다.

33 $y=(x+4)^2-9$의 그래프는 오른쪽
그림과 같으므로 제4사분면을 지나
지 않는다.

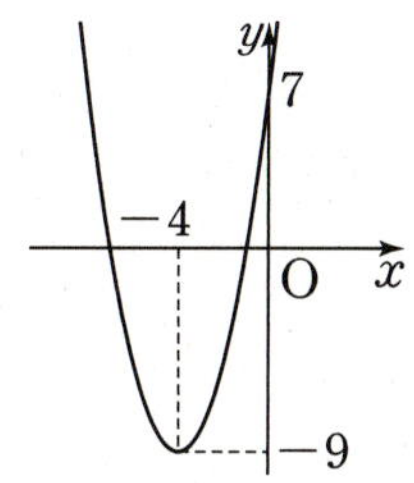

34 $y=-\dfrac{1}{2}x^2+x+\dfrac{35}{2}$

$\quad =-\dfrac{1}{2}(x^2-2x+1-1)+\dfrac{35}{2}$

$\quad =-\dfrac{1}{2}(x-1)^2+18$

이므로 꼭짓점의 좌표는 $(1,\ 18)$이다.

35 꼭짓점의 좌표는 $(1,\ 18)$이므로 축의 방정식은 $x=1$이다.

36 $y=-\dfrac{1}{2}x^2+x+\dfrac{35}{2}$에 $x=0$을 대입하면 $y=\dfrac{35}{2}$

따라서 y축과의 교점의 좌표는 $\left(0,\ \dfrac{35}{2}\right)$이다.

37 $y=0$을 대입하면 $\dfrac{1}{2}x^2-x-\dfrac{35}{2}=0,\ x^2-2x-35=0$

$(x+5)(x-7)=0$이므로 $x=-5$ 또는 $x=7$
따라서 x축과의 교점의 좌표는 $(-5,\ 0),\ (7,\ 0)$이므로
x축과 서로 다른 두 점에서 만난다.

38 $y=-\dfrac{1}{2}x^2+x+\dfrac{35}{2}$에 $x=-1,\ y=16$을 대입하면

$16=-\dfrac{1}{2}\times(-1)^2+(-1)+\dfrac{35}{2}$

이므로 점 $(-1,\ 16)$을 지난다.

39 $y=-\dfrac{1}{2}(x-1)^2+18$의 그래프

는 오른쪽 그림과 같으므로 모든
사분면을 지난다.

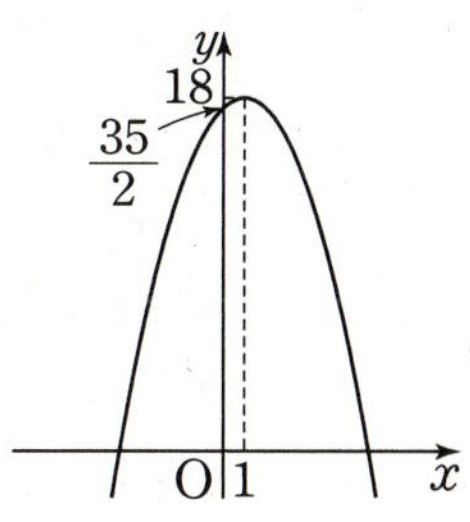

이차함수 $y=ax^2+bx+c$의 그래프와 a, b, c의 부호

원리확인

❶ (1) > (2) <, < (3) >

❷ (1) < (2) >, < (3) <

1 >, >, <　　　　**2** <, >, >

3 <, <, >　　　　**4** >, <, =

5 <, >, <　　　　**6** >, =, >

7 >, >, >　　　　**8** <, <, =

1 그래프가 아래로 볼록하므로 $a>0$
축이 y축의 왼쪽에 있으므로 $ab>0$에서 $b>0$
y축과의 교점이 원점의 아래쪽에 있으므로 $c<0$

2 그래프가 위로 볼록하므로 $a<0$
축이 y축의 오른쪽에 있으므로 $ab<0$에서 $b>0$
y축과의 교점이 원점의 위쪽에 있으므로 $c>0$

3 그래프가 위로 볼록하므로 $a<0$
축이 y축의 왼쪽에 있으므로 $ab>0$에서 $b<0$
y축과의 교점이 원점의 위쪽에 있으므로 $c>0$

4 그래프가 아래로 볼록하므로 $a>0$
축이 y축의 오른쪽에 있으므로 $ab<0$에서 $b<0$
y축과의 교점이 원점이므로 $c=0$

5 그래프가 위로 볼록하므로 $a<0$
축이 y축의 오른쪽에 있으므로 $ab<0$에서 $b>0$
y축과의 교점이 원점의 아래쪽에 있으므로 $c<0$

6 그래프가 아래로 볼록하므로 $a>0$
축이 y축이므로 $b=0$
y축과의 교점이 원점의 위쪽에 있으므로 $c>0$

7 그래프가 아래로 볼록하므로 $a>0$
축이 y축의 왼쪽에 있으므로 $ab>0$에서 $b>0$
y축과의 교점이 원점의 위쪽에 있으므로 $c>0$

8 그래프가 위로 볼록하므로 $a<0$
축이 y축의 왼쪽에 있으므로 $ab>0$에서 $b<0$
y축과의 교점이 원점이므로 $c=0$

꼭짓점의 좌표가 주어질 때 이차함수의 식 구하기

1 ($\diagdown$ 1, 2, 1, $(x-1)^2+2$)

2 $y=-(x+3)^2-2$　　　**3** $y=-(x+2)^2-3$

4 $y=2(x-1)^2+4$　　　**5** $y=\dfrac{2}{9}(x+2)^2+1$

6 $y=-2\left(x+\dfrac{1}{2}\right)^2+\dfrac{1}{2}$　☺ p, q

7 2, -3, 0, 1, $y=(x-2)^2-3$

8 -1, 5, 0, 2, $y=-3(x+1)^2+5$

9 -3, 1, 0, 4, $y=\dfrac{1}{3}(x+3)^2+1$

10 1, 0, 0, -2, $y=-2(x-1)^2$

11 $y=2x^2-12x+16$　　　**12** $y=-\dfrac{2}{3}x^2-4x-4$

13 $y=2x^2+3$　　　**14** $y=-\dfrac{3}{4}x^2+3x+2$

2 이차함수의 식을 $y=a(x+3)^2-2$로 놓고
$x=-1$, $y=-6$을 대입하면
$-6=a(-1+3)^2-2$에서 $a=-1$
따라서 구하는 이차함수의 식은 $y=-(x+3)^2-2$

3 이차함수의 식을 $y=a(x+2)^2-3$으로 놓고
$x=0$, $y=-7$을 대입하면
$-7=a(0+2)^2-3$에서 $a=-1$
따라서 구하는 이차함수의 식은 $y=-(x+2)^2-3$

4 이차함수의 식을 $y=a(x-1)^2+4$로 놓고
$x=2$, $y=6$을 대입하면
$6=a(2-1)^2+4$에서 $a=2$
따라서 구하는 이차함수의 식은 $y=2(x-1)^2+4$

5 이차함수의 식을 $y=a(x+2)^2+1$로 놓고
$x=1$, $y=3$을 대입하면
$3=a(1+2)^2+1$에서 $a=\dfrac{2}{9}$

따라서 구하는 이차함수의 식은 $y=\dfrac{2}{9}(x+2)^2+1$

6 이차함수의 식을 $y=a\left(x+\dfrac{1}{2}\right)^2+\dfrac{1}{2}$로 놓고
$x=1$, $y=-4$를 대입하면

$$-4=a\left(1+\frac{1}{2}\right)^2+\frac{1}{2}\text{에서 } a=-2$$

따라서 구하는 이차함수의 식은

$$y=-2\left(x+\frac{1}{2}\right)^2+\frac{1}{2}$$

7 이차함수의 식을 $y=a(x-2)^2-3$으로 놓고
$x=0,\ y=1$을 대입하면 $a=1$
따라서 구하는 이차함수의 식은 $y=(x-2)^2-3$

8 이차함수의 식을 $y=a(x+1)^2+5$로 놓고
$x=0,\ y=2$를 대입하면 $a=-3$
따라서 구하는 이차함수의 식은 $y=-3(x+1)^2+5$

9 이차함수의 식을 $y=a(x+3)^2+1$로 놓고
$x=0,\ y=4$를 대입하면 $a=\dfrac{1}{3}$

따라서 구하는 이차함수의 식은 $y=\dfrac{1}{3}(x+3)^2+1$

10 이차함수의 식을 $y=a(x-1)^2$으로 놓고
$x=0,\ y=-2$를 대입하면 $a=-2$
따라서 구하는 이차함수의 식은 $y=-2(x-1)^2$

11 이차함수의 식을 $y=a(x-3)^2-2$로 놓고
점 $(2,\,0)$을 지나므로 $x=2,\ y=0$을 대입하면 $a=2$
따라서 구하는 이차함수의 식은
$$y=2(x-3)^2-2=2x^2-12x+16$$

12 이차함수의 식을 $y=a(x+3)^2+2$로 놓고
점 $(0,\,-4)$를 지나므로 $x=0,\ y=-4$를 대입하면
$$a=-\frac{2}{3}$$
따라서 구하는 이차함수의 식은
$$y=-\frac{2}{3}(x+3)^2+2=-\frac{2}{3}x^2-4x-4$$

13 이차함수의 식을 $y=a(x-0)^2+3$으로 놓고
점 $(1,\,5)$를 지나므로 $x=1,\ y=5$를 대입하면 $a=2$
따라서 구하는 이차함수의 식은 $y=2x^2+3$

14 이차함수의 식을 $y=a(x-2)^2+5$로 놓고
점 $(0,\,2)$를 지나므로 $x=0,\ y=2$를 대입하면
$$a=-\frac{3}{4}$$
따라서 구하는 이차함수의 식은
$$y=-\frac{3}{4}(x-2)^2+5=-\frac{3}{4}x^2+3x+2$$

축의 방정식이 주어질 때 이차함수의 식 구하기

1 $(\ \diagdown\ 1,\ a+q,\ q,\ -1,\ 4,\ -(x-1)^2+4)$

2 $y=(x-2)^2-3$ **3** $y=2(x+2)^2+1$

4 $y=3(x+1)^2-5$ **5** $y=-2(x-3)^2+4$

6 $y=4(x+3)^2-1$ ☺ p

7 $2,\ 3,\ 3,\ 0,\ y=(x-2)^2-1$

8 $1,\ 8,\ 4,\ 0,\ y=-(x-1)^2+9$

9 $-1,\ -\dfrac{5}{2},\ 1,\ 0,\ y=\dfrac{5}{6}(x+1)^2-\dfrac{10}{3}$

10 $-1,\ 3,\ -3,\ 0,\ y=-(x+1)^2+4$

11 $y=\dfrac{1}{3}x^2-2x-9$ **12** $y=-\dfrac{1}{2}x^2-x+4$

13 $y=-x^2+2x+3$ **14** $y=x^2+2x-3$

2 이차함수의 식을 $y=a(x-2)^2+q$로 놓고
$x=0,\ y=1$을 대입하면
$$1=4a+q \quad \cdots\cdots \text{㉠}$$
$x=-1,\ y=6$을 대입하면
$$6=9a+q \quad \cdots\cdots \text{㉡}$$
㉠, ㉡을 연립하여 풀면 $a=1,\ q=-3$
따라서 구하는 이차함수의 식은 $y=(x-2)^2-3$

3 이차함수의 식을 $y=a(x+2)^2+q$로 놓고
$x=-3,\ y=3$을 대입하면
$$3=a+q \quad \cdots\cdots \text{㉠}$$
$x=0,\ y=9$를 대입하면
$$9=4a+q \quad \cdots\cdots \text{㉡}$$
㉠, ㉡을 연립하여 풀면 $a=2,\ q=1$
따라서 구하는 이차함수의 식은 $y=2(x+2)^2+1$

4 이차함수의 식을 $y=a(x+1)^2+q$로 놓고
$x=-3,\ y=7$을 대입하면
$$7=4a+q \quad \cdots\cdots \text{㉠}$$
$x=-1,\ y=-5$를 대입하면
$$-5=q \quad \cdots\cdots \text{㉡}$$
㉠, ㉡을 연립하여 풀면 $a=3,\ q=-5$
따라서 구하는 이차함수의 식은 $y=3(x+1)^2-5$

5 이차함수의 식을 $y=a(x-3)^2+q$로 놓고
$x=2$, $y=2$를 대입하면
$2=a+q$ $\qquad$ ……㉠
$x=\dfrac{1}{2}$, $y=-\dfrac{17}{2}$을 대입하면
$-34=25a+4q$ $\qquad$ ……㉡
㉠, ㉡을 연립하여 풀면 $a=-2$, $q=4$
따라서 구하는 이차함수의 식은 $y=-2(x-3)^2+4$

6 이차함수의 식을 $y=a(x+3)^2+q$로 놓고
$x=-5$, $y=15$를 대입하면
$15=4a+q$ $\qquad$ ……㉠
$x=-\dfrac{1}{2}$, $y=24$를 대입하면
$96=25a+4q$ $\qquad$ ……㉡
㉠, ㉡을 연립하여 풀면 $a=4$, $q=-1$
따라서 구하는 이차함수의 식은 $y=4(x+3)^2-1$

7 이차함수의 식을 $y=a(x-2)^2+q$로 놓고
$x=0$, $y=3$을 대입하면
$3=4a+q$ $\qquad$ ……㉠
$x=3$, $y=0$을 대입하면
$0=a+q$ $\qquad$ ……㉡
㉠, ㉡을 연립하여 풀면 $a=1$, $q=-1$
따라서 구하는 이차함수의 식은 $y=(x-2)^2-1$

8 이차함수의 식을 $y=a(x-1)^2+q$로 놓고
$x=0$, $y=8$을 대입하면
$8=a+q$ $\qquad$ ……㉠
$x=4$, $y=0$을 대입하면
$0=9a+q$ $\qquad$ ……㉡
㉠, ㉡을 연립하여 풀면 $a=-1$, $q=9$
따라서 구하는 이차함수의 식은 $y=-(x-1)^2+9$

9 이차함수의 식을 $y=a(x+1)^2+q$로 놓고
$x=0$, $y=-\dfrac{5}{2}$를 대입하면
$-\dfrac{5}{2}=a+q$ $\qquad$ ……㉠
$x=1$, $y=0$을 대입하면
$0=4a+q$ $\qquad$ ……㉡
㉠, ㉡을 연립하여 풀면 $a=\dfrac{5}{6}$, $q=-\dfrac{10}{3}$
따라서 구하는 이차함수의 식은
$$y=\dfrac{5}{6}(x+1)^2-\dfrac{10}{3}$$

10 이차함수의 식을 $y=a(x+1)^2+q$로 놓고
$x=0$, $y=3$을 대입하면
$3=a+q$ $\qquad$ ……㉠
$x=-3$, $y=0$을 대입하면
$0=4a+q$ $\qquad$ ……㉡
㉠, ㉡을 연립하여 풀면 $a=-1$, $q=4$
따라서 구하는 이차함수의 식은 $y=-(x+1)^2+4$

11 이차함수의 식을 $y=a(x-3)^2+q$로 놓고
두 점 $(-3,\,0)$, $(0,\,-9)$를 지나므로 각각 대입하면
$0=36a+q$, $-9=9a+q$
두 식을 연립하여 풀면 $a=\dfrac{1}{3}$, $q=-12$
따라서 구하는 이차함수의 식은
$$y=\dfrac{1}{3}(x-3)^2-12=\dfrac{1}{3}x^2-2x-9$$

12 이차함수의 식을 $y=a(x+1)^2+q$로 놓고
두 점 $(2,\,0)$, $(0,\,4)$를 지나므로 각각 대입하면
$0=9a+q$, $4=a+q$
두 식을 연립하여 풀면 $a=-\dfrac{1}{2}$, $q=\dfrac{9}{2}$
따라서 구하는 이차함수의 식은
$$y=-\dfrac{1}{2}(x+1)^2+\dfrac{9}{2}=-\dfrac{1}{2}x^2-x+4$$

13 이차함수의 식을 $y=a(x-1)^2+q$로 놓고
두 점 $(3,\,0)$, $(0,\,3)$을 지나므로 각각 대입하면
$0=4a+q$, $3=a+q$
두 식을 연립하여 풀면 $a=-1$, $q=4$
따라서 구하는 이차함수의 식은
$$y=-(x-1)^2+4=-x^2+2x+3$$

14 이차함수의 식을 $y=a(x+1)^2+q$로 놓고
두 점 $(1,\,0)$, $(0,\,-3)$을 지나므로 각각 대입하면
$0=4a+q$, $-3=a+q$
두 식을 연립하여 풀면 $a=1$, $q=-4$
따라서 구하는 이차함수의 식은
$$y=(x+1)^2-4=x^2+2x-3$$

06

세 점의 좌표가 주어질 때 이차함수의 식 구하기

1 ($a+b-2$, $a-b-2$, 1, -3, x^2-3x-2)

2 $y=x^2-6x+3$　　　**3** $y=4x^2+x-5$

4 $y=3x^2+4x-4$　　　**5** $y=-\dfrac{2}{3}x^2-\dfrac{16}{3}x-4$

6 $y=2x^2+4x-8$　　　😊 0, c, c

7 0, $(-4, 0)$, $(1, 5)$, $y=x^2+4x$

8 2, $(-1, 0)$, $(3, 0)$, $y=-\dfrac{2}{3}x^2+\dfrac{4}{3}x+2$

9 6, $(1, 3)$, $(4, 6)$, $y=x^2-4x+6$

10 0, $(-3, -9)$, $(1, -9)$, $y=-3x^2-6x$

11 $y=2x^2+4x-3$　　　**12** $y=-x^2+4x-3$

13 $y=-4x^2-x+6$　　　**14** ④

2 이차함수의 식을 $y=ax^2+bx+3$으로 놓고
$x=-1$, $y=10$을 대입하면
$10=a-b+3$　　　$\cdots\cdots$ ㉠
$x=1$, $y=-2$를 대입하면
$-2=a+b+3$　　　$\cdots\cdots$ ㉡
㉠, ㉡을 연립하여 풀면 $a=1$, $b=-6$
따라서 구하는 이차함수의 식은 $y=x^2-6x+3$

3 이차함수의 식을 $y=ax^2+bx-5$로 놓고
$x=-1$, $y=-2$를 대입하면
$-2=a-b-5$　　　$\cdots\cdots$ ㉠
$x=1$, $y=0$을 대입하면
$0=a+b-5$　　　$\cdots\cdots$ ㉡
㉠, ㉡을 연립하여 풀면 $a=4$, $b=1$
따라서 구하는 이차함수의 식은 $y=4x^2+x-5$

4 이차함수의 식을 $y=ax^2+bx-4$로 놓고
$x=-1$, $y=-5$를 대입하면
$-5=a-b-4$　　　$\cdots\cdots$ ㉠
$x=1$, $y=3$을 대입하면
$3=a+b-4$　　　$\cdots\cdots$ ㉡
㉠, ㉡을 연립하여 풀면 $a=3$, $b=4$
따라서 구하는 이차함수의 식은 $y=3x^2+4x-4$

5 이차함수의 식을 $y=ax^2+bx-4$로 놓고
$x=-2$, $y=4$를 대입하면
$4=4a-2b-4$　　　$\cdots\cdots$ ㉠
$x=1$, $y=-10$을 대입하면
$-10=a+b-4$　　　$\cdots\cdots$ ㉡
㉠, ㉡을 연립하여 풀면 $a=-\dfrac{2}{3}$, $b=-\dfrac{16}{3}$

따라서 구하는 이차함수의 식은 $y=-\dfrac{2}{3}x^2-\dfrac{16}{3}x-4$

6 이차함수의 식을 $y=ax^2+bx-8$로 놓고
$x=1$, $y=-2$를 대입하면
$-2=a+b-8$　　　$\cdots\cdots$ ㉠
$x=-2$, $y=-8$을 대입하면
$-8=4a-2b-8$　　　$\cdots\cdots$ ㉡
㉠, ㉡을 연립하여 풀면 $a=2$, $b=4$
따라서 구하는 이차함수의 식은 $y=2x^2+4x-8$

7 y절편이 0이므로 이차함수의 식을 $y=ax^2+bx$로 놓고
$x=-4$, $y=0$을 대입하면
$0=16a-4b$　　　$\cdots\cdots$ ㉠
$x=1$, $y=5$를 대입하면
$5=a+b$　　　$\cdots\cdots$ ㉡
㉠, ㉡을 연립하여 풀면 $a=1$, $b=4$
따라서 구하는 이차함수의 식은 $y=x^2+4x$

8 이차함수의 식을 $y=ax^2+bx+2$로 놓고
$x=-1$, $y=0$을 대입하면
$0=a-b+2$　　　$\cdots\cdots$ ㉠
$x=3$, $y=0$을 대입하면
$0=9a+3b+2$　　　$\cdots\cdots$ ㉡
㉠, ㉡을 연립하여 풀면 $a=-\dfrac{2}{3}$, $b=\dfrac{4}{3}$

따라서 구하는 이차함수의 식은
$$y=-\dfrac{2}{3}x^2+\dfrac{4}{3}x+2$$

9 이차함수의 식을 $y=ax^2+bx+6$으로 놓고
$x=1$, $y=3$을 대입하면
$3=a+b+6$　　　$\cdots\cdots$ ㉠
$x=4$, $y=6$을 대입하면
$6=16a+4b+6$　　　$\cdots\cdots$ ㉡
㉠, ㉡을 연립하여 풀면 $a=1$, $b=-4$
따라서 구하는 이차함수의 식은 $y=x^2-4x+6$

10 y절편이 0이므로 이차함수의 식을 $y=ax^2+bx$로 놓고
$x=-3$, $y=-9$를 대입하면
$-9=9a-3b$ ······ ㉠
$x=1$, $y=-9$를 대입하면
$-9=a+b$ ······ ㉡
㉠, ㉡을 연립하여 풀면 $a=-3$, $b=-6$
따라서 구하는 이차함수의 식은 $y=-3x^2-6x$

11 이차함수의 식을 $y=ax^2+bx-3$으로 놓고
$x=-3$, $y=3$을 대입하면
$3=9a-3b-3$ ······ ㉠
$x=2$, $y=13$을 대입하면
$13=4a+2b-3$ ······ ㉡
㉠, ㉡을 연립하여 풀면 $a=2$, $b=4$
따라서 구하는 이차함수의 식은 $y=2x^2+4x-3$

12 이차함수의 식을 $y=ax^2+bx-3$으로 놓고
$x=1$, $y=0$을 대입하면
$0=a+b-3$ ······ ㉠
$x=2$, $y=1$을 대입하면
$1=4a+2b-3$ ······ ㉡
㉠, ㉡을 연립하여 풀면 $a=-1$, $b=4$
따라서 구하는 이차함수의 식은 $y=-x^2+4x-3$

13 이차함수의 식을 $y=ax^2+bx+6$으로 놓고
$x=-1$, $y=3$을 대입하면
$3=a-b+6$ ······ ㉠
$x=1$, $y=1$을 대입하면
$1=a+b+6$ ······ ㉡
㉠, ㉡을 연립하여 풀면 $a=-4$, $b=-1$
따라서 구하는 이차함수의 식은 $y=-4x^2-x+6$

14 이차함수의 식을 $y=ax^2+bx+5$로 놓고
$x=1$, $y=3$을 대입하면
$3=a+b+5$ ······ ㉠
$x=-1$, $y=11$을 대입하면
$11=a-b+5$ ······ ㉡
㉠, ㉡을 연립하여 풀면 $a=2$, $b=-4$
이차함수의 식은 $y=2x^2-4x+5=2(x-1)^2+3$
따라서 축의 방정식은 $x=1$

07
x축과의 교점이 주어질 때 이차함수의 식 구하기

1 (✎ a, 2, 1, 3, 3, $3x^2-9x+6$)

2 $y=-3x^2+36x-96$ **3** $y=-2x^2+2x+12$

4 $y=-x^2-3x+4$ **5** $y=x^2-4x-12$

6 $y=4x^2-4x-8$ ☺ α, β

7 $y=x^2-6x+5$ **8** $y=\dfrac{1}{5}x^2+\dfrac{4}{5}x-1$

9 $y=-x^2+2x+3$ **10** $y=-2x^2+12x-10$

11 $y=\dfrac{3}{2}x^2-3x-12$ **12** $y=\dfrac{3}{4}x^2+\dfrac{15}{4}x+3$

13 $y=-\dfrac{1}{2}x^2-x+4$ **14** ②

2 이차함수의 식을 $y=a(x-4)(x-8)$로 놓고
$x=5$, $y=9$를 대입하면
$9=a\times1\times(-3)$이므로 $a=-3$
따라서 구하는 이차함수의 식은
$y=-3(x-4)(x-8)=-3x^2+36x-96$

3 이차함수의 식을 $y=a(x+2)(x-3)$으로 놓고
$x=-1$, $y=8$을 대입하면
$8=a\times1\times(-4)$이므로 $a=-2$
따라서 구하는 이차함수의 식은
$y=-2(x+2)(x-3)=-2x^2+2x+12$

4 이차함수의 식을 $y=a(x+4)(x-1)$로 놓고
$x=-3$, $y=4$를 대입하면
$4=a\times1\times(-4)$이므로 $a=-1$
따라서 구하는 이차함수의 식은
$y=-(x+4)(x-1)=-x^2-3x+4$

5 이차함수의 식을 $y=a(x-6)(x+2)$로 놓고
$x=3$, $y=-15$를 대입하면
$-15=a\times(-3)\times5$이므로 $a=1$
따라서 구하는 이차함수의 식은
$y=(x-6)(x+2)=x^2-4x-12$

6 이차함수의 식을 $y=a(x+1)(x-2)$로 놓고
$x=1$, $y=-8$을 대입하면
$-8=a\times2\times(-1)$이므로 $a=4$
따라서 구하는 이차함수의 식은

$$y=4(x+1)(x-2)=4x^2-4x-8$$

7 그래프가 점 $(1, 0)$, $(5, 0)$, $(0, 5)$를 지나므로
이차함수의 식을 $y=a(x-1)(x-5)$로 놓을 수 있다.
$x=0$, $y=5$를 대입하면
$5=a\times(-1)\times(-5)$이므로 $a=1$
따라서 구하는 이차함수의 식은
$$y=(x-1)(x-5)=x^2-6x+5$$

8 그래프가 점 $(-5, 0)$, $(1, 0)$, $(0, -1)$을 지나므로
이차함수의 식을 $y=a(x+5)(x-1)$로 놓을 수 있다.
$x=0$, $y=-1$을 대입하면
$-1=a\times5\times(-1)$이므로 $a=\dfrac{1}{5}$
따라서 구하는 이차함수의 식은
$$y=\dfrac{1}{5}(x+5)(x-1)=\dfrac{1}{5}x^2+\dfrac{4}{5}x-1$$

9 그래프가 점 $(-1, 0)$, $(3, 0)$, $(0, 3)$을 지나므로
이차함수의 식을 $y=a(x+1)(x-3)$으로 놓을 수 있다.
$x=0$, $y=3$을 대입하면
$3=a\times1\times(-3)$이므로 $a=-1$
따라서 구하는 이차함수의 식은
$$y=-(x+1)(x-3)=-x^2+2x+3$$

10 그래프가 점 $(1, 0)$, $(5, 0)$, $(2, 6)$을 지나므로
이차함수의 식을 $y=a(x-1)(x-5)$로 놓을 수 있다.
$x=2$, $y=6$을 대입하면
$6=a\times1\times(-3)$이므로 $a=-2$
따라서 구하는 이차함수의 식은
$$y=-2(x-1)(x-5)=-2x^2+12x-10$$

11 그래프가 점 $(-2, 0)$, $(4, 0)$, $(0, -12)$를 지나므로
$y=a(x+2)(x-4)$로 놓을 수 있다.
$x=0$, $y=-12$를 대입하면
$-12=a\times2\times(-4)$이므로 $a=\dfrac{3}{2}$
따라서 구하는 이차함수의 식은
$$y=\dfrac{3}{2}(x+2)(x-4)=\dfrac{3}{2}x^2-3x-12$$

12 그래프가 점 $(-4, 0)$, $(-1, 0)$, $(0, 3)$을 지나므로
이차함수의 식을 $y=a(x+4)(x+1)$로 놓을 수 있다.
$x=0$, $y=3$을 대입하면
$3=a\times4\times1$이므로 $a=\dfrac{3}{4}$

따라서 구하는 이차함수의 식은
$$y=\dfrac{3}{4}(x+4)(x+1)=\dfrac{3}{4}x^2+\dfrac{15}{4}x+3$$

13 그래프가 점 $(-4, 0)$, $(2, 0)$, $(0, 4)$를 지나므로
이차함수의 식을 $y=a(x+4)(x-2)$로 놓을 수 있다.
$x=0$, $y=4$를 대입하면
$4=a\times4\times(-2)$이므로 $a=-\dfrac{1}{2}$
따라서 구하는 이차함수의 식은
$$y=-\dfrac{1}{2}(x+4)(x-2)=-\dfrac{1}{2}x^2-x+4$$

14 이차함수의 식을 $y=a(x+2)(x+6)$으로 놓고
$x=-4$, $y=2$를 대입하면
$2=a\times(-2)\times2$이므로 $a=-\dfrac{1}{2}$
따라서 이차함수의 식은
$$y=-\dfrac{1}{2}(x+2)(x+6)=-\dfrac{1}{2}x^2-4x-6$$
이므로 y축과 만나는 점의 좌표는 $(0, -6)$이다.

---

08 이차함수의 최댓값과 최솟값

본문 118쪽

원리확인

❶ -1, 최솟값, 2   ❷ 2, 최댓값, 1

1 (✎ $0, 0$)
2 최댓값: 없다., 최솟값: -1
3 최댓값: 없다., 최솟값: 3
4 최댓값: 0, 최솟값: 없다.
5 최댓값: 0, 최솟값: 없다.
6 최댓값: -3, 최솟값: 없다.
7 (✎ $2, 2, 1, 3, -3$)

2 이차함수 $y=x^2-1=(x-0)^2-1$에서 x^2의 계수가 0보다 크므로 $x=0$에서 최솟값 -1을 갖고 최댓값은 없다.

3 이차함수 $y=\dfrac{1}{2}(x+2)^2+3$에서 x^2의 계수가 0보다 크므로 $x=-2$에서 최솟값 3을 갖고 최댓값은 없다.

4 이차함수 $y=-3x^2=-3(x-0)^2+0$에서 x^2의 계수가 0보다 작으므로 $x=0$에서 최댓값 0을 갖고 최솟값은 없다.

5 이차함수 $y=-\dfrac{1}{3}(x+1)^2=-\dfrac{1}{3}(x+1)^2+0$에서 x^2의 계수가 0보다 작으므로 $x=-1$에서 최댓값 0을 갖고 최솟값은 없다.

6 이차함수 $y=-4(x-2)^2-3$에서 x^2의 계수가 0보다 작으므로 $x=2$에서 최댓값 -3을 갖고 최솟값은 없다.

8 $y=3x^2-12x+15$
$\quad=3(x^2-4x+4-4)+15$
$\quad=3(x-2)^2+3$
따라서 이차함수 $y=3x^2-12x+15$는 $x=2$에서 최솟값 3을 갖고 최댓값은 없다.

9 $y=-4x^2+8x+1$
$\quad=-4(x^2-2x+1-1)+1$
$\quad=-4(x-1)^2+5$
따라서 이차함수 $y=-4x^2+8x+1$은 $x=1$에서 최댓값 5를 갖고 최솟값은 없다.

10 $y=-\dfrac{1}{3}x^2-2x-1$
$\quad=-\dfrac{1}{3}(x^2+6x+9-9)-1$
$\quad=-\dfrac{1}{3}(x+3)^2+2$
따라서 이차함수 $y=-\dfrac{1}{3}x^2-2x-1$은 $x=-3$에서 최댓값 2를 갖고 최솟값은 없다.

12 $y=3x^2-6x+2$
$\quad=3(x^2-2x+1-1)+2$
$\quad=3(x-1)^2-1$
따라서 $x=1$에서 최솟값 -1을 가진다.

13 $y=\dfrac{1}{4}x^2+x-2$
$\quad=\dfrac{1}{4}(x^2+4x+4-4)-2$
$\quad=\dfrac{1}{4}(x+2)^2-3$
따라서 $x=-2$에서 최솟값 -3을 가진다.

14 $y=-2x^2-4x+3$
$\quad=-2(x^2+2x+1-1)+3$
$\quad=-2(x+1)^2+5$
따라서 $x=-1$에서 최댓값 5를 가진다.

15 $y=-\dfrac{1}{3}x^2+2x+3$
$\quad=-\dfrac{1}{3}(x^2-6x+9-9)+3$
$\quad=-\dfrac{1}{3}(x-3)^2+6$
따라서 $x=3$에서 최댓값 6을 가진다.

16 이차함수가 최솟값을 갖지 않으려면 x^2의 계수가 0보다 작아야 한다.
따라서 주어진 함수 중 최솟값을 갖지 않는 것은 ①, ③이다.

09

최댓값 또는 최솟값이 주어질 때 이차함수의 식 구하기

1 ($\diagdown$ 2, 1, 2, 2, 2, 1)   **2** $y=(x+1)^2-3$

3 $y=-3(x-1)^2+5$ **4** $y=-\dfrac{1}{4}(x+3)^2+2$

☺ a, p, q

5 ($\diagdown$ 4, 4, 2, $a-4$, $a-4$, 3)

6 $\dfrac{5}{2}$ **7** 5

8 -4 **9** -2

10 ($\diagdown$ 1, 2, 3, 2, 3, 4, 7, -4, 7)

11 $a=2$, $b=1$ **12** $a=-12$, $b=15$

13 $a=12$, $b=-16$ **14** ⑤

---

2 주어진 이차함수는 $x=-1$에서 최솟값 -3을 가지므로
$y=a(x+1)^2-3$
이때 x^2의 계수가 1이므로 $a=1$
따라서 $y=(x+1)^2-3$

3 주어진 이차함수는 $x=1$에서 최댓값 5를 가지므로
$y=a(x-1)^2+5$
이때 x^2의 계수가 -3이므로 $a=-3$
따라서 $y=-3(x-1)^2+5$

4 주어진 이차함수는 $x=-3$에서 최댓값 2를 가지므로
$y=a(x+3)^2+2$
이때 x^2의 계수가 $-\dfrac{1}{4}$이므로 $a=-\dfrac{1}{4}$
따라서 $y=-\dfrac{1}{4}(x+3)^2+2$

6 $y=2x^2+2x+a$
$\quad =2\left(x^2+x+\dfrac{1}{4}-\dfrac{1}{4}\right)+a$
$\quad =2\left(x+\dfrac{1}{2}\right)^2+a-\dfrac{1}{2}$
이 함수의 최솟값이 2이므로 $a-\dfrac{1}{2}=2$
따라서 $a=\dfrac{5}{2}$

7 $y=\dfrac{1}{3}x^2-2x+a+1$
$\quad =\dfrac{1}{3}(x^2-6x+9-9)+a+1$
$\quad =\dfrac{1}{3}(x-3)^2+a-2$
이 함수의 최솟값이 3이므로 $a-2=3$
따라서 $a=5$

8 $y=-x^2-6x+a$
$\quad =-(x^2+6x+9-9)+a$
$\quad =-(x+3)^2+a+9$
이 함수의 최댓값이 5이므로 $a+9=5$
따라서 $a=-4$

9 $y=-\dfrac{3}{4}x^2-3x+2a+3$
$\quad =-\dfrac{3}{4}(x^2+4x+4-4)+2a+3$
$\quad =-\dfrac{3}{4}(x+2)^2+2a+6$
이 함수의 최댓값이 2이므로 $2a+6=2$
따라서 $a=-2$

11 주어진 함수의 x^2의 계수가 -1이고
$x=1$에서 최댓값 2를 가지므로
$y=-(x-1)^2+2$
$\quad =-x^2+2x+1$
따라서 $a=2$, $b=1$

12 주어진 함수의 x^2의 계수가 2이고
$x=3$에서 최솟값 -3을 가지므로
$y=2(x-3)^2-3$
$\quad =2x^2-12x+15$
따라서 $a=-12$, $b=15$

13 주어진 함수의 x^2의 계수가 -3이고
$x=2$에서 최댓값 -4를 가지므로
$y=-3(x-2)^2-4$
$\quad =-3x^2+12x-16$
따라서 $a=12$, $b=-16$

14 $y=-2(x-2)^2+b$
$\quad =-2x^2+8x+b-8$
$\quad =-2x^2+ax-1$
$a=8$, $b-8=-1$이므로 $b=7$
따라서 $a+b=8+7=15$

10

이차함수의 최댓값과 최솟값의 활용

1 (1) x (2) $y=x(16-x)$
　　(3) $y=-(x-8)^2+64$ (4) 64

2 $-3,\ 3$

3 (1) $x,\ 2x$ (2) $y=(500+x)(1200-2x)$
　　(3) $y=-2(x-50)^2+605000$ (4) 550원

4 800원

5 (1) x (2) $y=x^2+(20-x)^2$
　　(3) $y=2(x-10)^2+200$ (4) 200점

6 32점

7 (1) x (2) $y=\dfrac{1}{2}x(28-x)$
　　(3) $y=-\dfrac{1}{2}(x-14)^2+98$ (4) $98\,\mathrm{cm}^2$

8 $256\,\mathrm{cm}^2$

9 (1) $2x$ (2) $S=x(48-2x)$
　　(3) $S=-2(x-12)^2+288$ (4) $288\,\mathrm{m}^2$

10 $6\,\mathrm{cm}$

11 (1) $h=-5(t-3)^2+45$ (2) 3초

12 2초　　　　　　　**13** 3초

14 (1) $h=-5(t-4)^2+95$ (2) 95 m

15 125 m　　　　　　**16** 80 m

1　(3) $y=x(16-x)$
$$=-x^2+16x$$
$$=-(x^2-16x+64-64)$$
$$=-(x-8)^2+64$$
　　(4) 이차함수 $y=-(x-8)^2+64$는
　　　　$x=8$에서 최댓값 64를 가진다.
　　　　따라서 두 수의 곱의 최댓값은 64이다.

2　두 수 중 작은 수를 x라 하면 큰 수는 $x+6$이다.
　　두 수의 곱을 y라 하면
$$y=x(x+6)$$
$$=x^2+6x$$
$$=x^2+6x+9-9$$
$$=(x+3)^2-9$$
　　이므로 $x=-3$에서 최솟값 -9를 가진다.
　　따라서 곱이 최소가 될 때의 두 수는 -3, 3이다.

3　(3) $y=(500+x)(1200-2x)$
$$=-2x^2+200x+600000$$
$$=-2(x^2-100x+2500-2500)+600000$$
$$=-2(x-50)^2+605000$$
　　(4) 이차함수 $y=-2(x-50)^2+605000$은
　　　　$x=50$에서 최댓값 605000을 가진다.
　　　　따라서 총 판매액이 최대가 되도록 할 때의 만두 한 개
　　　　의 가격은 $500+50=550$(원)

4　총 판매액을 y원이라 하면
$$y=(600+2x)(500-x)$$
$$=-2x^2+400x+300000$$
$$=-2(x^2-200x+10000-10000)+300000$$
$$=-2(x-100)^2+320000$$
　　이므로 $x=100$에서 최댓값 320000을 가진다.
　　따라서 총 판매액이 최대가 되도록 할 때의 공책 한 권의
　　가격은 $600+2\times100=800$(원)

5　(3) $y=x^2+(20-x)^2$
$$=2x^2-40x+400$$
$$=2(x^2-20x+100-100)+400$$
$$=2(x-10)^2+200$$
　　(4) 이차함수 $y=2(x-10)^2+200$은
　　　　$x=10$에서 최솟값 200을 가진다.
　　　　따라서 이 게임을 한 번 했을 때 얻을 수 있는 점수의
　　　　최솟값은 200점이다.

6　첫 번째 주사위를 던졌을 때 나온 눈의 수를 x라 하면 두
　　번째 주사위를 던졌을 때 나온 눈의 수는 $8-x$이다.
　　　　　　　　　　　　　　　　　(단, $2\le x\le6$)
　　주사위를 두 번 던져 얻은 점수를 y점이라 하면
$$y=x^2+(8-x)^2$$
$$=2x^2-16x+64$$
$$=2(x^2-8x+16-16)+64$$
$$=2(x-4)^2+32$$
　　이므로 $x=4$에서 최솟값 32를 가진다.
　　따라서 주사위를 두 번 던져 나온 눈의 수의 합이 8일 때
　　얻을 수 있는 점수의 최솟값은 32점이다.

7　(3) $y=\dfrac{1}{2}x(28-x)$
$$=-\dfrac{1}{2}x^2+14x$$

$$=-\frac{1}{2}(x^2-28x+196-196)$$
$$=-\frac{1}{2}(x-14)^2+98$$

(4) 이차함수 $y=-\frac{1}{2}(x-14)^2+98$은

$x=14$에서 최댓값 98을 가진다

따라서 두 대각선의 길이의 합이 $28\,\mathrm{cm}$인 마름모의 넓이의 최댓값은 $98\,\mathrm{cm}^2$이다.

8 직사각형의 둘레의 길이가 $64\,\mathrm{cm}$이므로 직사각형의 가로의 길이와 세로의 길이의 합은 $32\,\mathrm{cm}$이다. 직사각형의 가로의 길이를 $x\,\mathrm{cm}$라 하면

직사각형의 세로의 길이는 $(32-x)\mathrm{cm}$이다.

직사각형의 넓이를 $y\,\mathrm{cm}^2$라 하면
$$y=x(32-x)$$
$$=-x^2+32x$$
$$=-(x^2-32x+256-256)$$
$$=-(x-16)^2+256$$
이므로 $x=16$에서 최댓값 256을 가진다.

따라서 둘레의 길이가 $64\,\mathrm{cm}$인 직사각형의 넓이의 최댓값은 $256\,\mathrm{cm}^2$이다.

9 (3) $S=x(48-2x)$
$$=-2x^2+48x$$
$$=-2(x^2-24x+144-144)$$
$$=-2(x-12)^2+288$$

(4) 이차함수 $S=-2(x-12)^2+288$은

$x=12$에서 최댓값 288을 가진다.

따라서 화단의 넓이의 최댓값은 $288\mathrm{m}^2$이다.

10 접어 올린 높이를 $x\,\mathrm{cm}$라 하면 단면의 가로의 길이는 $(24-2x)\mathrm{cm}$이다.

단면의 넓이를 $y\,\mathrm{cm}^2$라 하면
$$y=x(24-2x)$$
$$=-2x^2+24x$$
$$=-2(x^2-12x+36-36)$$
$$=-2(x-6)^2+72$$
이므로 $x=6$에서 최댓값 72를 가진다.

따라서 단면의 넓이가 최대가 될 때의 높이는 $6\,\mathrm{cm}$이다.

11 (1) $h=-5t^2+30t$
$$=-5(t^2-6t+9-9)$$
$$=-5(t-3)^2+45$$

(2) 이차함수 $h=-5(t-3)^2+45$는 $t=3$에서 최댓값 45를 가진다.

따라서 이 공이 최고 높이에 도달하는 데 걸리는 시간은 3초이다.

12 $h=-5t^2+20t$
$$=-5(t^2-4t+4-4)$$
$$=-5(t-2)^2+20$$
이므로 $t=2$에서 최댓값 20을 가진다.

따라서 이 물체가 최고 높이에 도달하는 데 걸리는 시간은 2초이다.

13 $h=-5t^2+30t+40$
$$=-5(t^2-6t+9-9)+40$$
$$=-5(t-3)^2+85$$
이므로 $t=3$에서 최댓값 85를 가진다.

따라서 이 물체가 최고 높이에 도달하는 데 걸리는 시간은 3초이다.

14 (1) $h=-5t^2+40t+15$
$$=-5(t^2-8t+16-16)+15$$
$$=-5(t-4)^2+95$$

(2) 이차함수 $h=-5(t-4)^2+95$는 $t=4$에서 최댓값 95를 가진다.

따라서 이 공의 최고 높이는 $95\,\mathrm{m}$이다.

15 $h=-5t^2+50t$
$$=-5(t^2-10t+25-25)$$
$$=-5(t-5)^2+125$$
이므로 $t=5$에서 최댓값 125를 가진다.

따라서 이 물체의 최고 높이는 $125\,\mathrm{m}$이다.

16 $h=-5t^2+10t+75$
$$=-5(t^2-2t+1-1)+75$$
$$=-5(t-1)^2+80$$
이므로 $t=1$에서 최댓값 80을 가진다.

따라서 이 물체의 최고 높이는 $80\,\mathrm{m}$이다.

1 ④	**2** 2	**3** ①
4 ③	**5** $(5, -3)$	**6** ④

1 $y=\dfrac{1}{2}x^2-x+\dfrac{7}{2}$

$\quad =\dfrac{1}{2}(x^2-2x+1-1)+\dfrac{7}{2}$

$\quad =\dfrac{1}{2}(x-1)^2+3$

이므로 이 그래프의 꼭짓점의 좌표는 $(1, 3)$이다.

2 $y=-x^2+4px-6$

$\quad =-(x^2-4px+4p^2-4p^2)-6$

$\quad =-(x-2p)^2+4p^2-6$

따라서 축의 방정식은 $x=2p$이므로

$2p=4$에서 $p=2$

3 그래프가 아래로 볼록하므로 $a>0$

축이 y축의 왼쪽에 있으므로 $ab>0$에서 $b>0$

y축과의 교점이 원점의 위쪽에 있으므로 $c>0$

4 이차함수의 식을 $y=a(x-2)^2+1$로 놓고

$x=0$, $y=-1$을 대입하면

$-1=a(0-2)^2+1$이므로 $a=-\dfrac{1}{2}$

따라서 구하는 이차함수의 식은

$y=-\dfrac{1}{2}(x-2)^2+1$

5 ㈎, ㈏에서 $y=\dfrac{1}{3}(x-5)^2+a$로 놓고

㈐에서 $x=2$, $y=0$을 대입하면

$0=\dfrac{1}{3}(2-5)^2+a$이므로 $a=-3$

따라서 이차함수의 식은 $y=\dfrac{1}{3}(x-5)^2-3$이므로 꼭짓점의 좌표는 $(5, -3)$이다.

6 꼭짓점의 좌표가 $(-1, -1)$이므로 $y=a(x+1)^2-1$

이차함수의 그래프가 점 $(2, 2)$를 지나므로

$x=2$, $y=2$를 대입하면 $2=a(2+1)^2-1$

즉 $a=\dfrac{1}{3}$

$y=\dfrac{1}{3}(x+1)^2-1=\dfrac{1}{3}x^2+\dfrac{2}{3}x-\dfrac{2}{3}$

이므로 $a=\dfrac{1}{3}$, $b=\dfrac{2}{3}$, $c=-\dfrac{2}{3}$

따라서 $a+b+c=\dfrac{1}{3}+\dfrac{2}{3}-\dfrac{2}{3}=\dfrac{1}{3}$

1 ③	**2** -1	**3** ③
4 ②	**5** ①	**6** ⑤
7 ④	**8** -2	**9** ④
10 ④	**11** ③	**12** ③
13 ④	**14** ②	

1 ① $y=500x$이므로 일차함수이다.

② $y=2\pi x$이므로 일차함수이다.

③ $y=(x+2)^2$이므로 이차함수이다.

④ $y=x(x^2+1)=x^3+x$에서

$\quad x^3+x$는 이차식이 아니므로 이차함수가 아니다.

⑤ $y=\dfrac{10}{x}$

$\quad$ 분모에 x가 있으므로 이차함수가 아니다.

2 $f(a)=2a^2-3a-3=2$이므로

$2a^2-3a-5=0$, $(2a-5)(a+1)=0$

이때 a는 정수이므로 $a=-1$

3 ③ $y=-x^2$의 그래프는 제3, 4사분면을 지난다.

4 $y=ax^2$의 그래프가 위로 볼록하고 $y=-x^2$의 그래프보다 폭이 넓으므로 $-1<a<0$

따라서 a의 값이 될 수 있는 것은 ②이다.

5 $y=ax^2+q$의 그래프가 점 $(-2, 5)$를 지나므로

$5=a\times(-2)^2+q$에서 $4a+q=5$

$y=ax^2+q$의 그래프가 점 $(1, -1)$을 지나므로

$-1=a\times1^2+q$에서 $a+q=-1$

두 식을 연립하여 풀면 $a=2$, $q=-3$

따라서 $2a+q=2\times2+(-3)=1$

6 $y=\dfrac{1}{3}(x-p)^2$의 그래프가 점 $(2, 3)$을 지나므로

$3=\dfrac{1}{3}(2-p)^2$, $(2-p)^2=9$, $2-p=\pm3$에서

$p=-1$ 또는 $p=5$

이때 $p>0$이므로 $p=5$

따라서 $y=\dfrac{1}{3}(x-5)^2$의 그래프의 축의 방정식은 $x=5$

7 주어진 그래프는 위로 볼록하므로 $a<0$

꼭짓점의 좌표는 $(-p,\ q)$이고, 꼭짓점이 제1사분면에 있으므로 $p<0,\ q>0$

8 $y=-\dfrac{1}{2}x^2+3x+a$

$\quad=-\dfrac{1}{2}(x^2-6x+9-9)+a$

$\quad=-\dfrac{1}{2}(x-3)^2+\dfrac{9}{2}+a$

이므로 그래프의 꼭짓점의 좌표는 $\left(3,\ a+\dfrac{9}{2}\right)$

따라서 $b=3$, $2=a+\dfrac{9}{2}$에서 $a=-\dfrac{5}{2}$이므로

$2a+b=2\times\left(-\dfrac{5}{2}\right)+3=-2$

9 $y=-x^2+4x+5$에 $y=0$을 대입하면

$0=-x^2+4x+5$, $(x+1)(x-5)=0$이므로

$x=-1$ 또는 $x=5$

따라서 $\mathrm{A}(-1,\ 0)$, $\mathrm{B}(5,\ 0)$

$y=-x^2+4x+5=-(x-2)^2+9$이므로 $\mathrm{C}(2,\ 9)$

따라서 $\triangle \mathrm{ABC}=\dfrac{1}{2}\times 6\times 9=27$

10 이차함수의 식을 $y=ax^2+bx+c$라 하자.

이차함수의 식에 세 점 $(-2,\ 0)$, $(-1,\ 1)$, $(1,\ 6)$의 좌표를 각각 대입하면

$4a-2b+c=0$, $a-b+c=1$, $a+b+c=6$

세 식을 연립하면 $a=\dfrac{1}{2}$, $b=\dfrac{5}{2}$, $c=3$

따라서 이차함수 $y=\dfrac{1}{2}x^2+\dfrac{5}{2}x+3$의 그래프가 y축과 만나는 점의 좌표는 $(0,\ 3)$이다.

11 ① $x=2$에서 최솟값 -1을 갖는다.

② $x=-1$에서 최솟값 3을 갖는다.

③ $y=x^2-2x-2=(x-1)^2-3$이므로 $x=1$에서 최솟값 -3을 갖는다.

④ $y=\dfrac{1}{2}x^2-2x=\dfrac{1}{2}(x-2)^2-2$이므로 $x=2$에서 최솟값 -2를 갖는다.

⑤ $y=3x^2+6x+1=3(x+1)^2-2$이므로 $x=-1$에서 최솟값 -2를 갖는다.

따라서 최솟값이 가장 작은 것은 ③이다.

12 $y=2(x-p)^2+(p-1)(p-2)$

$\quad=2(x-p)^2+p^2-3p+2$

꼭짓점의 좌표가 $(p,\ p^2-3p+2)$이고, 이 점이 일차함수 $y=3x-7$의 그래프 위에 있으므로

$p^2-3p+2=3p-7$, $p^2-6p+9=0$, $(p-3)^2=0$

따라서 $p=3$

13 $a>0$이므로 이차함수 $y=ax^2+bx+c$의 그래프는 아래로 볼록하다.

$y=ax^2+bx+c=a\left(x+\dfrac{b}{2a}\right)^2+c-\dfrac{b^2}{4a}$이므로

꼭짓점의 좌표는 $\left(-\dfrac{b}{2a},\ c-\dfrac{b^2}{4a}\right)$이고, $-\dfrac{b}{2a}>0$,

$c-\dfrac{b^2}{4a}<0$이므로 꼭짓점은 제4사분면 위에 있다.

또 $c<0$이므로 $y=ax^2+bx+c$의 그래프는 y축과 x축 아래쪽에서 만난다.

따라서 이차함수 $y=ax^2+bx+c$의 그래프의 모양으로 옳은 것은 ④이다.

[다른 풀이]

$a>0$이므로 이차함수 $y=ax^2+bx+c$의 그래프는 아래로 볼록하다.

$y=ax^2+bx+c=a\left(x+\dfrac{b}{2a}\right)^2+c-\dfrac{b^2}{4a}$이므로

축의 방정식은 $x=-\dfrac{b}{2a}$이고, $-\dfrac{b}{2a}>0$이므로

축은 y축의 오른쪽에 있다.

또 $c<0$이므로 $y=ax^2+bx+c$의 그래프는 y축과 x축 아래쪽에서 만난다.

따라서 이차함수 $y=ax^2+bx+c$의 그래프의 모양으로 옳은 것은 ④이다.

14 $y=-5x^2+20x+50=-5(x-2)^2+70$이므로

이차함수는 $x=2$에서 최댓값 70을 갖는다.

따라서 공이 가장 높이 올라갔을 때의 지면으로부터의 높이는 $70\ \mathrm{m}$이다.

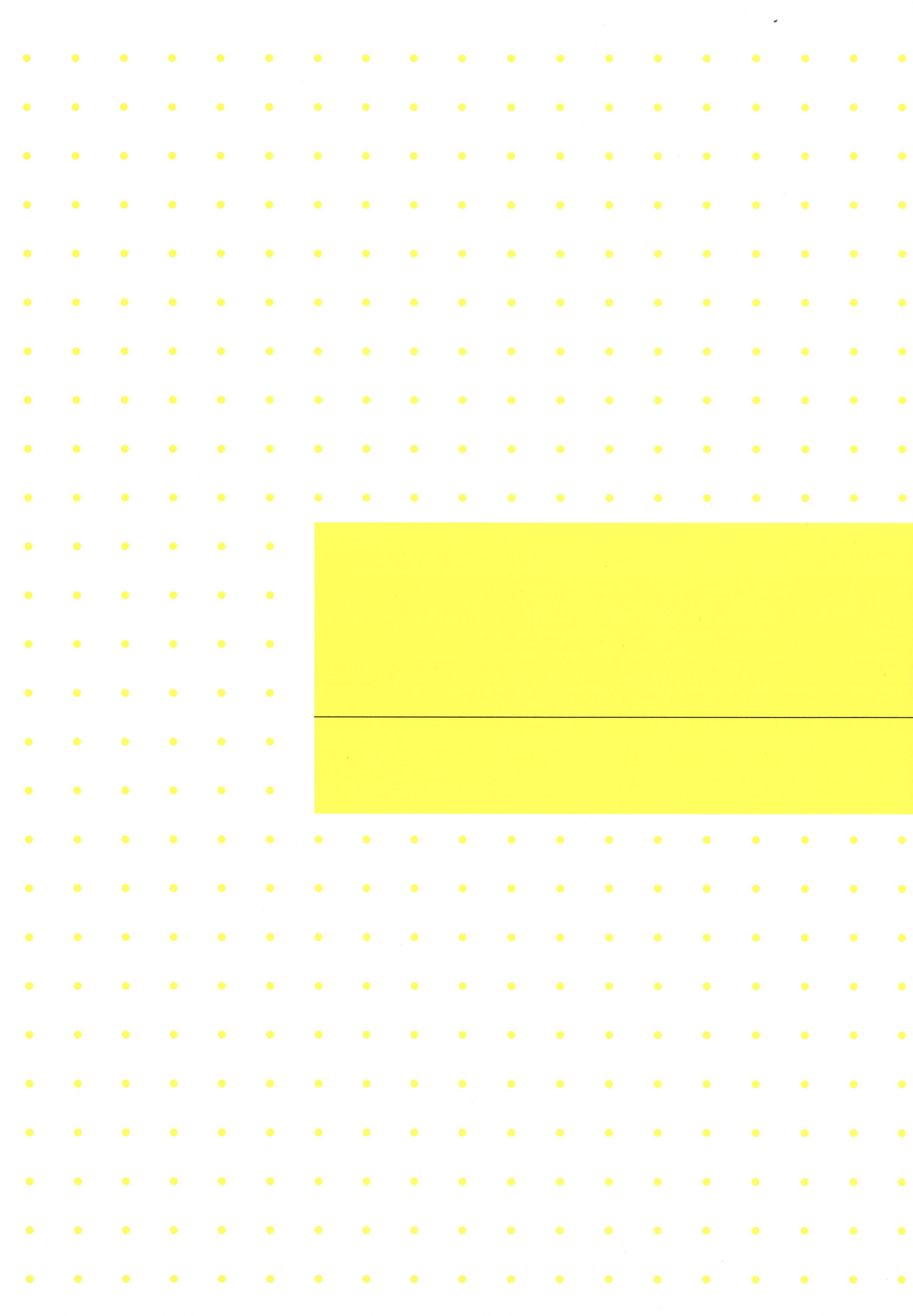